U0131879

以兴趣引领入门
以任务展开教学
以竞赛模拟实战
以技能服务就业

视频、图像、文字、素材等
多媒体教学手段立体化结合

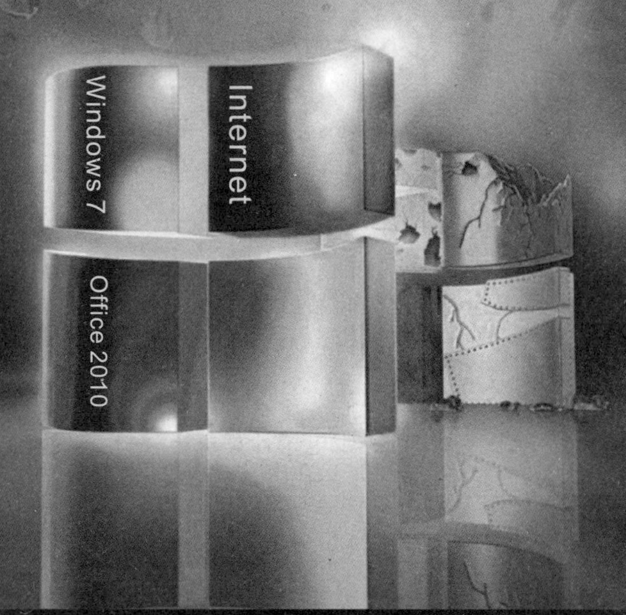

计算机应用基础

（兴趣引导立体化新教材）

丛书编委会 主编 张培宾 张可 等编著

附赠光盘

清华大学出版社
北京

内 容 简 介

本书是根据国家教育部制定的“中等职业学校计算机应用基础教学大纲”编写的立体化教材。全书以学生兴趣为引导，将大纲要求的所有教学内容重新“序化”，系统讲解了常用办公软件 Word 2010、Excel 2010 和 PowerPoint 2010 的具体应用，介绍了计算机基础、Windows 7 操作系统、个人计算机组装、网络组建和使用因特网的相关知识。为适应职校生就业的需要，本书还提供了相关的职业任务，可进一步提高学生的计算机应用技能。

本书实用性和操作性强，可作为中高等职业院校计算机应用基础课程的教材，也可作为其他计算机应用技巧学习爱好者的自学教材。

图书在版编目（CIP）数据

计算机应用基础（兴趣引导立体化新教材）/丛书编委会主编. —北京：清华大学出版社，2011.4

ISBN 978-7-302-24679-4

Ⅰ. ①计…　Ⅱ. ①兴…　Ⅲ. ①电子计算机—教材　Ⅳ. ①TP3

中国版本图书馆 CIP 数据核字(2011)第 014793 号

责任编辑：田在儒
责任校对：刘　静
责任印制：李红英

出版发行：清华大学出版社　　**地　　址**：北京清华大学学研大厦 A 座
http://www.tup.com.cn　　**邮　　编**：100084
社　总　机：010-62770175　　**邮　　购**：010-62786544
投稿与读者服务：010-62776969，c-service@tup.tsinghua.edu.cn
质 量 反 馈：010-62772015，zhiliang@tup.tsinghua.edu.cn
印 刷 者：北京市人民文学印刷厂
装 订 者：三河市金元印装有限公司
经　　销：全国新华书店
开　　本：185×260　　**印　张**：15.75　　**字　　数**：354 千字
附光盘 1 张
版　　次：2011 年 4 月第 1 版　　**印　　次**：2011 年 4 月第 1 次印刷
印　　数：1～3000
定　　价：29.80 元

产品编号：040440-01

前言

随着数字化、网络化、信息化技术在全球的推广，计算机正日益深入到人们的日常生活与工作中，计算机的应用领域不断扩大，已经成为各行各业的重要工具。在这样的社会背景下，对计算机的了解程度和对信息技术的掌握水平已成为衡量一个人基本职业能力和职业素质的重要因素之一。

为了最大限度地满足教师教学和学生学习需要，满足教育市场需求，提高教学、学习质量，促进教学改革，我们根据教育部制定的“中等职业学校计算机应用基础教学大纲”编写了这本立体化教材。

本书具有以下特点。

1. 克服了以往教材形式单一的缺点，以情境教学、实际演练为鲜明的特色，面向应用，关注过程，满足学习者个性化、自主性和实践性的要求。

2. 以学生兴趣为引导，将大纲要求的所有教学内容重新“序化”，划分为展现自我、改变生活、促进学习3篇，介绍学生日常生活和学习中能够使用到的计算机知识，最大限度地调动其学习的积极性和主动性。

3. 本书的竞赛任务侧重于与学生个性、生活、学习相关的计算机应用；职业任务不仅巩固竞赛任务中所学技能，同时引导学生适应职业环境中的计算机应用。

4. 本书注重实践和创新，在教学内容上强调学习的引导和探索，不给学生设定固定的思维模式，赋予他们想象的空间，注重对学生职业素养和信息素养的培养。

5. 本书语言简练、通俗易懂、内容丰富、图文并茂、篇幅小而信息量大，具有很强的实用性和操作性。

6. 本书的配套光盘提供了书中涉及的全部实例和素材，并带有多媒体视频课件，与书中知识紧密结合并互相补充，使读者能够轻松学习，快速掌握。

全书共分以下3篇。

第1篇(竞赛1～竞赛3)，主要介绍了文字处理软件Word 2010、演示文稿软件PowerPoint 2010的具体应用，以及如何使用Windows 7自带的影音制作软件制作电子相册和个人DV。

第2篇(竞赛4～竞赛6)，主要介绍了个人计算机组装、网络组建和使用因特网的相关知识，以及电子表格处理软件Excel 2010的具体应用。

第3篇(竞赛7～竞赛8),主要介绍了如何在网上查找和下载资料等网络应用,以及Windows 7操作系统的相关知识。

由于编者水平有限,错误和表述不妥之处,欢迎广大读者批评指正。

编　者

2011年1月

丛书编委会名单

目录

第1篇 展现自我

第1篇

展现自我

自我介绍是向别人展示自己的一个重要手段，更是参加各类口语考试、职场面试不可或缺的一部分，自我介绍好不好，甚至关系到你给别人的第一印象的好坏及以后交往的顺利与否。同时，自我介绍也是认识自我的一种方法。

自我介绍可以有不同的分类方式。

（1）按照使用的语言来划分：可以分为口头的和书面的。这里主要讲书面的自我介绍。

（2）从书面的自我介绍来看，可以有自传性质的自我介绍，也可以有以事件为中心，突出个性特点的自我介绍。

Part 1

竞赛 1

进行自我介绍

新学期开始了,老师要求学生们使用 Word 制作一个“自我介绍”文档,并插入个人简历表格,配上漂亮的图片。本次竞赛不仅能够让老师和同学们增进彼此的了解,更能掌握 Word 2010 的基本操作方法,培养同学们学习的兴趣。

竞赛要求

制作“自我介绍”文档并互相传阅,增进同学之间的交流和认识。

评比条件

下一竞赛上课前,同学间互相评价,按总得分排名。

第 1 关　制作“自我介绍”文档

Word 是目前使用率最高的办公软件,其界面友好、操作简单、功能强大。最新版的 Word 2010 更是以全新的面貌登场,它不仅保持了原有版本的强大功能,还添加了许多新功能,能够更全面地满足现代办公的需求,极大程度地提高办公人员的工作效率。下面就来介绍如何使用 Word 2010 制作“自我介绍”文档。

任务 1　撰写自我介绍

任务目标

通过撰写自我介绍,了解如何创建 Word 文档并进行页面设置。

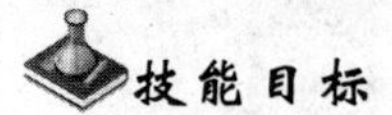

技能目标

掌握如何创建 Word 文档并在文档中输入内容。

步骤 1　创建文档与页面设置

Word 文档的新建方法有很多,可以通过启动 Word 2010 软件,新建一个默认文档,也可以通过在“文件”选项卡中单击“新建”按钮,新建一个空白文档。创建好空白文档后,需要先设置页面的纸张大小、页边距和页面方向等文档属性,之后再进行文档内容的录入。

关键步骤提示

1. 在 Word 2010 窗口中,切换至"文件"选项卡,在左侧列表中单击"新建"按钮,即可打开"新建文档"对话框,如图 1-1 所示。

2. 在该对话框中选择要创建的文档类型,单击"创建"按钮,即可创建一个空白文档,如图 1-2 所示。

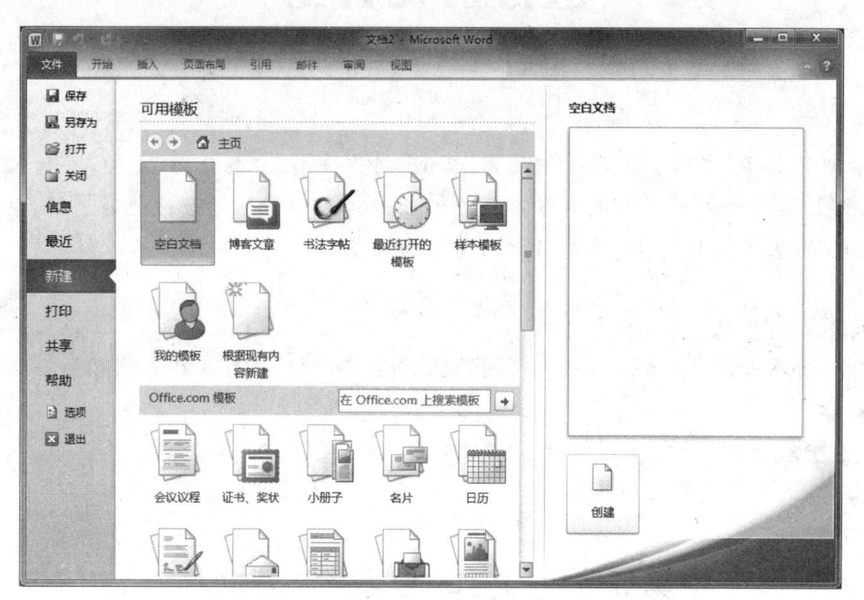

图 1-1 "新建文档"对话框

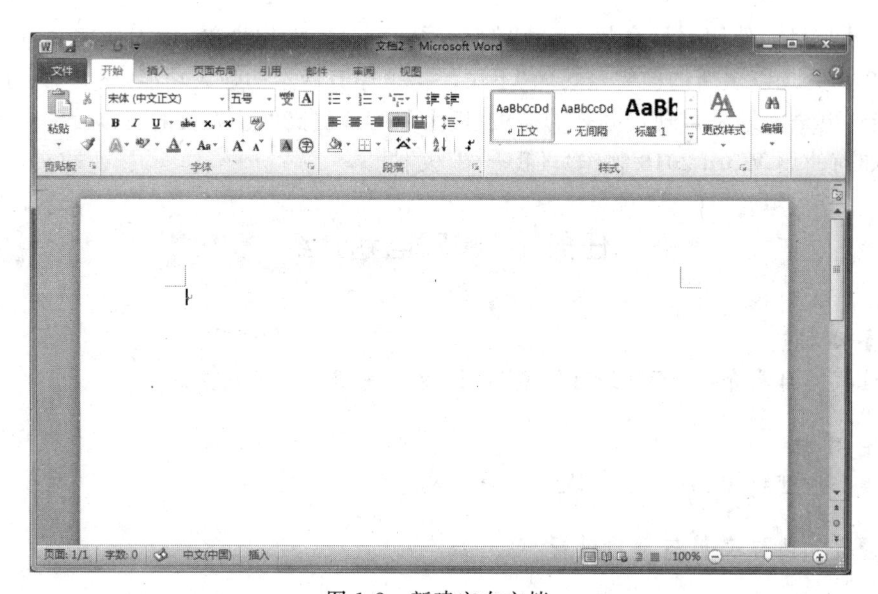

图 1-2 新建空白文档

3. 切换至"页面布局"选项卡,在"页面设置"选项组中单击"纸张大小"按钮,在弹出的列表中选择“A4”选项。当然,也可以选择“其他页面大小”选项,在打开的“页面设置”对话框中设置纸张大小,如图 1-3 所示。

4. 在“页面设置”对话框中单击“页边距”标签,可以在弹出的选项卡中选择预置的页边距方案,如图 1-4 所示。单击“确定”按钮,即可更改页边距。

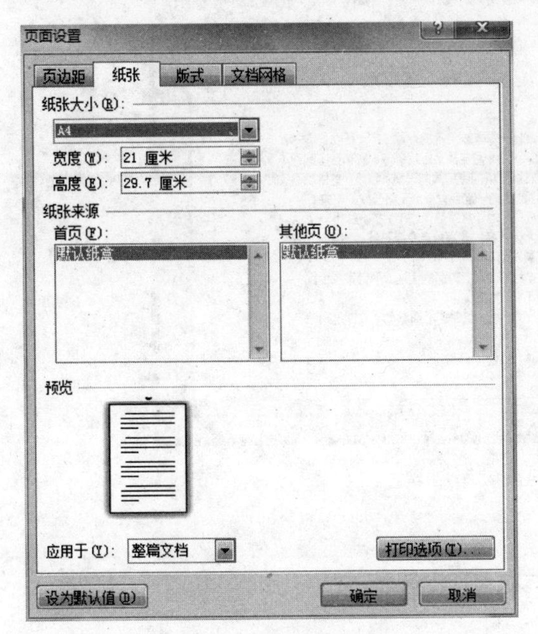

图 1-3 更改纸张大小

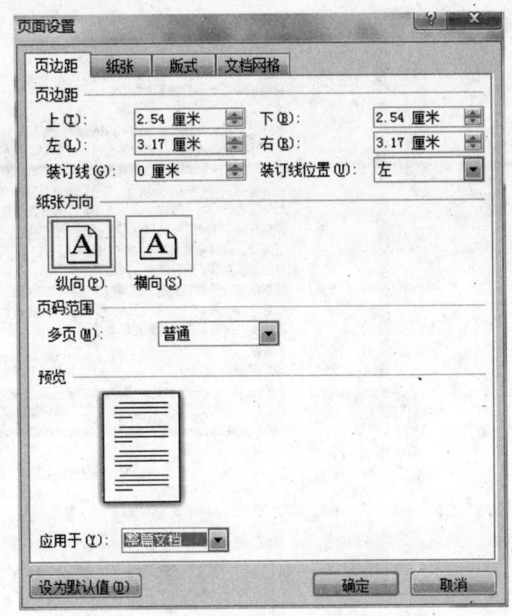

图 1-4 设置页边距

步骤 2 输入自我介绍内容

页面设置工作完成之后,便可以输入自我介绍的具体内容了。

关键步骤提示

1. 进入新建的空白文档,在文档编辑区中可以看到一条不断闪烁的黑色小短竖线,该竖线被称为“光标插入点”,在任务栏的右侧单击“输入法”图标,选择适当的输入法,然后在文档的光标插入位置输入“自我介绍”文本。输完标题后,按 Enter 键,光标插入点将从当前位置跳转到下一行的行首,在系统默认状态下,上一段的段末会自动显示回车符。

2. 在光标插入点继续输入自我介绍的正文内容,当输入的文本超过文档页面的右边距时,会自动换到下一行。正文内容输入完之后,按 Enter 键,然后输入自我介绍的落款,效果如图 1-5 所示。

视频教学演示

撰写自我介绍的详细步骤可参看本教材配套多媒体光盘\视频\1\01. swf 视频文件中的操作演示(注:使用 Adobe Flash Player 软件播放)。

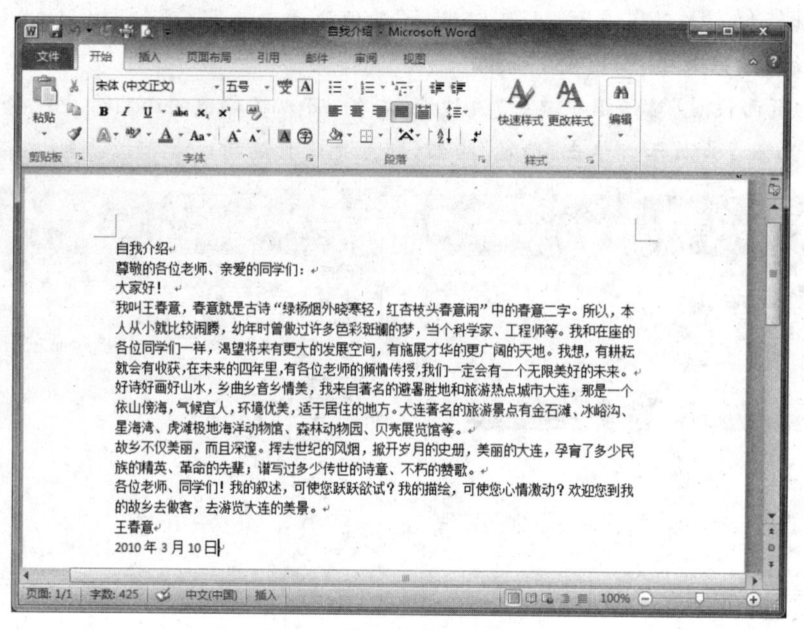

图 1-5　输入自我介绍内容

任务 2　设置文本和段落格式

任务目标

通过设置“自我介绍”文档的格式，学习如何设置文本和段落的格式。

技能目标

初步掌握如何设置文档的格式。

待自我介绍文本输入完毕后，还需要设置文档中文字内容的字体、字号，段落的缩进、行间距等。通过对文档格式的设置，可以使“自我介绍”看起来更美观，更符合规范。

步骤 1　设置文本格式

文本格式是指文本的字体、字号、字形、颜色、字符间距以及其他特殊格式，Word 默认的正文中：中文字体为宋体，英文字体为 Times New Roman，字号为五号，字体颜色为黑色，同学们可以根据自己的需要对文本格式进行设置。

关键步骤提示

1. 选中“自我介绍”标题，切换至“开始”选项卡，在“字体”选项组选择“字体”下拉列表中的“华文新魏”选项，在“字号”下拉列表中选择“一号”选项，单击“加粗”按钮，效果如图 1-6 所示。

2. 选中“自我介绍”标题，切换至“开始”选项卡，单击“字体”选项组右侧的下拉按钮 ，即可打开“字体”对话框，切换至“高级”选项卡，在“间距”下拉列表中选择“加宽”选项，在其右侧的“磅值”数值框中输入“3 磅”，如图 1-7 所示。单击“确定”按钮，取消选择文本，效果如图 1-8 所示。

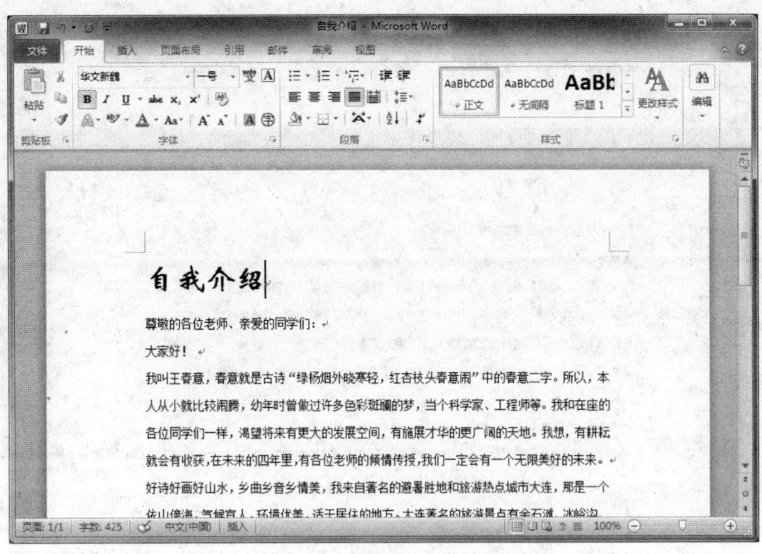

图 1-6　设置标题字体

图 1-7　设置标题间距

3. 选中自我介绍的正文，设置“字体”、“字号”分别为“宋体”和“四号”，效果如图 1-9 所示。

步骤 2　设置段落格式

段落格式包括段落缩进、段间距、行间距、对齐方式等。在 Word 2010 中，可以直接

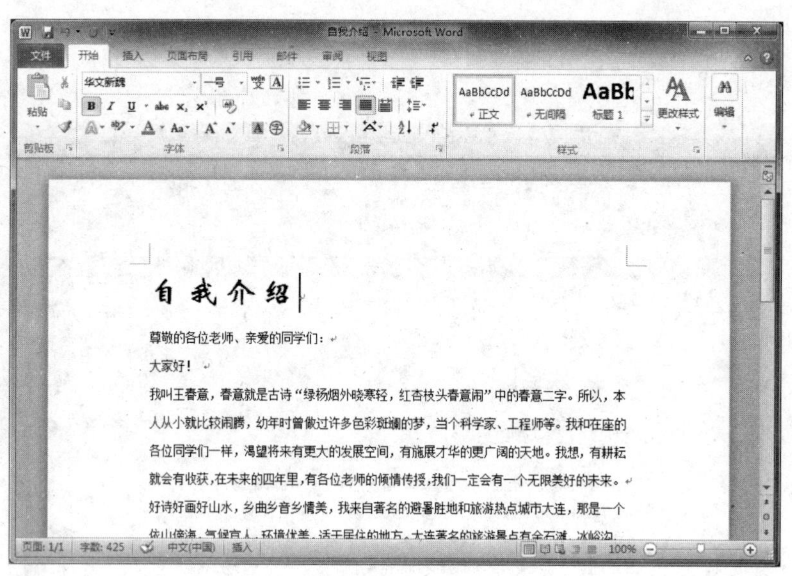

图 1-8　设置标题效果

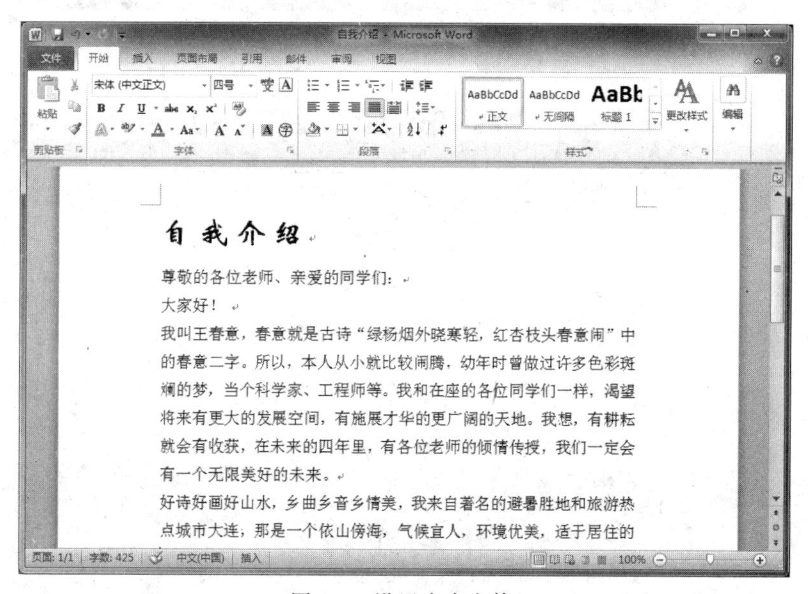

图 1-9　设置内容字体

利用标尺和“段落”选项组中的按钮进行设置，也可以通过“段落”对话框进行更多、更精确的设置。

在设置段落格式时，直接将光标定位在要设置的段落中进行设置，不需要像设置字符格式那样，必须先选定字符，然后再进行格式设置。当然，如果要同时设置多个段落的格式，仍然需要先选中这些段落，然后进行格式设置。

关键步骤提示

1. 选中“自我介绍”标题，切换至“开始”选项卡，在“段落”选项组中单击“居中”按钮，效果如图 1-10 所示。

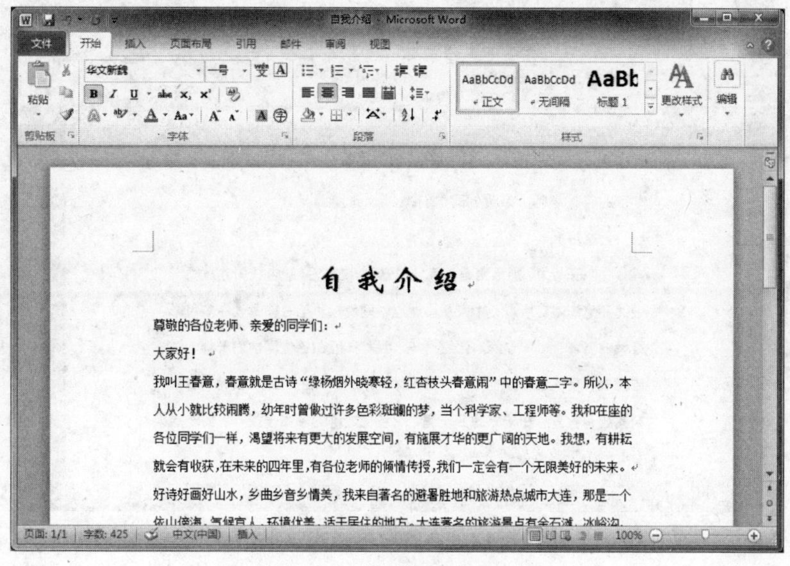

图 1-10　设置标题居中

2. 选中要设置段落格式的内容，单击"段落"选项组右侧的下拉按钮，即可打开"段落"对话框，在该对话框的"特殊格式"下拉列表中选择"首行缩进"选项，在"行距"下拉列表中选择"1.5 倍行距"选项，如图 1-11 所示。单击"确定"按钮，设置的段落格式，如图 1-12 所示。

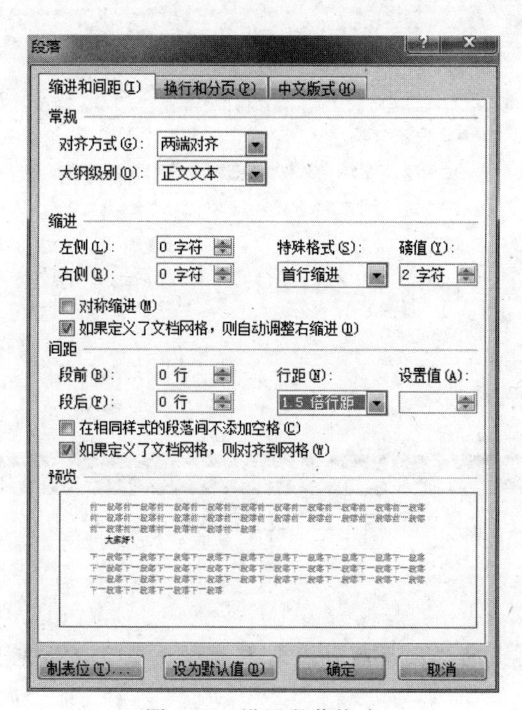

图 1-11　设置段落格式

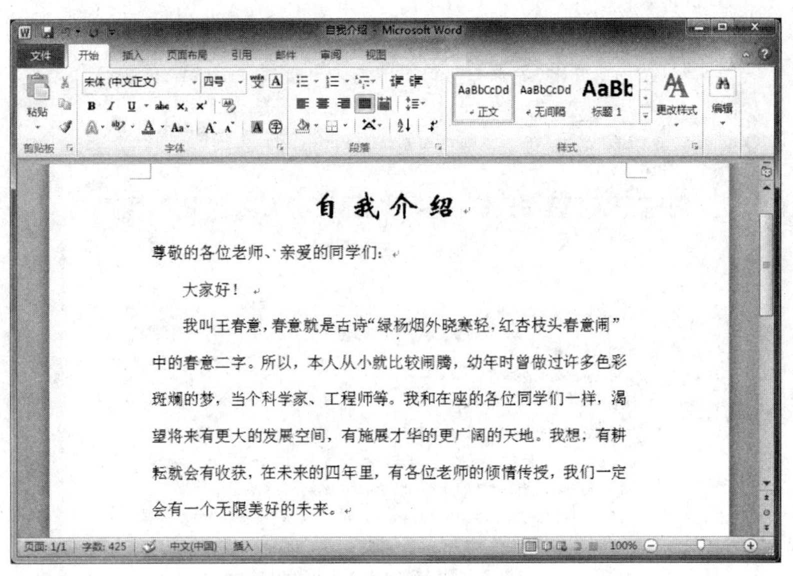

图 1-12　设置段落格式效果

3. 选中落款段落，切换至“视图”选项卡，选中“标尺”复选框，将文档的标尺显示出来，然后在标尺的“左缩进”或“首行缩进”滑块上按下鼠标左键并拖动，到达目标位置后释放鼠标即可，效果如图 1-13 所示。

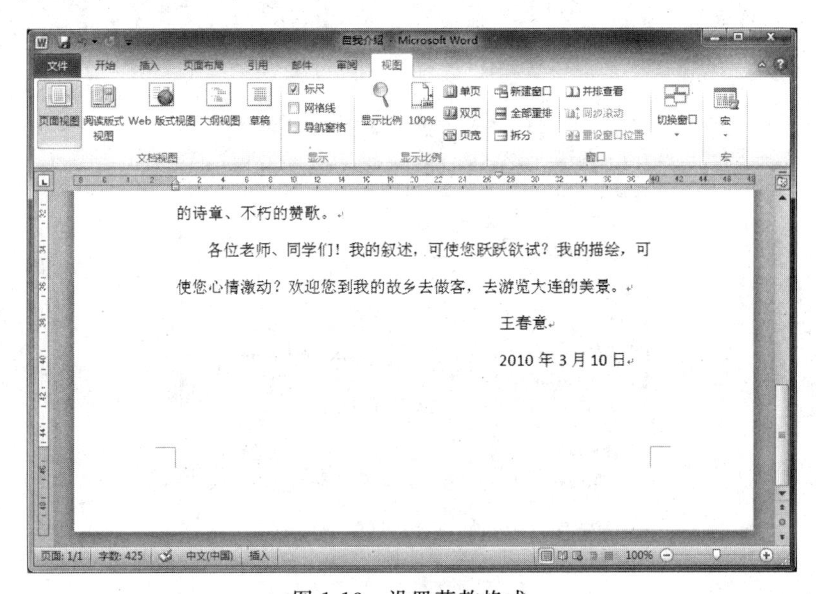

图 1-13　设置落款格式

视频教学演示

设置文本和段落格式的详细步骤可参看本教材配套多媒体光盘\视频\1\02.swf 视频文件中的操作演示。

任务3 保存和打印文档

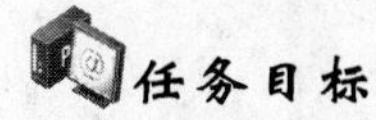

任务目标

通过保存和打印“自我介绍”文档，学习相关的知识和技巧。

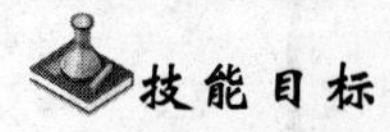

技能目标

掌握保存和打印文档的方法。

步骤1 保存文档

Word文档编辑完毕后需要保存起来，其方法也有如下两种。

方法1：直接单击快速访问工具栏中的“保存”按钮，即可完成文档的保存操作。

方法2：切换至“文件”选项卡，在左侧列表中单击“保存”或“另存为”按钮。

单击“另存为”按钮将打开“另存为”对话框，如图1-14所示，在“文件名”文本框中输入文件的名称，在“保存类型”下拉列表中选择文档的保存类型，然后单击“保存”按钮即可将文件另存到新的位置。

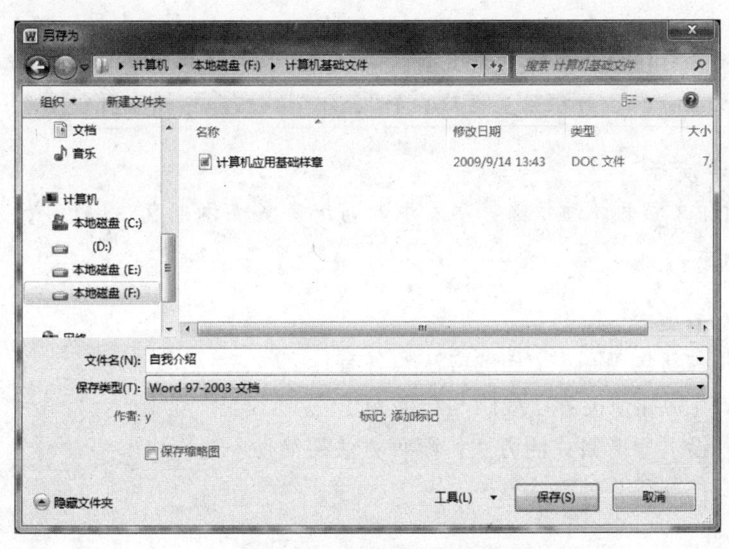

图1-14 “另存为”对话框

步骤2 打印文档

在打印“会议通知”文档之前可以先进行打印预览，以便查看整体版式是否得当，内容有无遗漏等，预览效果满意后，还要设置打印选项。

关键步骤提示

1. 切换至“文件”选项卡，在左侧列表中单击“打印”按钮即可预览文档的完成效果，如图1-15所示。如果发现需要修改的地方，可以直接在打印预览视图中修改。

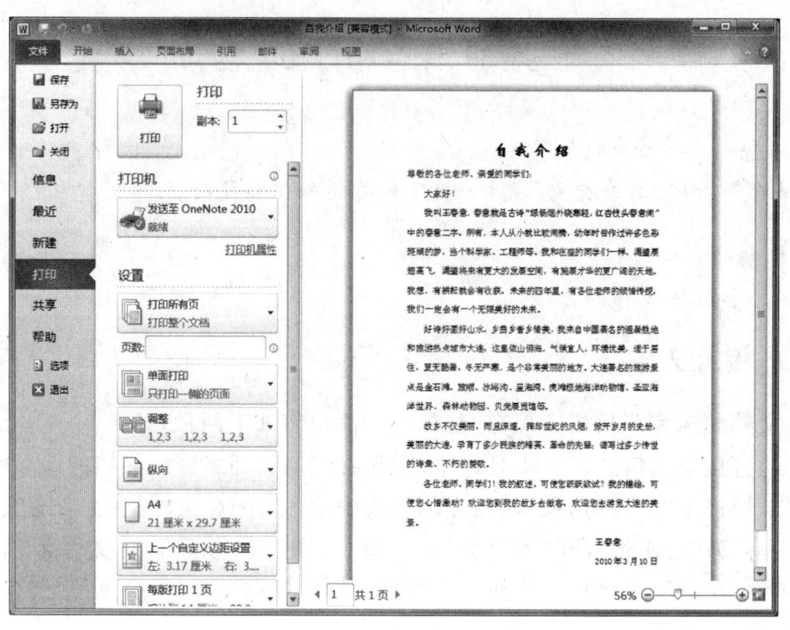

图 1-15 预览文档

2. 在左侧的打印设置区域中设置打印的页数,调整纸张大小等,确认编辑内容无误后,便可打印文档。单击打印设置区域中的"打印"按钮,即可开始打印。

视频教学演示

保存和打印文档的详细步骤可参看本教材配套多媒体光盘\视频\1\03.swf 视频文件中的操作演示。

课堂讨论和思考

1. 有哪几种新建 Word 文档的方法? 各有什么特点?
2. 在 Word 中如何设置段间距与行间距?
3. 有几种设置段落格式的方法? 哪种方法最简便?
4. 保存文档有哪几种方法?

课后阅读

可根据自己的兴趣,课后选读以下小资料,了解相关的知识。

选中文本的方法

在 Word 2010 中选定文本的方法有很多,下面是一些选定文本的常见方法和技巧,用户可以根据自己的需要选择使用。

1. 选中一个单词。双击要选定的单词或按 F8 键两次。

2. 选中一个句子。按住 Ctrl 键的同时在该句的任何地方单击,或按 F8 键三次。

3. 选中一个段落。将鼠标指针移到起始行左侧,当鼠标指针变为 形状时双击鼠标左键,或按 F8 键四次。

4. 选中整篇文档。将鼠标指针移到起始行左侧，当鼠标指针变为 形状时，连续单击鼠标左键三次，或按 F8 键五次。

5. 选中任意文本。将鼠标指针移到起始行左侧，当鼠标指针变为 形状时拖动鼠标进行选择；或将光标放在要选定文本的起始点，然后在按住 Shift 键的同时单击文本的结束处。

设置自动保存

为了保证文档不因意外停电或死机等原因造成丢失，给用户带来损失，Word 文档提供了自动保存的功能，用户可以根据需要进行具体的设置，其操作步骤如下。

1. 在“另存为”对话框中，单击“工具”按钮，从弹出的菜单中选择“保存选项”命令，即可打开“Word 选项”对话框，如图 1-16 所示。

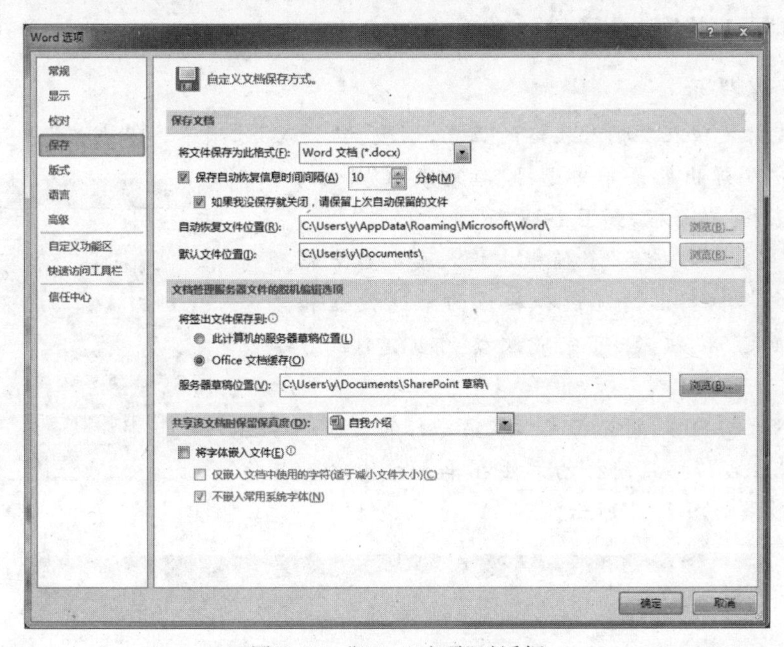

图 1-16 “Word 选项”对话框

2. 在该对话框中选中“保存自动恢复信息时间间隔”复选框，在后面的数值框中输入自动保存的时间间隔，单击“确定”按钮，即可让文档在编辑时按照设置的时间间隔自动保存文档。

第 2 关　制作“个人简历”表格

恰当地运用表格给人一种简明直观的感觉，Word 2010 提供了强大的制表功能，主要包括自动制表、手工制表、表格格式设置、表格样式编辑等，熟练掌握这些方法，就能够制作出既实用又美观的表格。

任务1 创建表格

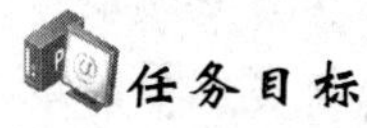

任务目标

通过创建"个人简历"表格，了解如何在 Word 文档中插入表格。

技能目标

掌握如何在 Word 文档中插入表格并输入文本。

在 Word 文档中，可以非常方便地插入表格，并选择表格中的各个元素进行相应的编辑。在 Word 文档中创建表格的方法不止一种，但使用最为广泛的就是通过对话框来创建。在表格中输入文本内容与在 Word 文档中输入文本内容一样，只要选中要输入文本的单元格，即可直接输入需要的文本。

关键步骤提示

1. 将光标定位在要插入表格的位置，切换至"插入"选项卡，在"表格"选项组中单击"表格"按钮，从弹出的菜单中选择"插入表格"命令，即可打开"插入表格"对话框，如图 1-17 所示。

2. 在"列数"和"行数"数值框中输入要创建表格的列数和行数，并根据实际情况选择相应的单选按钮和复选框，单击"确定"按钮，即可完成表格的创建，如图 1-18 所示。

3. 输入表格内容，将光标定位在第一行的第一个单元格中，输入"姓名"，按照同样的方法在单元格中输入其他文字内容，效果如图 1-19 所示。

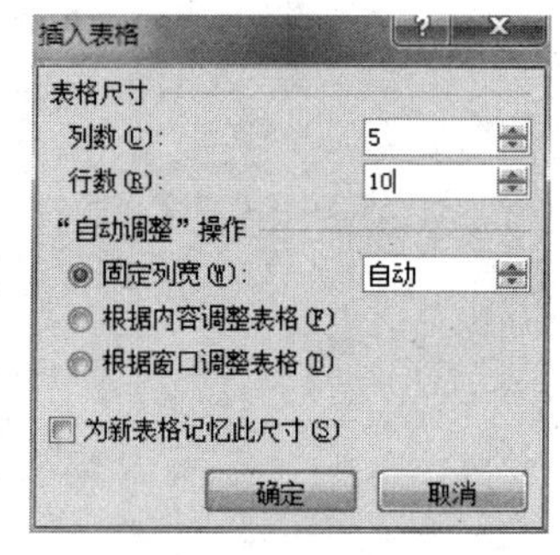

图 1-17 "插入表格"对话框

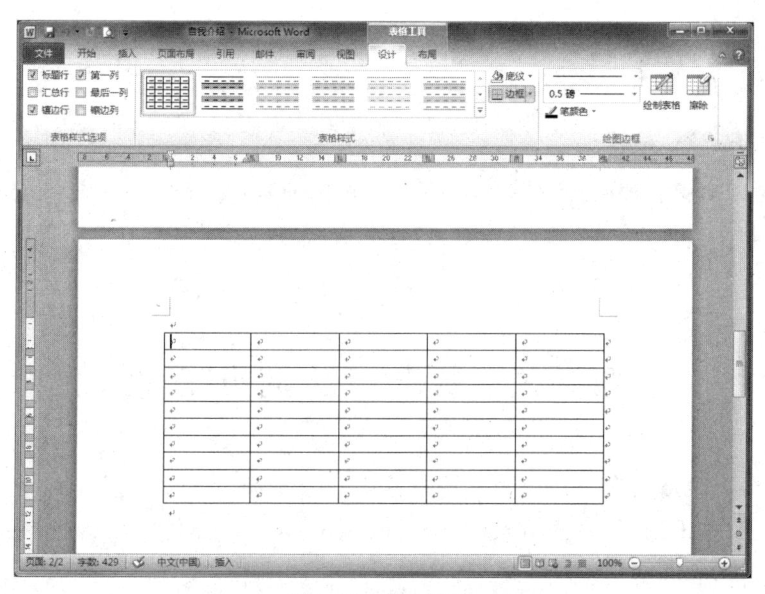

图 1-18 插入表格

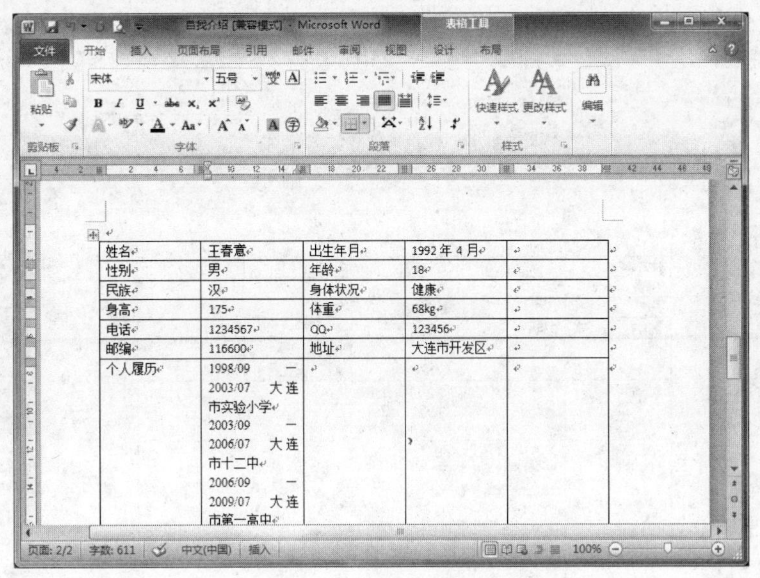

姓名	王春意	出生年月	1992年4月	
性别	男	年龄	18	
民族	汉	身体状况	健康	
身高	175	体重	68kg	
电话	1234567	QQ	123456	
邮编	116600	地址	大连市开发区	
个人履历	1998/09 — 2003/07 大连市实验小学 2003/09 — 2006/07 大连市十二中 2006/09 — 2009/07 大连市第一高中			

图 1-19 输入表格内容

视频教学演示

创建表格的详细步骤可参看本教材配套多媒体光盘\视频\1\04.swf视频文件中的操作演示。

任务2 调整表格结构

任务目标

通过调整“个人简历”表格的结构，了解如何合并和拆分单元格，插入与删除行和列，调整表格的行高和列宽等。

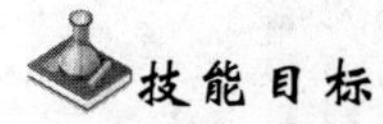

技能目标

掌握如何在Word文档中调整表格结构。

对于创建好的表格，在实际的操作过程中往往需要调整表格的结构，主要包括合并与拆分单元格，插入与删除行和列，调整行高和列宽等。

关键步骤提示

1. 根据需要对一些单元格进行合并。选中要合并的单元格，切换至“布局”选项卡，单击“合并”选项组中的“合并单元格”按钮，即可完成合并。合并后的效果如图1-20所示。

2. 插入行。选中与需要插入行相邻的行，切换至“布局”选项卡，在“行和列”选项组中单击“在上方插入”按钮，即可在所选行上方插入一行，效果如图1-21所示。

3. 插入列。选中与需要插入列相邻的列，切换至“布局”选项卡，在“行和列”选项组

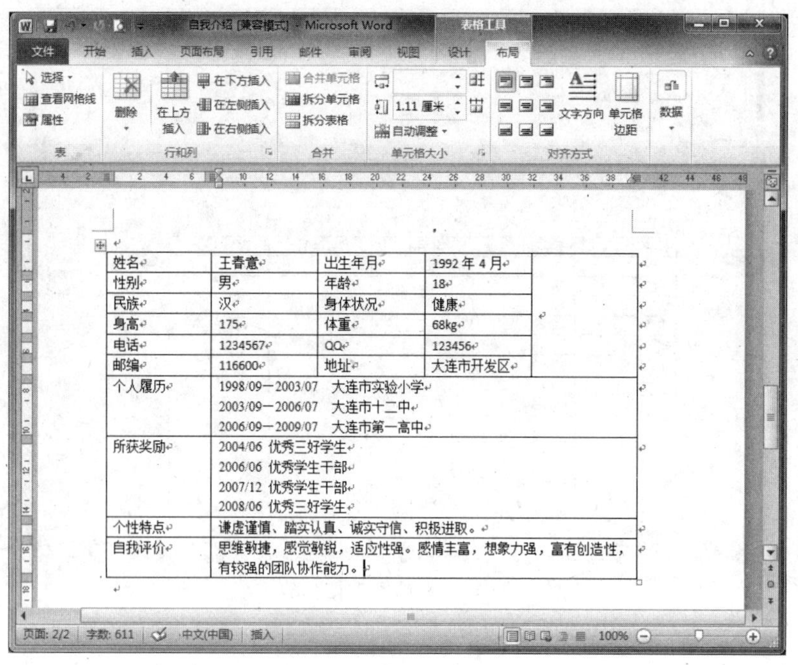

图 1-20　合并单元格

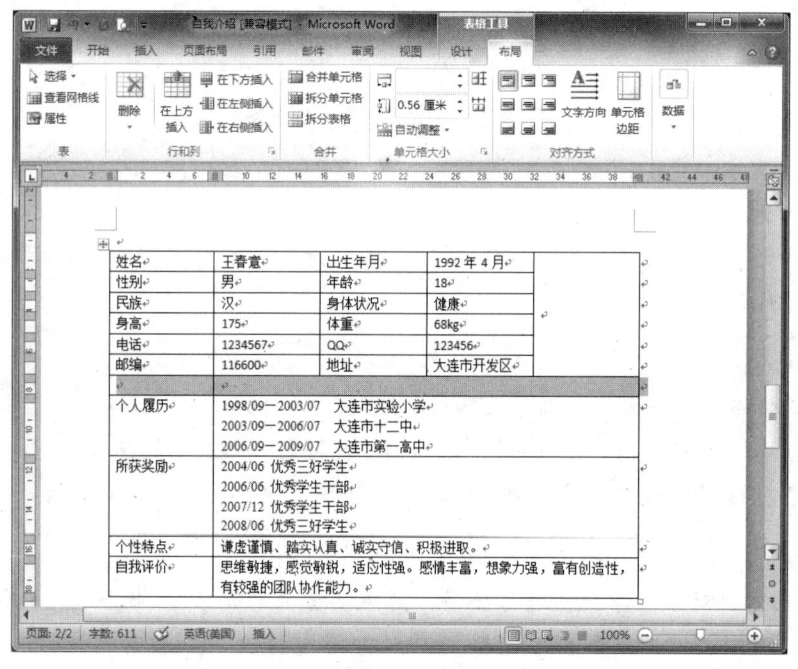

图 1-21　插入行

中单击“在右侧插入”按钮，即可在所选列右侧插入一列，效果如图 1-22 所示。

4. 删除列。单击要删除列中的某个单元格，切换至“布局”选项卡，单击“删除”按钮，

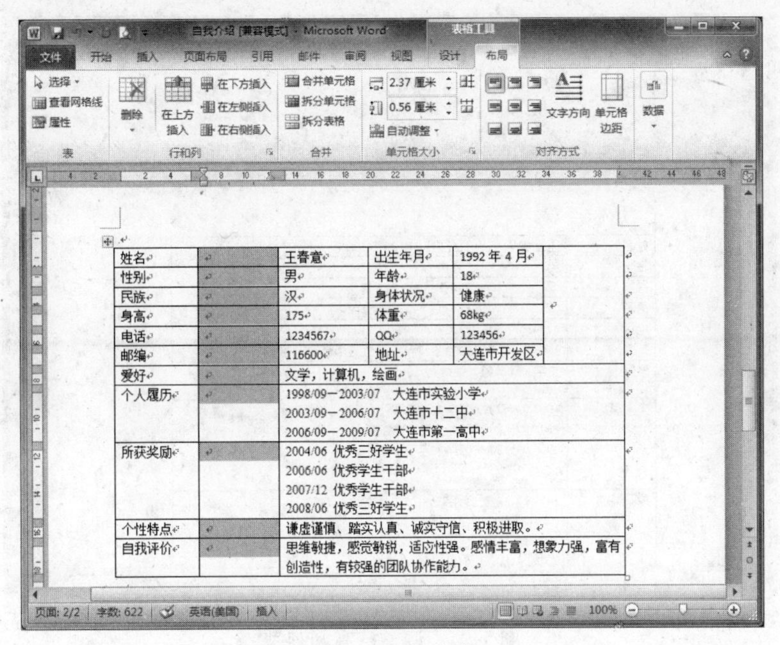

图 1-22 插入列

从弹出的菜单中选择“删除列”命令即可，效果如图 1-23 所示。

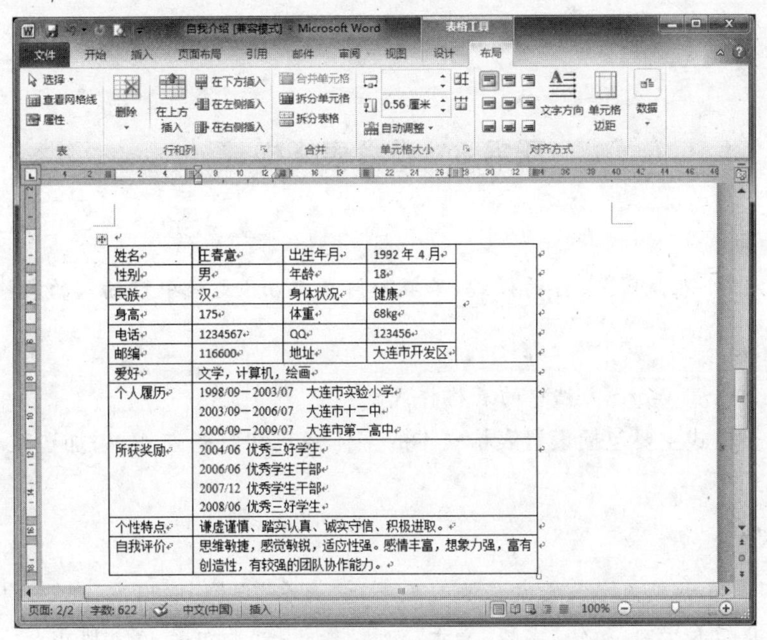

图 1-23 删除列

5. 调整行高和列宽。将光标指向要调整列的列边框，当光标形状变成双向箭头形状时，按住鼠标左键拖动即可调整列宽，拖动的时候按住 Alt 键，可以微调表格宽度。如果要调整行高，其操作方法和调整列宽类似。调整的效果如图 1-24 所示。

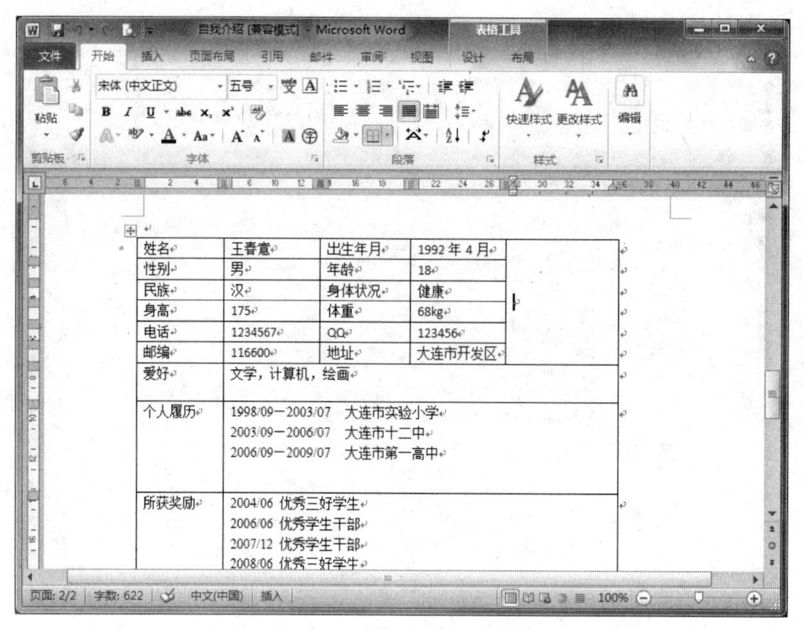

图 1-24 调整行高和列宽

视频教学演示

调整表格结构的详细步骤可参看本教材配套多媒体光盘\视频\1\05.swf视频文件中的操作演示。

任务3 设置表格样式

任务目标

通过设置“个人简历”表格的样式，了解如何在Word文档中对插入的表格进行美化。

技能目标

掌握如何设置Word文档中的表格样式。

设置表格样式主要包括设置表格文本的字体格式和对齐方式，添加边框和底纹以及套用表格样式等。

关键步骤提示

1. 选中表格中需要设置突出效果的文字，切换至“开始”选项卡，在“字体”选项组选择“字体”下拉列表中的“黑体”选项，单击“加粗”按钮，效果如图1-25所示。

2. 单击表格左上角的图标⊞选定整个表格，然后右击，从弹出的快捷菜单中选择“单元格对齐方式”→“中部两端对齐”命令，即可将单元格内的文本对齐，效果如图1-26所示。

3. 单击表格左上角的图标⊞选定整个表格，然后右击，从弹出的快捷菜单中选择“边

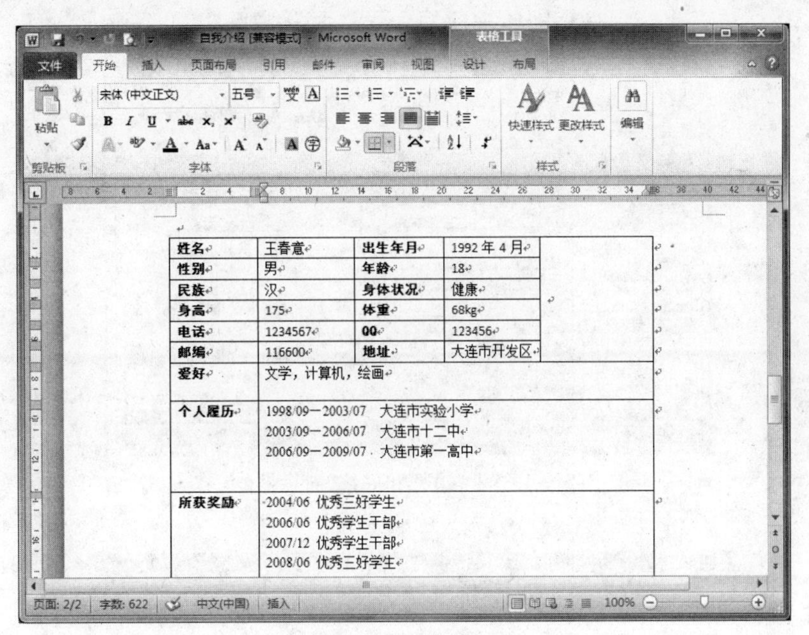

图 1-25　设置文字格式

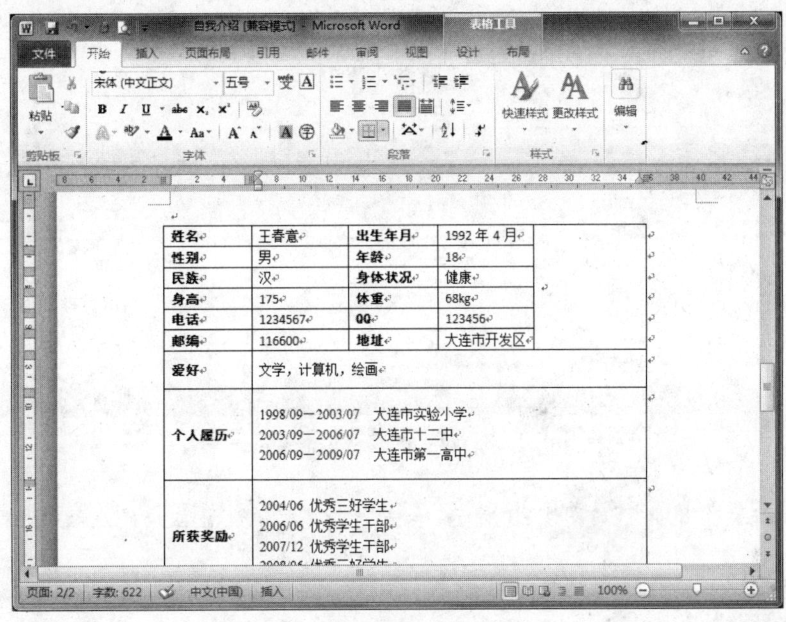

图 1-26　设置单元格对齐方式

框和底纹”命令，即可打开“边框和底纹”对话框，在“应用于”下拉列表中选择设置边框的应用范围，并在“设置”、“样式”、“颜色”和“宽度”中设置表格边框的外观，如图 1-27 所示。单击“确定”按钮完成表格边框的设置，效果如图 1-28 所示。

4. 为了突出重点，可以将一些单元格的底纹设置成不同的颜色。选择要设置底纹的单元格，然后在“边框和底纹”对话框中切换至“底纹”选项卡，在“填充”下拉列表中选择

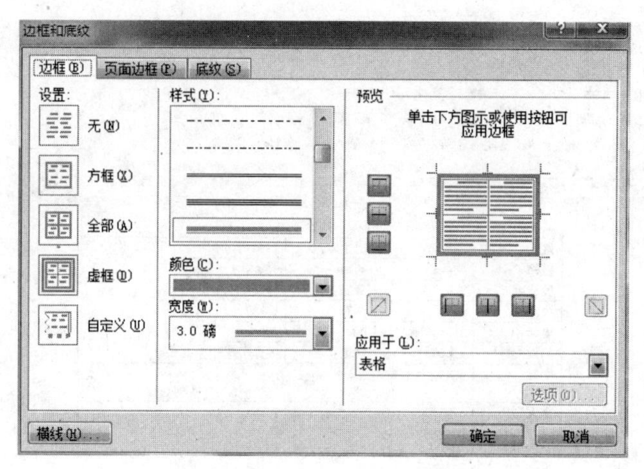

图 1-27 “边框和底纹”对话框

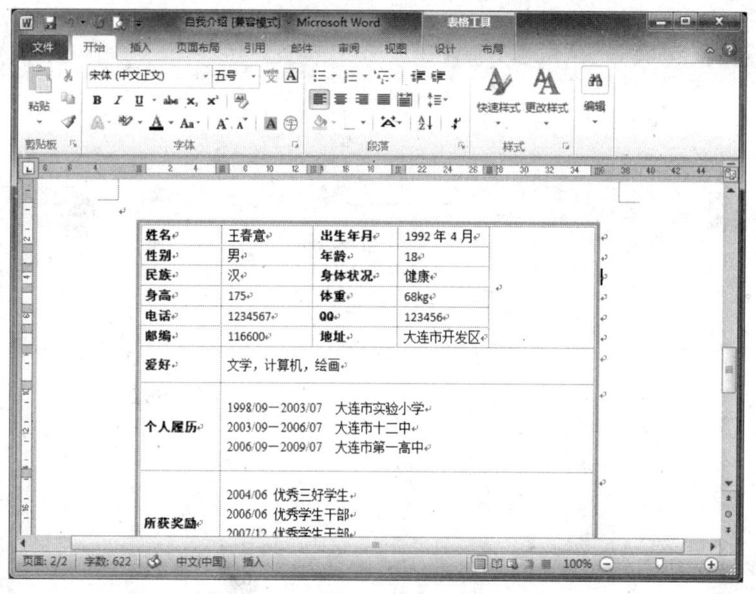

图 1-28 设置的表格边框效果

“深蓝，文字 2，淡色 80%”，如图 1-29 所示，单击“确定”按钮设置相应的底纹，效果如图 1-30 所示。

视频教学演示

设置表格样式的详细步骤可参看本教材配套多媒体光盘\视频\1\06.swf 视频文件中的操作演示。

课堂讨论和思考

1. 在 Word 中有哪几种插入表格的方法？
2. 如何在表格中合并与拆分单元格？

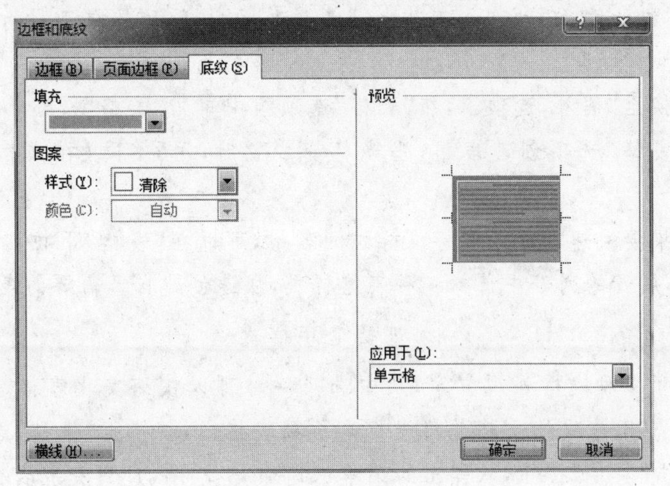

图 1-29 “底纹”选项卡

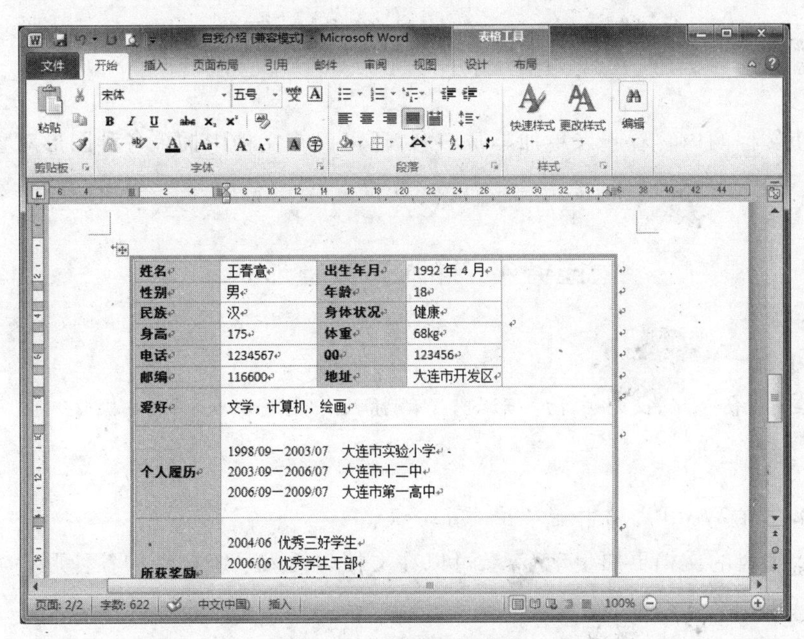

图 1-30 设置底纹效果

3. 如何在表格中插入与删除行和列?
4. 如何调整表格的行高和列宽?
5. 如何设置表格的边框和底纹?

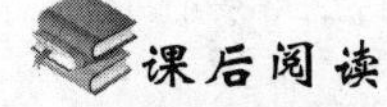

课后阅读

可根据自己的兴趣，课后选读以下小资料，了解相关的知识。

创建表格的其他几种方法

方法1：切换至“插入”选项卡，在“表格”选项组中单击“表格”按钮，在弹出的下拉列表中通过拖动表格的方法来实时、直观地创建表格，但其数量是有限制的，最大只能创建8行10列的表格。

方法2：切换至“插入”选项卡，在“表格”选项组中单击“表格”按钮，从弹出的下拉列表中选择“绘制表格”选项创建表格，当光标变成✏时，用户可以在文档中进行表格的绘制。

方法3：如果要快速创建一个标准样式的表格，可以在“表格”下拉列表中选择“快速表格”选项，在其展开的列表中选择一种表格样式，快速创建自己需要的表格。

为表格套用样式

Word提供了多种表格外观方案，从中选择一种可以快速美化表格。具体的操作方法为：打开需要套用格式的文档并将光标定位到表格内，切换至“设计”选项卡，在“表样式”选项组中单击“其他”按钮，从弹出的菜单中选择一种样式即可完成表格的设置。

第3关 美化“自我介绍”文档

为了使文档的内容看起来更加丰富多彩，还可以在文档中插入各种图形对象，主要包括艺术字、形状、剪贴画和图片等。

任务1 插入并设置形状

任务目标

通过在“自我介绍”文档中插入形状，了解插入并设置形状的相关操作。

技能目标

掌握如何在Word文档中插入并设置形状。

为了使编辑的文档更加生动有趣，可以在文档中插入系统自带的各种形状，并根据实际需要对其进行格式设置。

关键步骤提示

1. 将光标定位在要插入形状的位置，切换至“插入”选项卡，单击“形状”按钮，在弹出的下拉列表中选择“矩形”选项，然后按住Shift键在文档中绘制一个正方形，如图1-31所示。

2. 选定要调整大小的图形对象，其周围就会出现8个控制点，在控制点上按住鼠标拖动，将图形缩放到需要的大小之后，释放鼠标即可改变图形大小，如图1-32所示。

3. 对于插入的图形，还可以对其以任意角度自由旋转，选定图形对象，其顶部就会出现一个旋转句柄(绿色的小圆圈)，向所需的方向拖动旋转句柄，旋转到所需的角度之后，释放鼠标左键，并在对象外单击即可完成旋转，如图1-33所示。

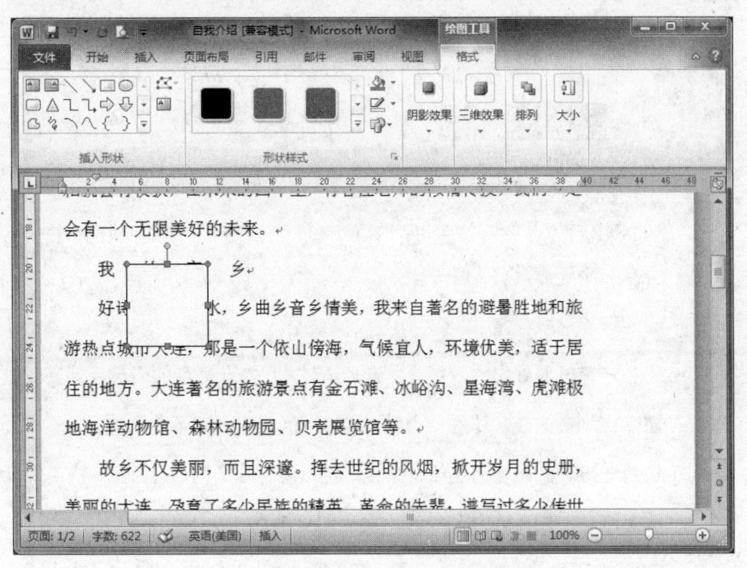

图 1-31　插入正方形

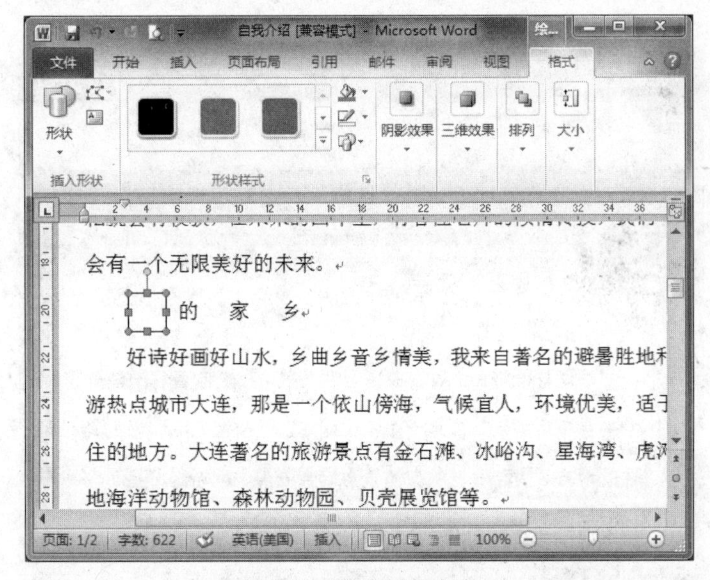

图 1-32　调整形状大小

4. 选定要改变样式的正方形，选择“绘图工具”下的“格式”选项卡，然后单击“形状样式”选项组中的“其他”按钮，在弹出的形状样式下拉列表中选择“线性向上渐变-强调文字颜色 1”选项，即可得到如图 1-34 所示的效果。

5. 选中图形，然后右击，从弹出的快捷菜单中选择“复制”命令，将光标定位到文档中，然后右击，从弹出的快捷菜单中选择“粘贴”命令，此时，即可在文档中复制一个相同的图形。按照同样的方法在文档中再复制两个相同的图形，并根据需要调整各个图形的位置，如图 1-35 所示。

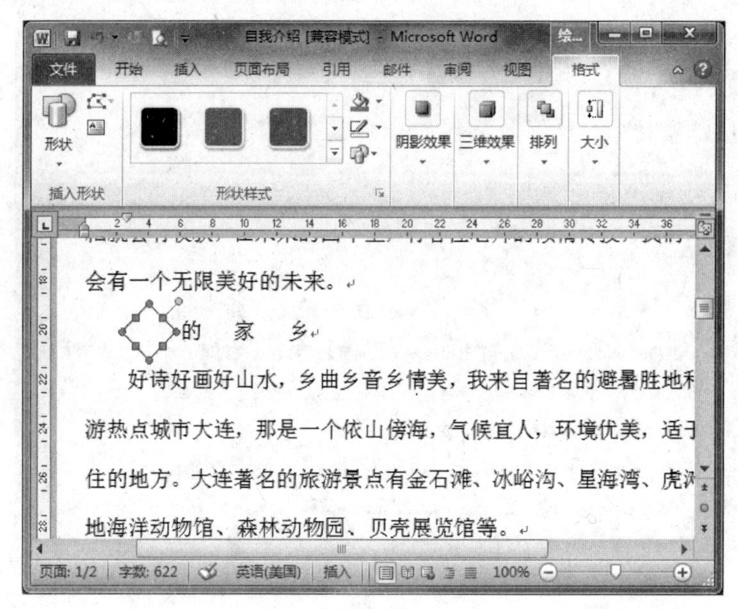

图 1-33 旋转形状方向

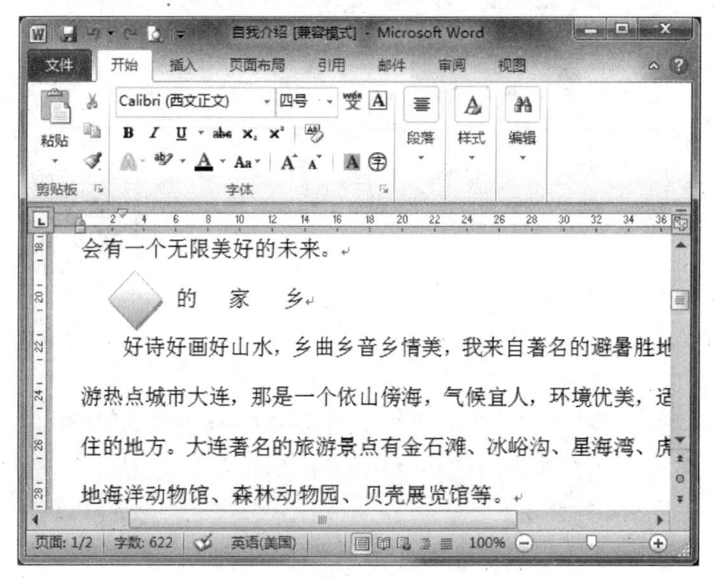

图 1-34 更改形状样式效果

6. 分别选中图形，右击，从弹出的快捷菜单中选择“叠放次序”→“衬于文字下方”命令，使其位于文本“我的家乡”的下方，如图 1-36 所示。

视频教学演示

插入并设置形状的详细步骤可参看本教材配套多媒体光盘\视频\1\07.swf 视频文件中的操作演示。

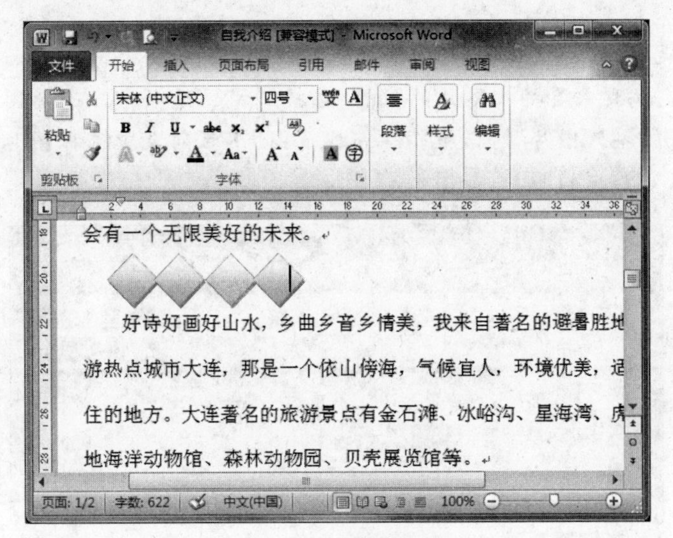

图 1-35　复制图形

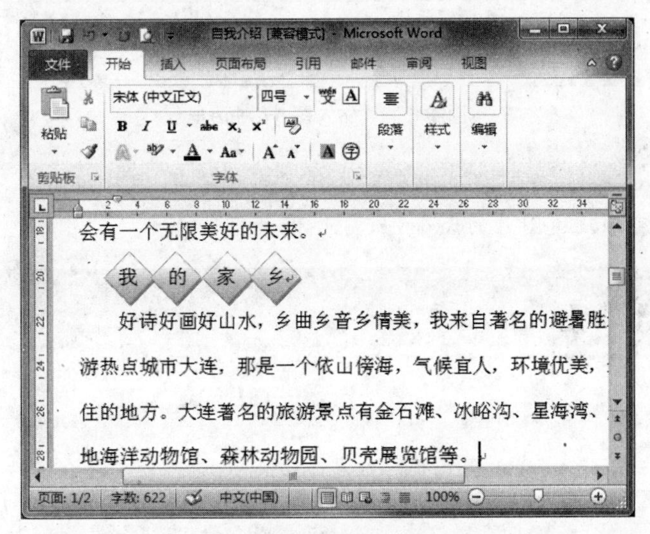

图 1-36　衬于文字下方

任务 2　插入并设置图片

任务目标

通过在“自我介绍”文档中插入图片，了解插入并设置图片格式的相关操作。

技能目标

掌握如何在 Word 文档中插入图片并进行相关的设置。

在文档中插入图片，不仅可以使文档更漂亮，还可以更好地说明文档的内容。为了使插入的图片文件更加醒目美观，可以设置其格式。

关键步骤提示

1. 将光标定位到需要插入图片的位置,选择“插入”选项卡,在“插图”选项组中单击“图片”按钮,打开“插入图片”对话框,在“查找范围”下拉列表中选择图片所在的文件夹,然后选中要插入文档中的图片,如图 1-37 所示。

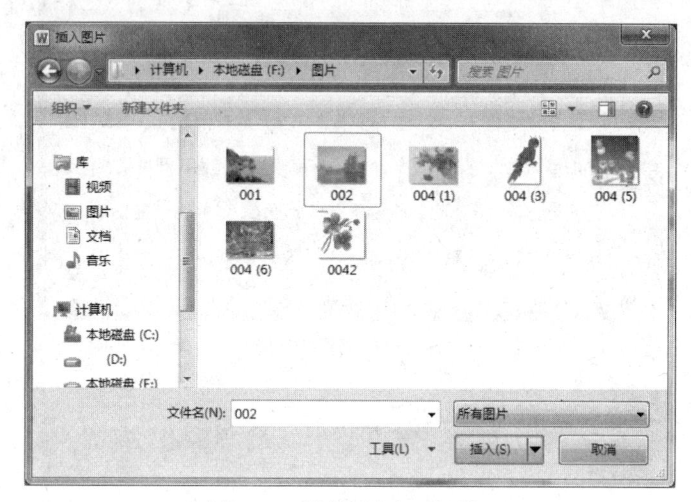

图 1-37 “插入图片”对话框

2. 单击“插入”按钮,即可将选中的图片插入到文档中,图片四周有 8 个控制点,拖动对角线的控制点可以改变图片的大小,如图 1-38 所示。

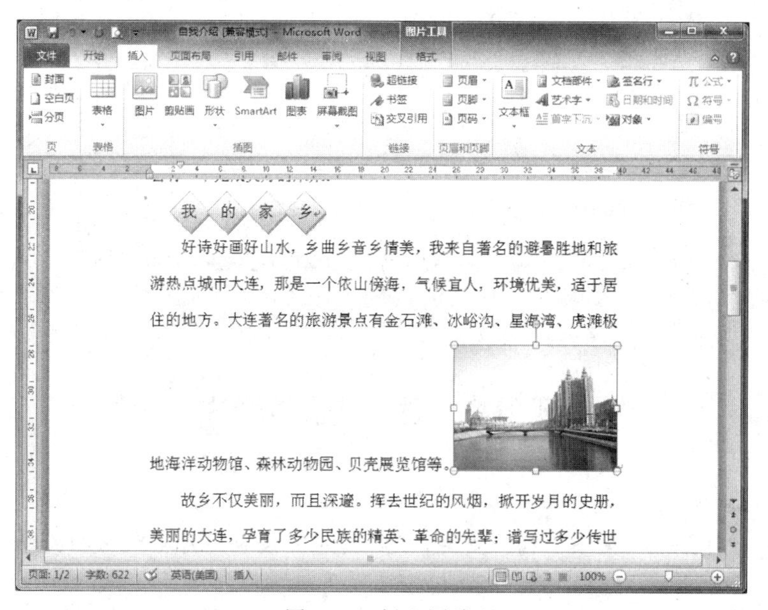

图 1-38 插入图片

3. 单击“排列”选项组中的“位置”按钮,在弹出的快捷菜单中选择“中间居右-四周型文字环绕”命令,使文字紧密环绕图片,并将图片移动到合适的位置,如图 1-39 所示。

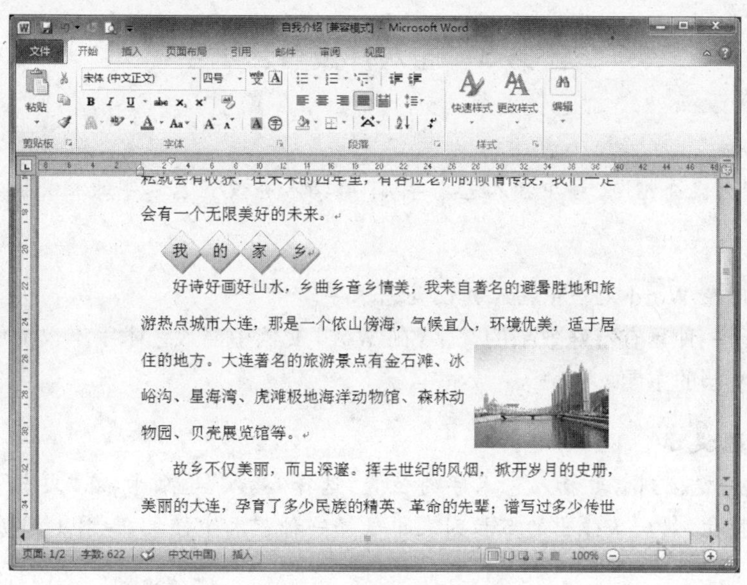

图 1-39　设置图片位置

4. 选中插入的图片文件，切换至“格式”选项卡，单击“图片样式”选项组右侧的下三角按钮，然后从弹出的“形状样式”下拉列表中选择需要的图片样式，这里选择“映像圆角矩形”选项，效果如图 1-40 所示。

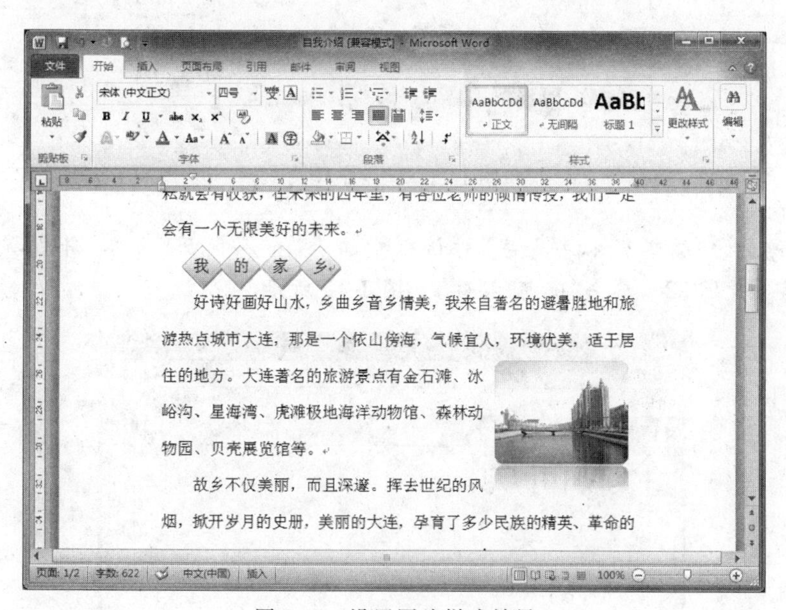

图 1-40　设置图片样式效果

视频教学演示

插入并设置图片的详细步骤可参看本教材配套多媒体光盘\视频\1\08.swf 视频文件中的操作演示。

任务3 插入并设置艺术字

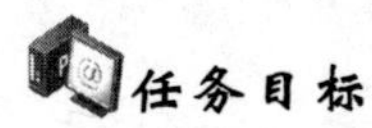

任务目标

通过在"自我介绍"文档中插入艺术字,了解插入并设置艺术字的相关操作。

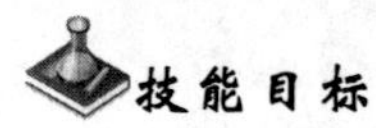

技能目标

掌握如何在 Word 文档中插入并设置艺术字。

艺术字是一种具有特殊效果的文字,在 Word 文档中插入艺术字不仅能够美化文档,还能够突出文档的主题。

关键步骤提示

1. 将光标定位到需要插入艺术字的位置,选择"插入"选项卡,在"文本"选项组中单击"艺术字"按钮,然后从弹出的下拉列表中选择一种艺术字样式,如图 1-41 所示。

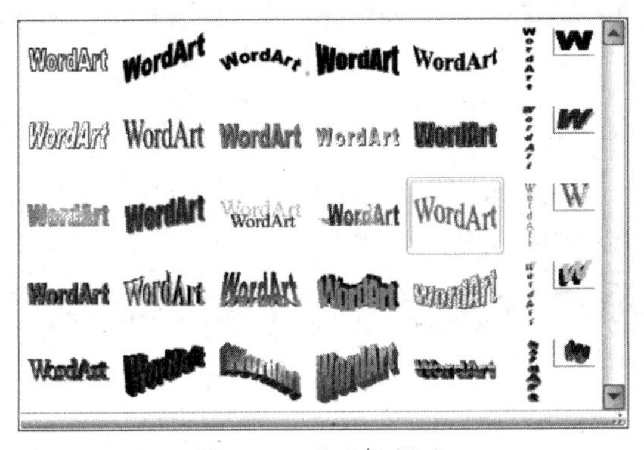

图 1-41 艺术字样式

2. 在弹出的"编辑艺术字文字"对话框中输入"个人简历"文本,并设置"字体"为"宋体","字号"为"32",单击"确定"按钮,如图 1-42 所示。

图 1-42 "编辑艺术字文字"对话框

3. 选中插入的艺术字，在“艺术字工具格式”选项卡中单击“阴影效果”选项组的“阴影效果”按钮，在展开的列表中选择“阴影样式 5”选项，效果如图 1-43 所示。

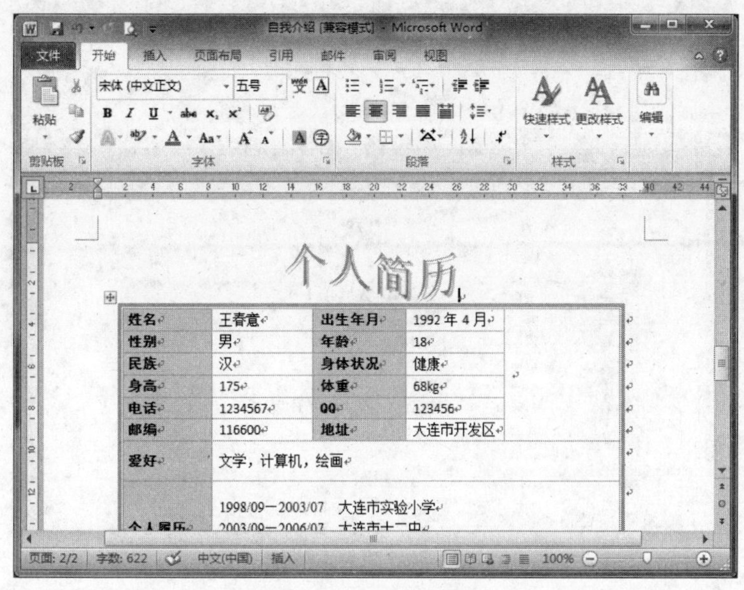

图 1-43 设置阴影效果

4. 选中插入的艺术字，在“艺术字工具格式”选项卡中，单击“艺术字样式”选项组中的“形状填充”右侧的下三角按钮，然后从弹出的“形状填充”下拉列表中选择需要的形状填充颜色，这里选择“深蓝，文字 2，淡色 40%”选项，效果如图 1-44 所示。

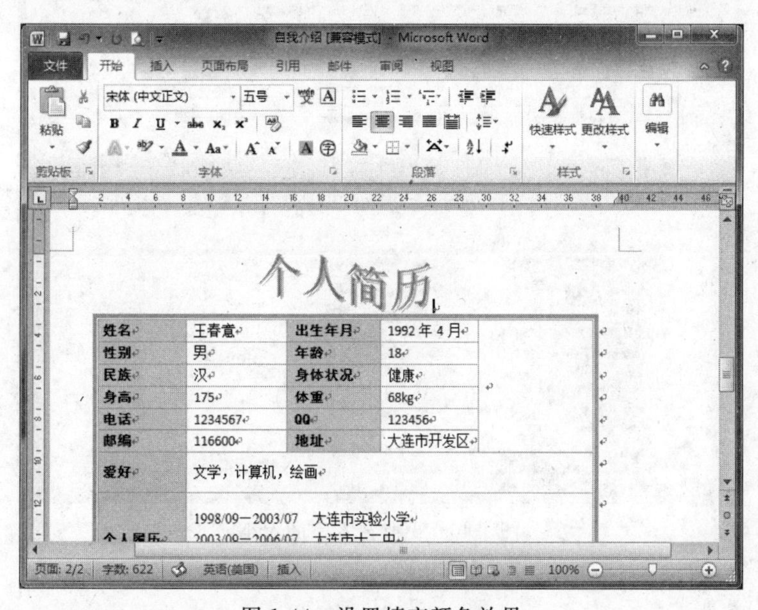

图 1-44 设置填充颜色效果

5. 单击“艺术字样式”选项组中的“更改形状”按钮，在弹出的下拉列表中选择“双波形 1”选项，效果如图 1-45 所示。

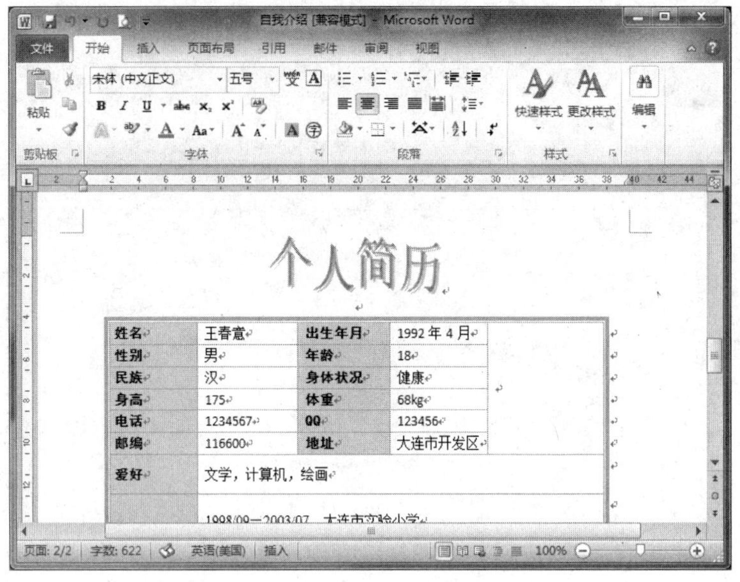

图 1-45　更改艺术字形状效果

6. 选中插入的艺术字，其四周将会出现 8 个控制点，拖动对角线的控制点可以改变艺术字的大小，效果如图 1-46 所示。

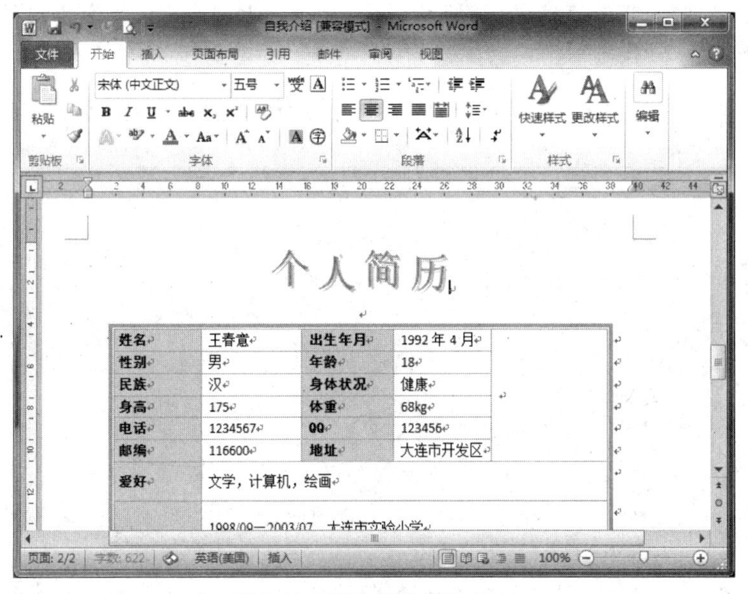

图 1-46　更改艺术字的大小

视频教学演示

插入并设置艺术字的详细步骤可参看本教材配套多媒体光盘\视频\1\09.swf 视频文件中的操作演示。

课堂讨论和思考

1. 如何设置形状的大小和方向?
2. 如何设置图片的样式?
3. 如何更改艺术字的颜色和形状?

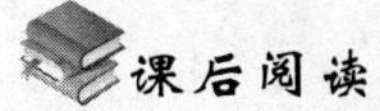

课后阅读

可根据自己的兴趣,课后选读以下小资料,了解相关的知识。

如何调整任意多边形的形状

在 Word 文档中,可以使用自选图形的调整句柄来修改自选图形的形状。但是,绘制的任意多边形没有提供调整句柄,应该怎么调整任意多边形的形状呢?

调整这些图形可以按照以下方法进行。首先选定要改变形状的任意多边形,右击,从弹出的快捷菜单中选择“编辑顶点”命令。此时,多边形的每个顶点都会出现句柄。如果要改变多边形中某个顶点的位置,可以用鼠标拖动该顶点。如果要在多边形的某个边上添加一个顶点,则在要添加的边框上单击,再进行拖动;如果要删除某个顶点,则按住 Ctrl 键,再单击要删除的顶点即可。

剪裁图片

用户如果希望对插入的图片进行裁剪,可以运用 Word 提供的裁剪图片功能实现。选中需要剪裁的图片,切换至“格式”选项卡,在“大小”选项组中单击“裁剪”按钮,当鼠标光标变成形状时,将光标指向图片边框,当光标变成 T 形时,向上、下、左、右 4 个方向拖动边框,即可将图片剪裁成需要的区域。

职业任务 1　草拟一份“企业简介”文档并排版

职业任务 2　制作“产品采购表”文档

竞赛评价

评价内容	学生自评	学生互评	教师评价
学生相互观看制作的“自我介绍”文档,从文档的页面美感、内容特色、页面布局三个方面进行评价			
任选一个职业任务,从任务质量、完成效率、职业水准三个方面进行评价			
竞赛 1 总得分:			

竞赛 2

展示成长历程

成长是懵懂无知，成长是苦闷彷徨，成长也是勇敢、坚强，成长离不开老师的教导，更离不开父母的关怀。成长是一个打翻了的五味瓶，需要自己去酝酿、去磨擦、去整理；成长又是一朵含苞待放的鲜花，需要自己去栽培和浇灌。每个人的成长都是一段不寻常的历程，人生的道路上留下的一个个脚印，等待着我们去回顾。本次竞赛就是通过使用 PowerPoint 2010 制作“成长历程”幻灯片，展示学生成长的历程，激发学生成长中的真情实感，同时掌握 PowerPoint 的使用方法。

竞赛要求

使用 PowerPoint 2010 制作“成长历程”幻灯片，熟悉 PowerPoint 的具体应用。

评比条件

下一竞赛上课前，同学间互相评价，按总得分排名。

第 1 关　制作“成长历程”演示文稿

PowerPoint 是 Microsoft 公司推出的 Office 系列产品之一，主要运用于设计制作各种会议、产品演示、学校教学的电子版幻灯片，制作的演示文稿可以通过计算机或投影仪进行播放。

任务 1　新建演示文稿

任务目标

通过创建“成长历程”演示文稿，了解如何在 PowerPoint 2010 中新建演示文稿。

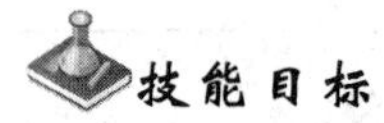

技能目标

掌握如何在 PowerPoint 2010 中新建演示文稿。

在 PowerPoint 2010 中，新建演示文稿的方法不止一种，当启动 PowerPoint 2010 后，系统默认新建一个空白演示文稿，也可以在启动的演示文稿中单击“文件”按钮，从弹出菜单中选择“新建”命令进行创建。下面以创建“成长历程”演示文稿为例进行具体的介绍。

关键步骤提示

1. 选择"开始"→"程序"→"Microsoft Office"→"Microsoft PowerPoint 2010"命令，创建一个空白演示文稿，如图 2-1 所示。

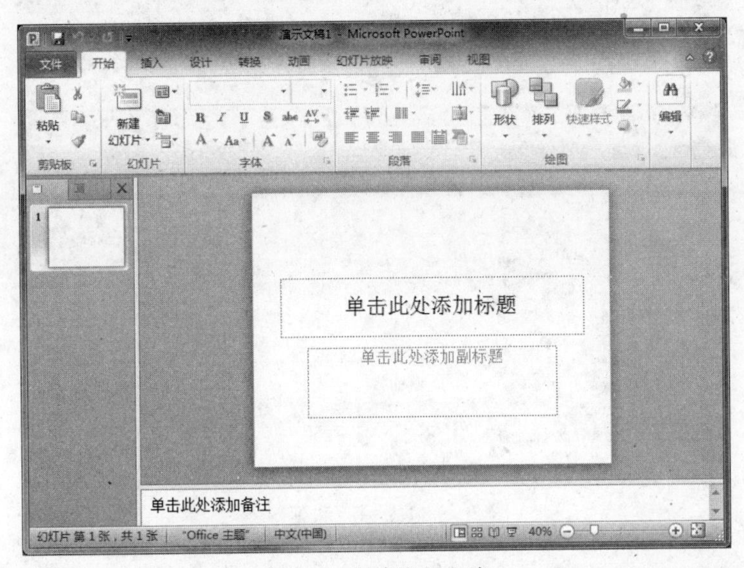

图 2-1　新建演示文稿

2. 要添加新幻灯片，首先切换至"开始"选项卡，在"幻灯片"选项组中单击"新建幻灯片"按钮，从弹出的菜单中选择需要的幻灯片版式，即可将其应用到当前幻灯片中，这里依次添加 5 张幻灯片，如图 2-2 所示。

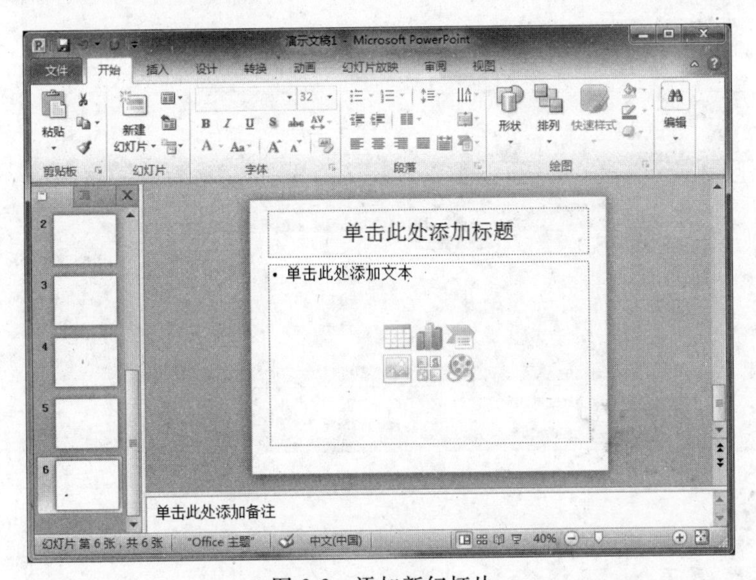

图 2-2　添加新幻灯片

3. 输入标题。选中要输入标题的幻灯片，然后在"单击此处添加标题"占位符内单击,光标会在此栏内显示,输入标题;在"单击此处添加副标题"占位符内单击,在此栏内输入副标题,如图 2-3 所示。

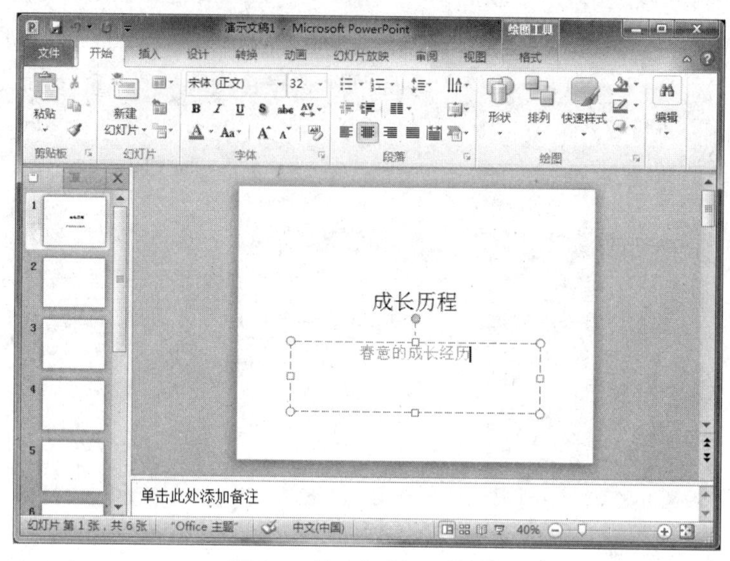

图 2-3 输入标题和副标题

4. 输入其他内容。在左侧"幻灯片"选项卡中单击第 2 张幻灯片,使用上述步骤为第 2 张幻灯片输入文本,并依次为其他幻灯片添加文本,效果如图 2-4 所示。

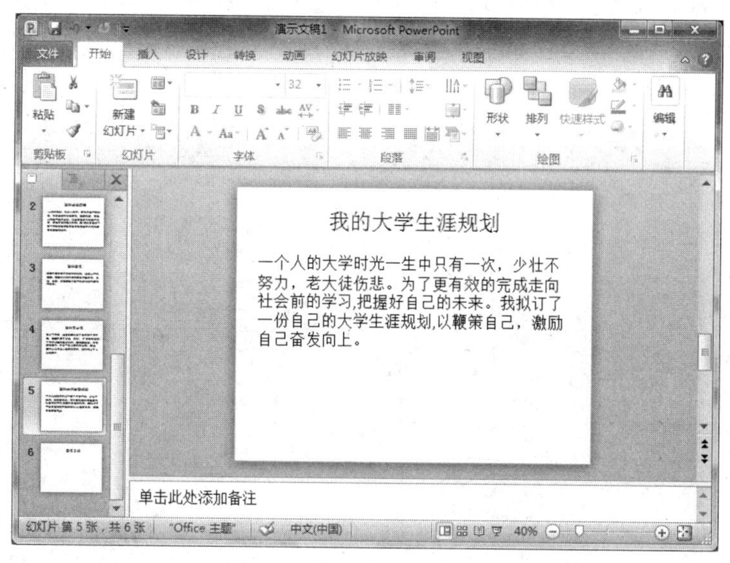

图 2-4 输入其他内容效果

视频教学演示

新建演示文稿的详细步骤可参看本教材配套多媒体光盘\视频\2\01.swf 视频文件中的操作演示。

任务2 编辑幻灯片

任务目标

通过编辑"成长历程"演示文稿，了解如何在 PowerPoint 2010 中对幻灯片进行复制和删除等相关操作。

技能目标

掌握如何在 PowerPoint 2010 中编辑幻灯片。

在 PowerPoint 中，可以对幻灯片进行编辑操作，主要包括复制幻灯片、移动幻灯片和删除幻灯片等。在对幻灯片的操作过程中，最为方便的视图模式是幻灯片浏览视图，对于小范围或少量的幻灯片操作，也可以在普通视图模式下进行。

关键步骤提示

1. 在制作演示文稿时，有时会需要两张内容基本相同的幻灯片。此时，可以利用幻灯片的复制功能，复制出一张相同的幻灯片，然后再对其进行适当的修改。在左侧的幻灯片列表中选择需要复制的幻灯片，右击，从弹出的快捷菜单中选择"复制"命令，即可在该幻灯片的下方复制这一幻灯片，其他幻灯片的序号将自动向下一位重新排列，如图 2-5 所示。

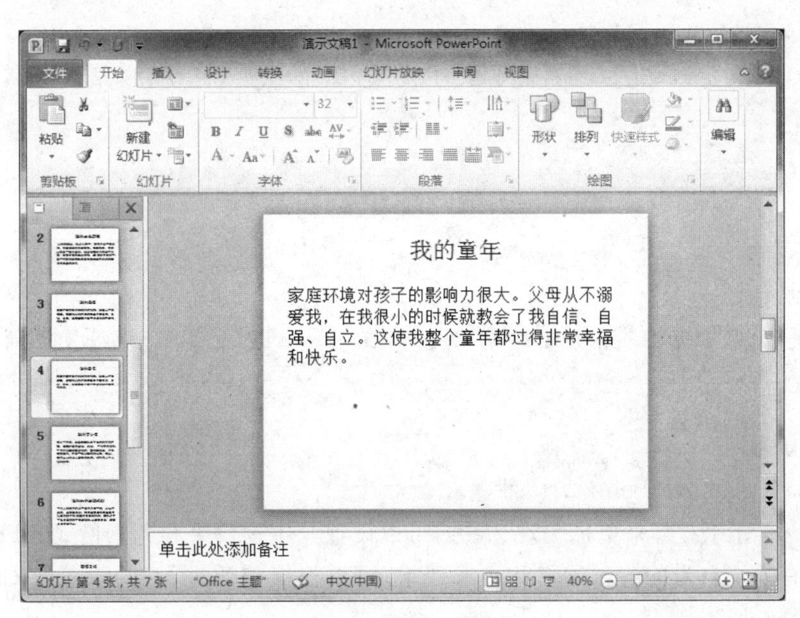

图 2-5　复制幻灯片

2. 如果需要移动某一张幻灯片的位置，只需在左侧的幻灯片列表中选择该幻灯片，拖动到目标位置即可，这里将序号为 2 的幻灯片拖动到序号 5 的位置，演示文稿中所有幻灯片的序号将自动重新排列，如图 2-6 所示。

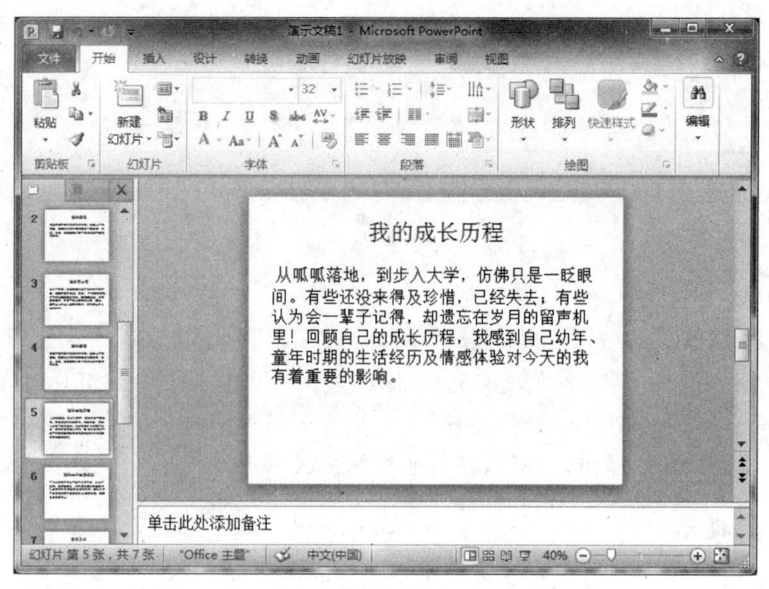

图 2-6 移动幻灯片

3. 如果要删除一些不需要的幻灯片，只需在左侧的幻灯片列表中选择该幻灯片，右击，从弹出的快捷菜单中选择“删除幻灯片”命令即可。

视频教学演示

编辑幻灯片的详细步骤可参看本教材配套多媒体光盘\视频\2\02.swf 视频文件中的操作演示。

任务 3 美化幻灯片

任务目标

通过美化“成长历程”演示文稿，了解如何在 PowerPoint 2010 中设置主题效果和背景格式。

技能目标

掌握如何在 PowerPoint 2010 中美化幻灯片。

为了使幻灯片看起来更加美观、大方，可以设置其主题效果和背景格式。PowerPoint 2010 提供有系统自带的各种幻灯片主题效果，可以根据需要进行选择，美化幻灯片的具体操作步骤如下。

关键步骤提示

1. 切换至“设计”选项卡，单击“主题”选项组中的“主题”按钮，即可弹出系统自带的各种主题效果，如图 2-7 所示，将鼠标指针放在相应的主题上，即可在幻灯片中显示该主题的预览效果，在主题上右击，从弹出的快捷菜单中选择其应用范围，系统默认将选择的主题应用于所有的幻灯片，如图 2-8 所示。

图 2-7　系统自带的主题

图 2-8　应用主题

2. 设置背景格式。选择幻灯片的背景，右击，从弹出的快捷菜单中选择“设置背景格式”命令，即可打开“设置背景格式”对话框，在“填充”选项卡中选中“图片或纹理填充”单选按钮，在“纹理”下拉列表中选择“水滴”选项，如图 2-9 所示。单击“关闭”按钮，设置效果如图 2-10 所示。

3. 设置背景效果。切换至“设计”选项卡，在“主题”选项组幻灯片主题的右侧，有

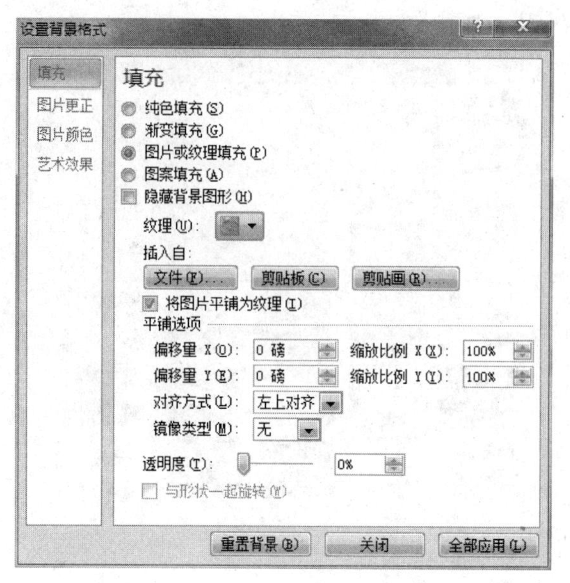

图 2-9 “设置背景格式”对话框

图 2-10 设置背景格式

3 个按钮:“颜色”、“字体”和“效果”,用于在当前主题下修改背景的相关效果,单击“字体”下三角按钮,从弹出的下拉列表中选择“跋涉”选项,效果如图 2-11 所示。

4. 设置标题格式。选中标题文本,选中的文本呈反白显示,文本周围出现浮动的工具栏,在工具栏的“字体”下拉列表中选择“隶书”选项,在“字号”下拉列表中选择“72”选项,单击“加粗”按钮,重复以上的方法,对副标题进行设置,效果如图 2-12 所示。

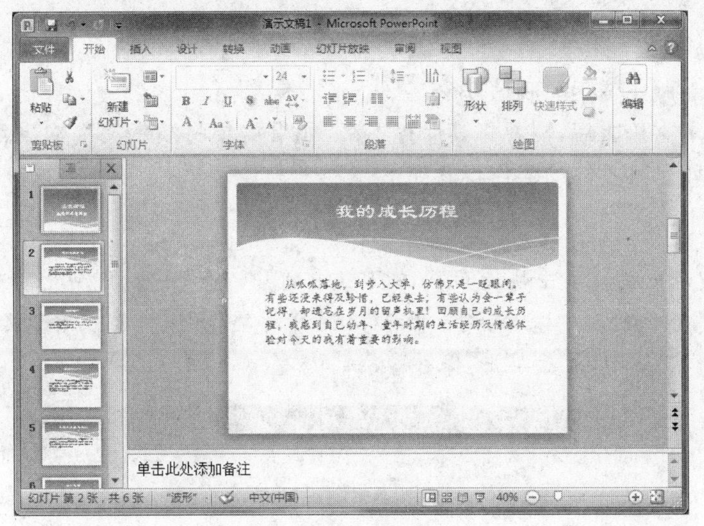

图 2-11　设置背景效果

图 2-12　设置标题格式

视频教学演示

美化幻灯片的详细步骤可参看本教材配套多媒体光盘\视频\2\03.swf 视频文件中的操作演示。

任务 4　保存和打印演示文稿

任务目标

通过保存和打印“成长历程”演示文稿，学习相关的知识和技巧。

技能目标

掌握保存和打印演示文稿的方法。

制作完演示文稿之后,需要将其保存下来,如果需要将演示文稿输出到纸张上,还需要对其进行打印。其具体的操作步骤如下。

关键步骤提示

1. 保存演示文稿。单击快速访问工具栏中的"保存"按钮,即可打开"另存为"对话框,在"文件名"下拉列表中输入"成长历程",在"保存类型"下拉列表中选择演示文稿的保存类型,如图 2-13 所示,最后单击"保存"按钮。

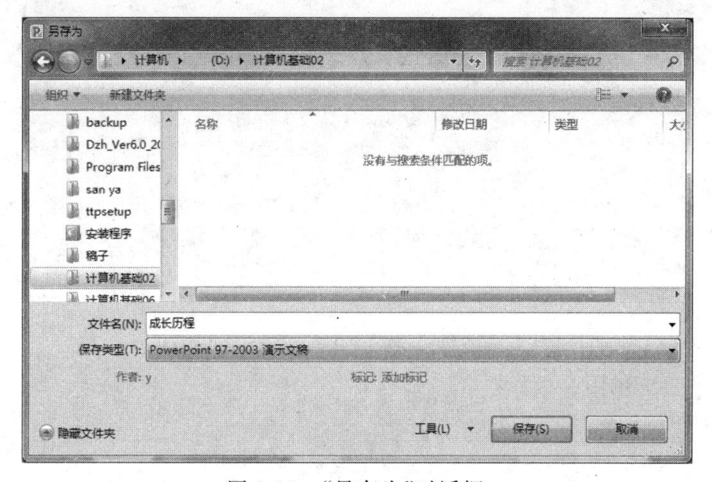

图 2-13 "另存为"对话框

2. 预览演示文稿。要进入打印预览状态,选择"文件"→"打印"命令即可,如图 2-14 所示。

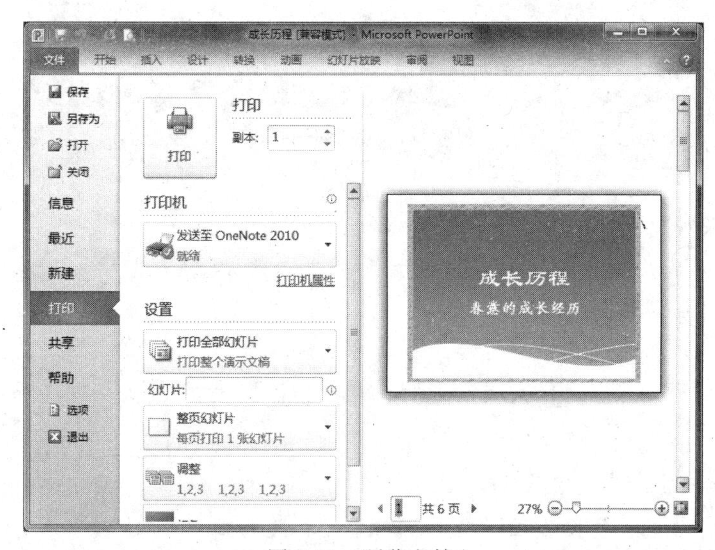

图 2-14 预览文档

3. 在左侧的打印设置区域中，单击“整页幻灯片”下三角按钮，在弹出的下拉列表中可以选择打印的版式，选择“备注页”选项可以打印备注页；选择“大纲”选项，可以打印大纲；选择所需的讲义选项，打印成讲义，如图 2-15 所示。

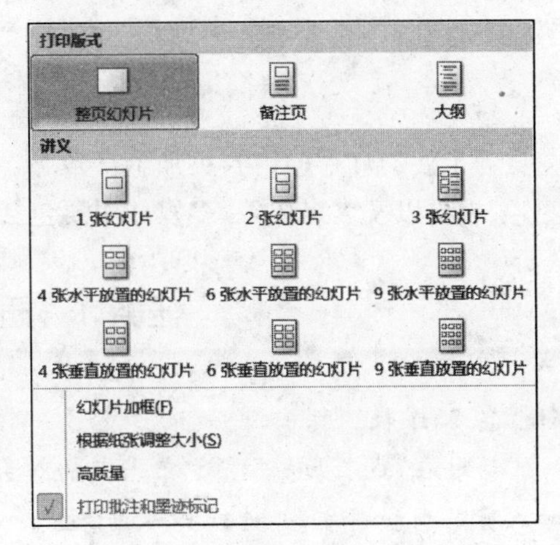

图 2-15 “整页幻灯片”下拉列表

4. 在左侧的打印设置区域中，还可以设置要打印的演示文稿中的幻灯片范围、颜色（颜色、灰度、纯黑白）、打印份数等，设置好这些参数后，单击打印区域中的“打印”按钮，即可开始打印。

视频教学演示

保存和打印演示文稿的详细步骤可参看本教材配套多媒体光盘\视频\2\04. swf 视频文件中的操作演示。

课堂讨论和思考

1. 如何复制幻灯片？
2. 如何设置演示文稿的背景格式？
3. 如何设置演示文稿的背景效果？
4. 如何打印备注页？

课后阅读

可根据自己的兴趣，课后选读以下小资料，了解相关的知识。

演示文稿和幻灯片之间的区别与联系

演示文稿和幻灯片之间是包括与被包括的关系，演示文稿是由多个幻灯片组成的，所有数据包括数字、符号、图片以及图表等都输入到幻灯片中，运用 PowerPoint 2010 可以创建多个演示文稿，而在演示文稿中又可以根据需要新建很多幻灯片。

设置页眉和页脚

页眉和页脚就是将时间和日期、公司标注和图片、文档的名称和制作者的姓名等内容放到页面的顶部或底部。在 PowerPoint 中设置页眉和页脚的内容与 Word 中非常类似，首先选择要设置页眉和页脚的幻灯片，切换至“插入”选项卡，在“文本”选项组中单击“页眉和页脚”按钮，打开“页眉和页脚”对话框，在该对话框中选中“日期和时间”、“幻灯片编号”和“页脚”复选框，并在页脚下面的文本框中输入页脚的内容，单击“应用”按钮即可，如果单击“全部应用”按钮可将该设置应用到所有的幻灯片中。

第 2 关　美化"成长历程"演示文稿

为了使幻灯片的内容更加丰富多彩，可以在其中插入多种类型的对象，例如剪贴画、图片、表格以及多媒体等，多媒体主要包括声音和影片文件。

任务 1　插入剪贴画、图片

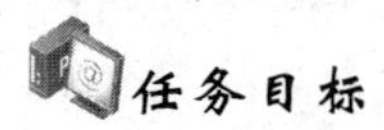

任务目标

通过在"成长历程"演示文稿中插入剪贴画和图片，掌握如何在 PowerPoint 2010 中插入剪贴画和图片，并进行具体的设置。

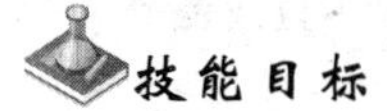

技能目标

掌握插入剪贴画和图片的方法与技巧。

剪贴画是一种特殊的图片，恰当地使用剪贴画能够很好地表现主题。PowerPoint 2010 中提供了大量实用的剪贴画，使用它们可以增强幻灯片的版面效果。此外，还可以从本地磁盘插入图片到幻灯片中。下面以在"成长历程"演示文稿中添加剪贴画和图片为例进行具体的介绍。

关键步骤提示

1. 搜索剪贴画。切换至"插入"选项卡，单击"插图"选项组中的"剪贴画"按钮，打开"剪贴画"任务窗格，在"搜索文字"文本框中输入要搜索的剪贴画的关键字，然后单击"搜索"按钮，如图 2-16 所示。

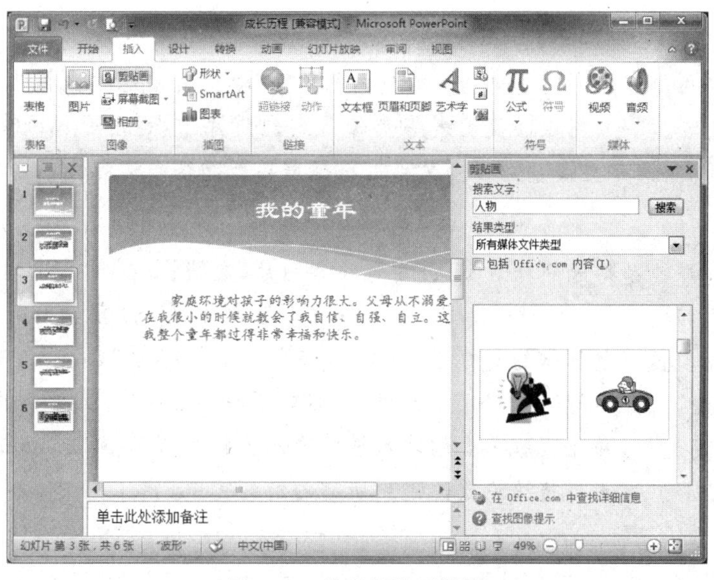

图 2-16　搜索剪贴画效果

2. 插入剪贴画。在剪贴画列表中选择需要的图片,单击其右边的下三角按钮,从打开的列表中选择"插入"选项,即可在幻灯片中插入剪贴画,如图 2-17 所示。

图 2-17 插入剪贴画

3. 剪贴画插入幻灯片后,其四周会出现 8 个控制点,按住鼠标左键拖动控制点,可以调整剪贴画的大小。将鼠标指针指向剪贴画的边框,鼠标指针变成四向箭头时,按住鼠标左键拖动,可以调整剪贴画的位置,调整后的剪贴画效果如图 2-18 所示。

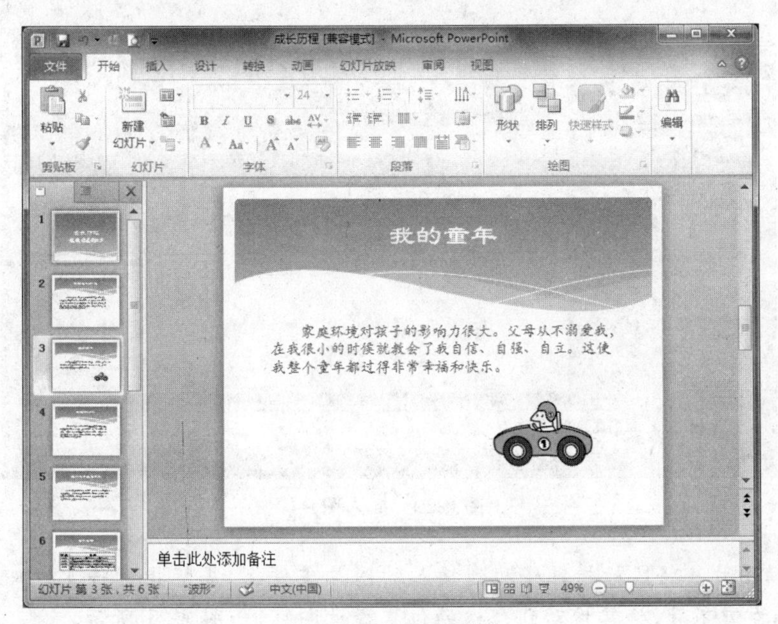

图 2-18 调整剪贴画

4. 切换至“插入”选项卡,在“插图”选项组中单击“图片”按钮,即可打开“插入图片”对话框,选中要插入的图片,如图 2-19 所示,单击“插入”按钮,即可将选中的图片插入到幻灯片中,如图 2-20 所示。

图 2-19 “插入图片”对话框

图 2-20 插入图片

5. 移动图片。将鼠标指针移动到插入的图片文件上,鼠标指针将变成四向箭头,此时按住鼠标左键不放,将其拖动到合适的位置释放即可,如图 2-21 所示。

6. 设置图片样式。双击插入的图片,即可打开图片工具栏。此时,主菜单栏切换为

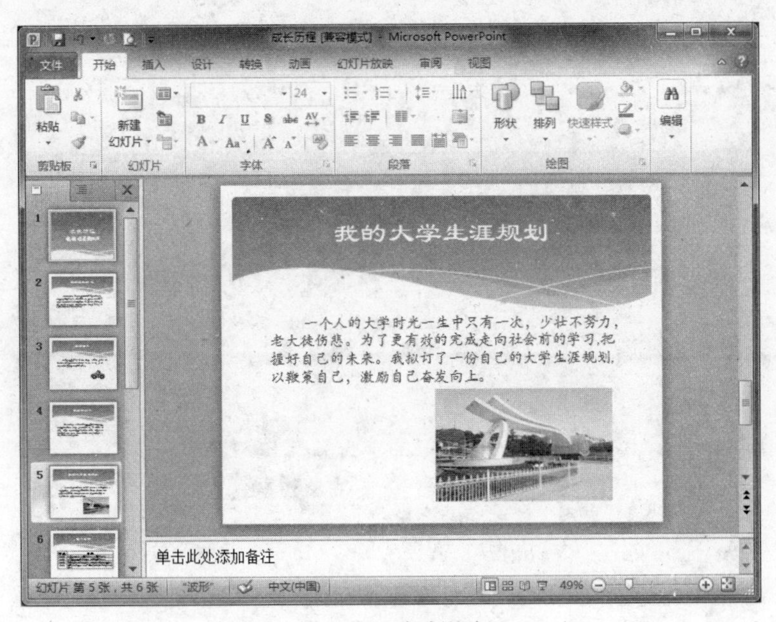

图 2-21　移动图片

"图片"工具栏，单击"图片样式"下三角按钮，在弹出的下拉列表中选择"剪裁对角线，白色"选项，效果如图 2-22 所示。

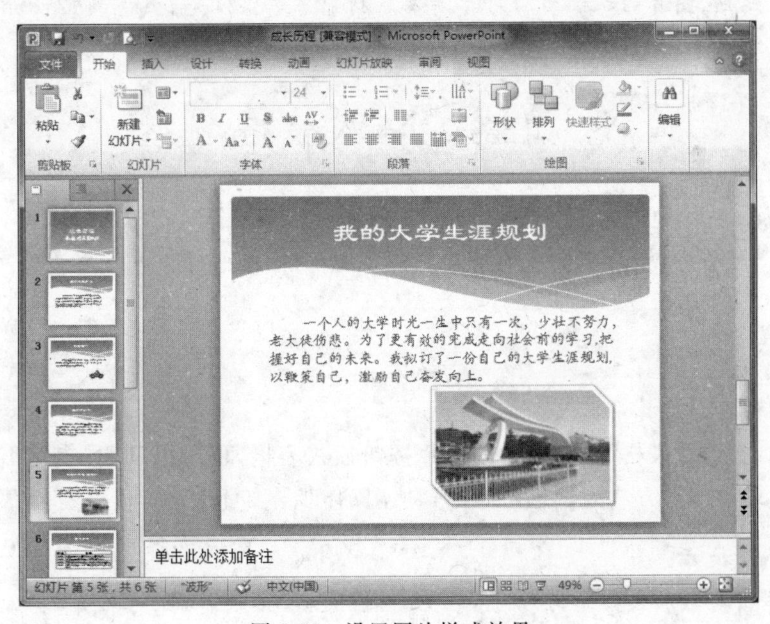

图 2-22　设置图片样式效果

7. 旋转图片。单击图片文件，其四周将会出现 8 个控制点和一个绿色的控制手柄，将鼠标放在绿色圆点上，鼠标指针将变成旋转箭头，此时按住鼠标左键拖动，可以改变图片的旋转角度，如图 2-23 所示。

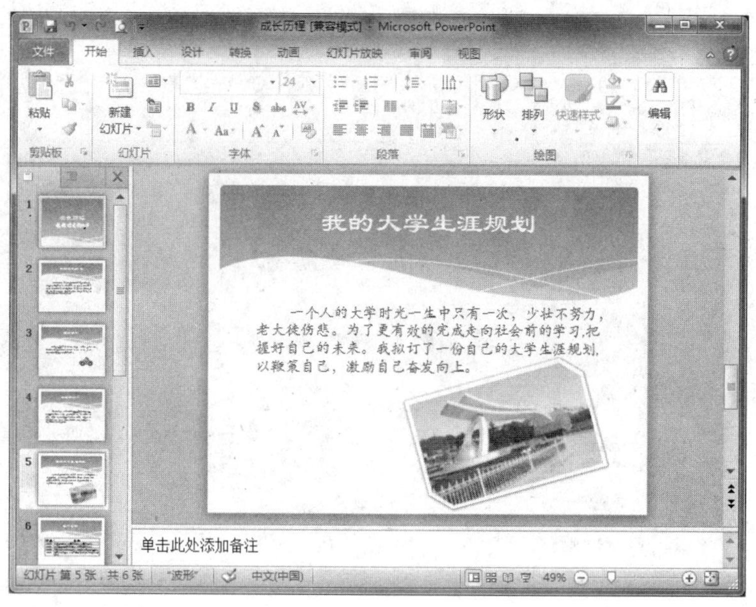

图 2-23　旋转图片

视频教学演示

插入剪贴画、图片的详细步骤可参看本教材配套多媒体光盘\视频\2\05.swf 视频文件中的操作演示。

任务 2　插入表格

任务目标

通过在"成长历程"演示文稿中插入表格，介绍如何在幻灯片中使用表格，并对表格进行设置。

技能目标

掌握如何在幻灯片中插入表格。

用户可以通过"表格"选项组中的命令按钮插入表格，也可以利用"表格"占位符插入表格。下面以第二种方法为例进行介绍，具体操作步骤如下。

关键步骤提示

1. 选择需要添加表格的幻灯片，单击"插入表格"占位符，即可打开"插入表格"对话框，在"列数"和"行数"文本框中输入要创建表格的列数与行数，如图 2-24 所示。单击"确定"按钮，即可在当前幻灯片中创建表格，如图 2-25 所示。

图 2-24　"插入表格"对话框

2. 在表格中输入文本并调整列宽，将鼠标指针置于需要调整列顶部的列标上，使之出现一个双向的箭头，按住鼠标左

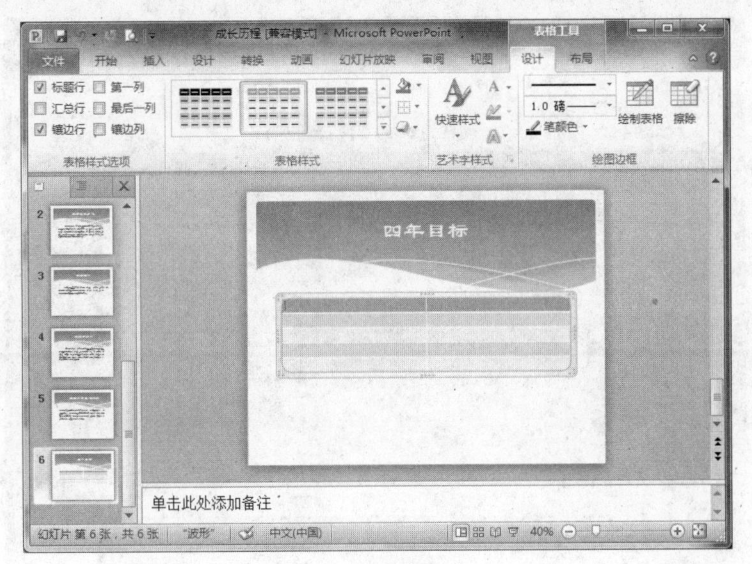

图 2-25　创建表格

键拖动即可改变列宽，如图 2-26 所示。

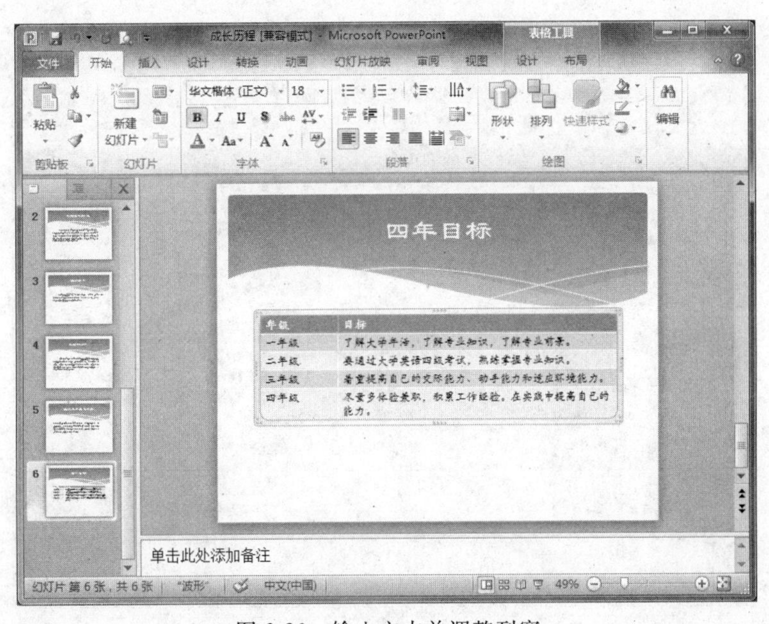

图 2-26　输入文本并调整列宽

3. 设置栏目。选中要设置的栏目，切换至"开始"选项卡，在"字体"选项组中设置"字体"为"华文楷体"，"字号"为"28"，在"段落"选项组中单击"居中"按钮，设置居中效果，效果如图 2-27 所示。

4. 设置表格内容。选中"年级"一列，切换至"开始"选项卡，在"段落"选项组中单击"居中"按钮，设置居中效果；选中"目标"下方的各行，在"字体"选项组中设置"字体"为"华文楷体"，"字号"为"20"，效果如图 2-28 所示。

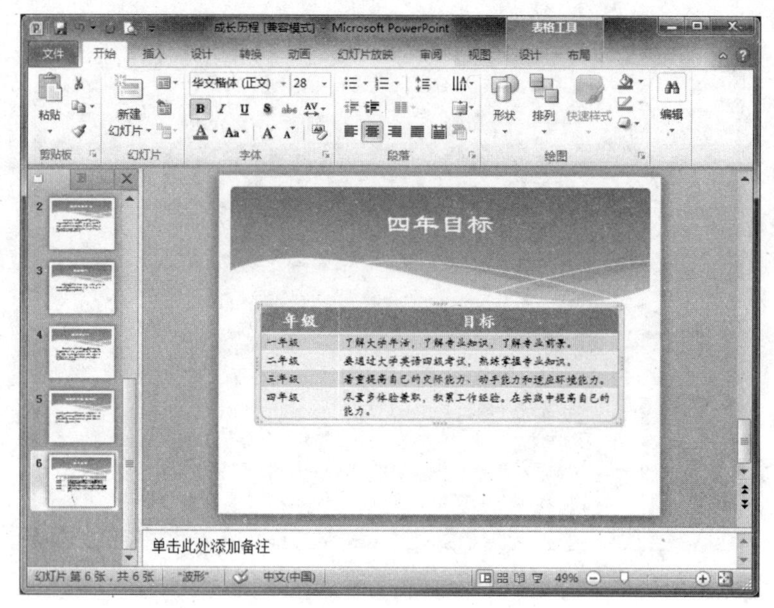

图 2-27　设置栏目

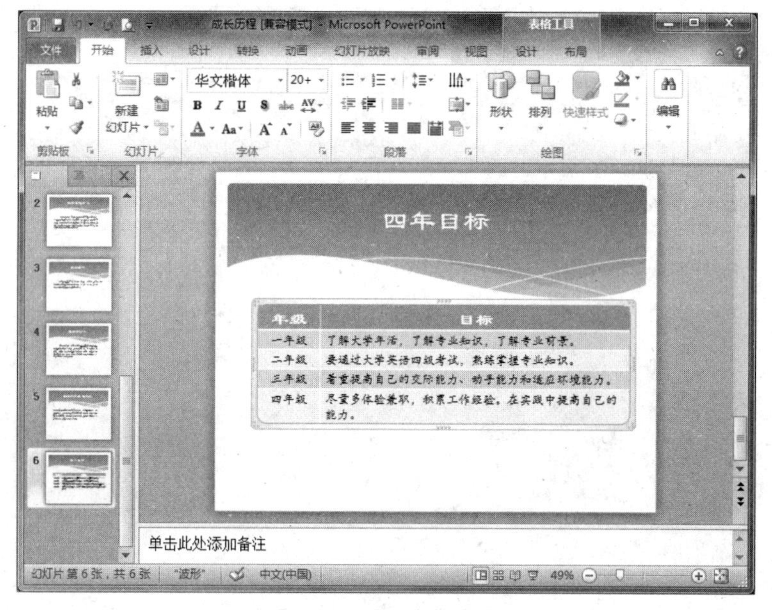

图 2-28　设置表格内容

5. 设置表格样式。选中整个表格，切换至“设计”选项卡，在“表格样式”选项组中单击下三角按钮，从弹出的下拉列表中选择一种表格样式，即可为所选表格设置表格样式，如图 2-29 所示。

视频教学演示

插入表格的详细步骤可参看本教材配套多媒体光盘\视频\2\06.swf 视频文件中的

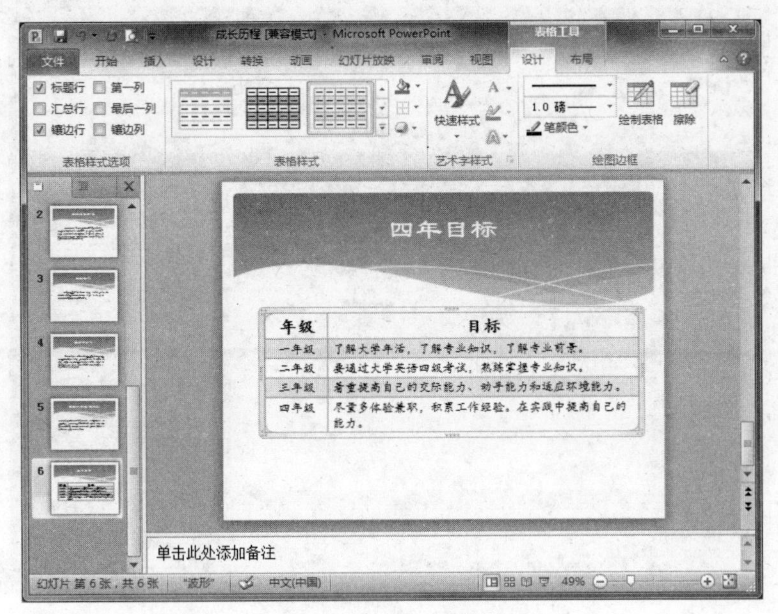

图 2-29　设置表格样式

操作演示。

任务 3　插入多媒体文件

任务目标

通过在“成长历程”演示文稿中插入声音和视频等多媒体文件，介绍相关的操作方法。

技能目标

掌握如何在幻灯片中插入多媒体文件。

步骤 1　插入声音

插入幻灯片的声音文件可以是位于“Microsoft 剪辑管理器”、计算机或者是网络中的音乐文件，也可以是自己录制的声音或 CD 中的音乐。将音乐或声音插入幻灯片后，幻灯片上会显示出一个代表该声音文件的声音图标。插入声音文件的方法有多种，下面以插入剪辑管理器中的声音为例进行介绍。

关键步骤提示

1. 选中要插入声音的幻灯片，切换至“插入”选项卡，在“媒体”选项组中单击“音频”按钮，从弹出的菜单中选择“剪贴画音频”命令，即可打开“剪贴画”任务窗格，如图 2-30 所示。

2. 在列表中单击要插入的声音，即可在幻灯片中出现一个声音图标，图标的四周有 8 个控制点，图标的下方有个音频播放条，单击上面的“播放”按钮，可以播放插入的声音

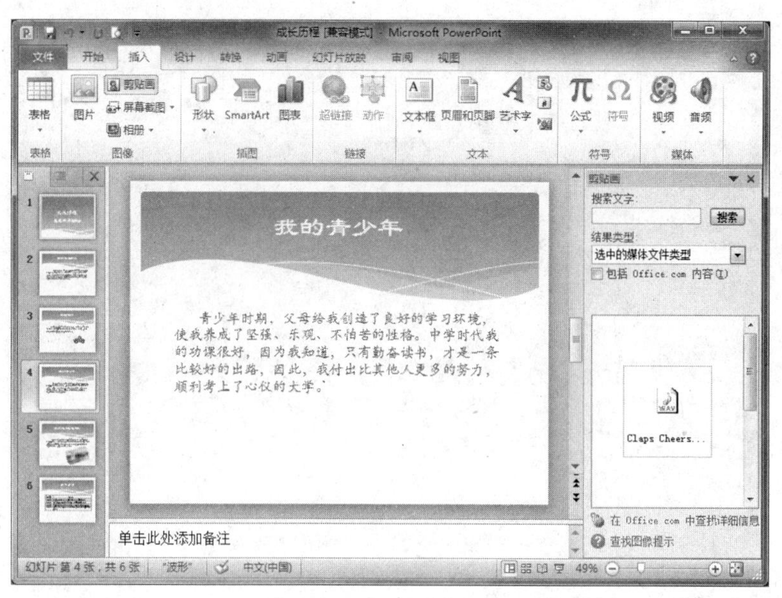

图 2-30　打开“剪贴画”任务窗格

文件，如图 2-31 所示。

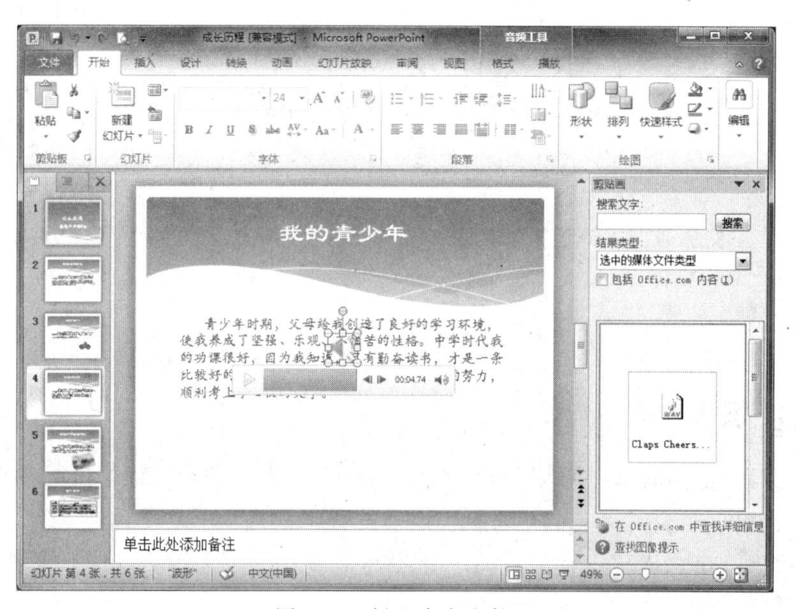

图 2-31　插入声音文件

3. 移动声音图标。将鼠标指针移动到声音图标上，鼠标指针将变成四向箭头，此时按住鼠标左键不放，将其拖动到合适的位置释放即可，如图 2-32 所示。

步骤 2　插入影片

与插入声音文件相似，在 PowerPoint 2010 中也可以非常方便地插入影片或影片剪

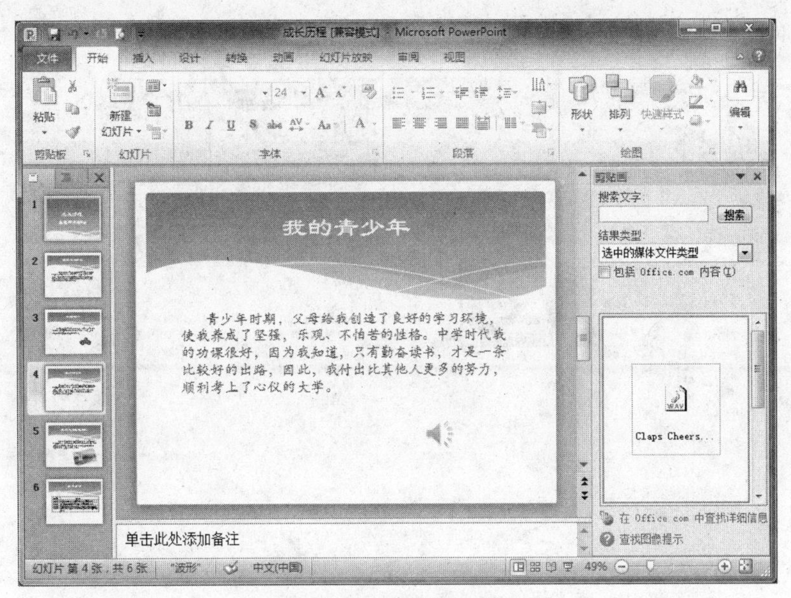

图 2-32　移动声音图标

辑，这里以插入剪辑管理器中的影片为例进行介绍。

关键步骤提示

1. 选中要插入影片的幻灯片，切换至“插入”选项卡，在“媒体”选项组中单击“视频”按钮，从弹出的菜单中选择“剪贴画视频”命令，即可打开“剪贴画”任务窗格，如图 2-33 所示。

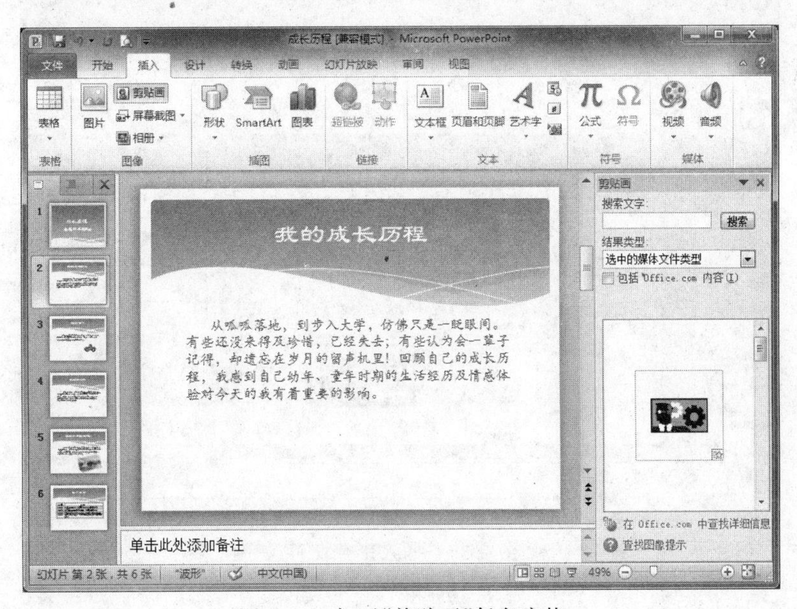

图 2-33　打开“剪贴画”任务窗格

2. 选择要插入的影片文件，在该文件上右击，从弹出的快捷菜单中选择“预览/属性”

命令，即可弹出“预览/属性”对话框，如图 2-34 所示。

图 2-34 “预览/属性”对话框

3. 单击“关闭”按钮，然后单击影片文件将其插入到幻灯片中，并调整其大小和位置，效果如图 2-35 所示。

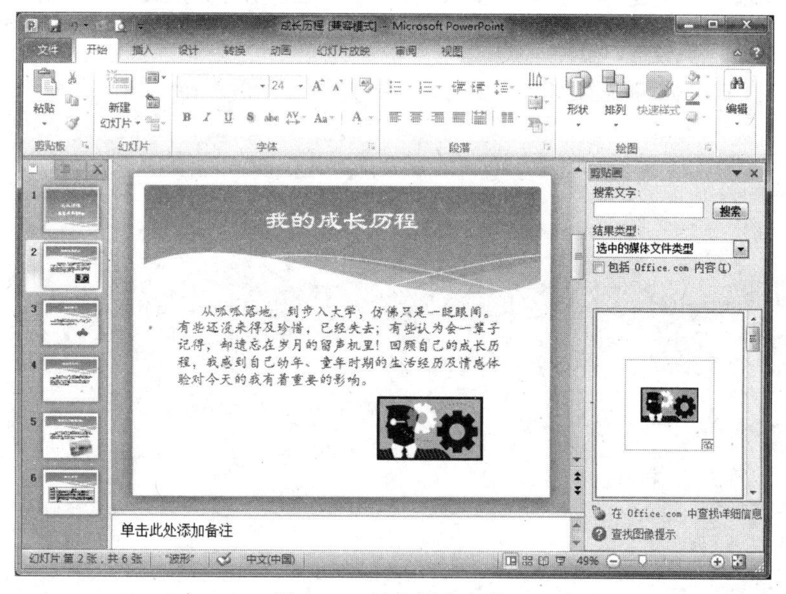

图 2-35 插入影片文件

视频教学演示

插入多媒体文件的详细步骤可参看本教材配套多媒体光盘\视频\2\07.swf 视频文

件中的操作演示。

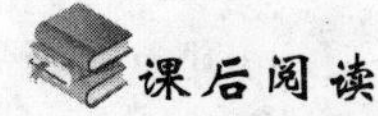

课堂讨论和思考

1. 如何在幻灯片中插入图片并设置其大小和位置?
2. 如何在幻灯片中插入表格?
3. 如何在幻灯片中插入影片?

课后阅读

可根据自己的兴趣,课后选读以下小资料,了解相关的知识。

在幻灯片中插入录音

如果在剪辑库中没有找到合适的声音,在其他媒体载体中也没有合适的声音文件,则可以自行录制声音文件。在选择要插入声音的幻灯片之后,切换至"插入"选项卡,在"媒体"选项组中单击"音频"按钮,从弹出的菜单中选择"录制音频"命令,即可打开"录音"对话框,在其中输入录音的名称,如图2-36所示。单击"开始"按钮开始录制声音,声音录制好后单击"停止"按钮停止录音,最后单击"播放"按钮,就可以收听录制的声音内容了,单击"确定"按钮即可将其插入幻灯片中。

图2-36 "录音"对话框

创建幻灯片之间的链接

在幻灯片中可以非常方便地创建演示文稿中某个位置的超链接,以便在播放演示文稿时,单击代表超链接的文本或对象即可转到相应的链接位置。要创建幻灯片之间的链接,首先选择用于超链接的文本或对象,然后切换至"插入"选项卡,单击"链接"选项组中的"超链接"按钮,即可打开"插入超链接"对话框,在"链接到"选项组中选择要链接的位置,单击"确定"按钮即可。

第3关 放映"成长历程"演示文稿

制作好幻灯片之后,就可以开始放映幻灯片了,不过,为了满足放映者的某些需求,可以设置幻灯片的切换效果、放映方式和放映时间等。

任务1 设置幻灯片的切换效果

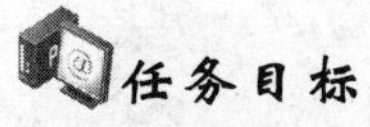

任务目标

通过在"成长历程"演示文稿中设置幻灯片的切换效果,了解幻灯片中有哪些常用的切换效果,以及如何设置。

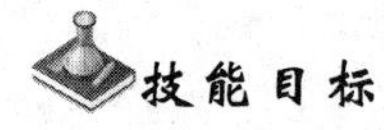

技能目标

掌握如何设置幻灯片的切换效果。

"幻灯片切换"效果是指两张幻灯片之间过渡的效果。若不设置则会直接跳转,经过设置则用动画过渡,还可以添加声音效果,为幻灯片添加切换效果,使幻灯片之间的过渡更加自然,下面以对"成长历程"演示文稿设置切换效果为例来进行具体的介绍。

关键步骤提示

1. 打开要设置的演示文稿,切换至"转换"选项卡,单击"切换到此幻灯片"选项组中的下三角按钮,从弹出的下拉列表中选择"擦除"选项,如图 2-37 所示。

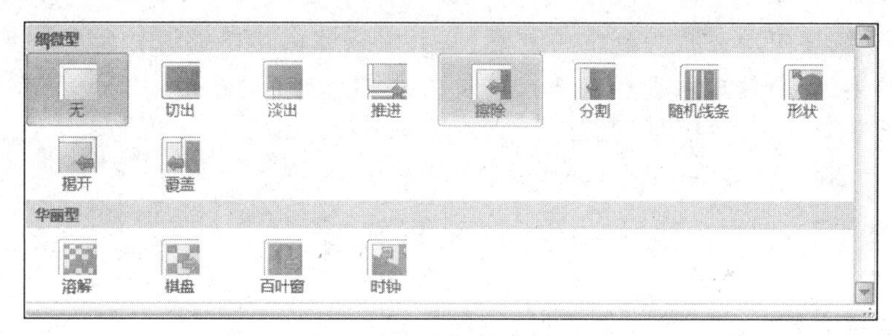

图 2-37　选择转换效果

2. 单击"计时"选项组中的"声音"下三角按钮,从弹出的下拉列表中选择"照相机"选项,如图 2-38 所示,则切换幻灯片的时候会响起照相机按快门的声音。

3. 在"计时"选项组的"时间"数值框中设置切换的持续时间为"00.75"秒,选中"单击鼠标时"复选框,设置换片方式为单击鼠标,选中"设置自动换片时间"复选框,设置时间为"00：03.00"秒,如图 2-39 所示。

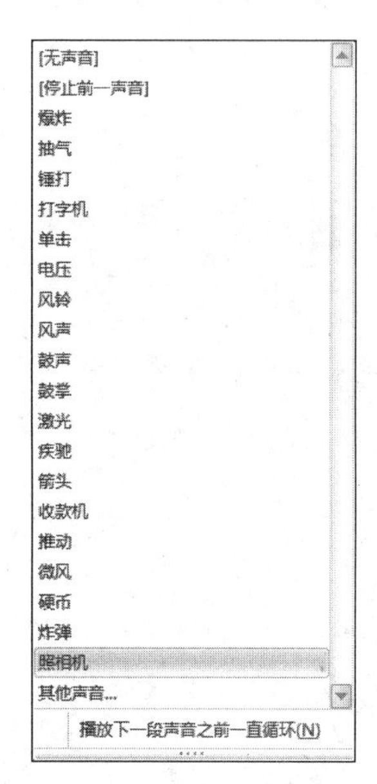

图 2-38　选择声音效果

图 2-39　设置转换时间

4. 设置完成之后，单击“全部应用”按钮，演示文稿中的所有幻灯片都会应用该切换效果，在左侧的幻灯片列表中可以看到每个幻灯片旁边都有个播放动画的五星标记，如图 2-40 所示。

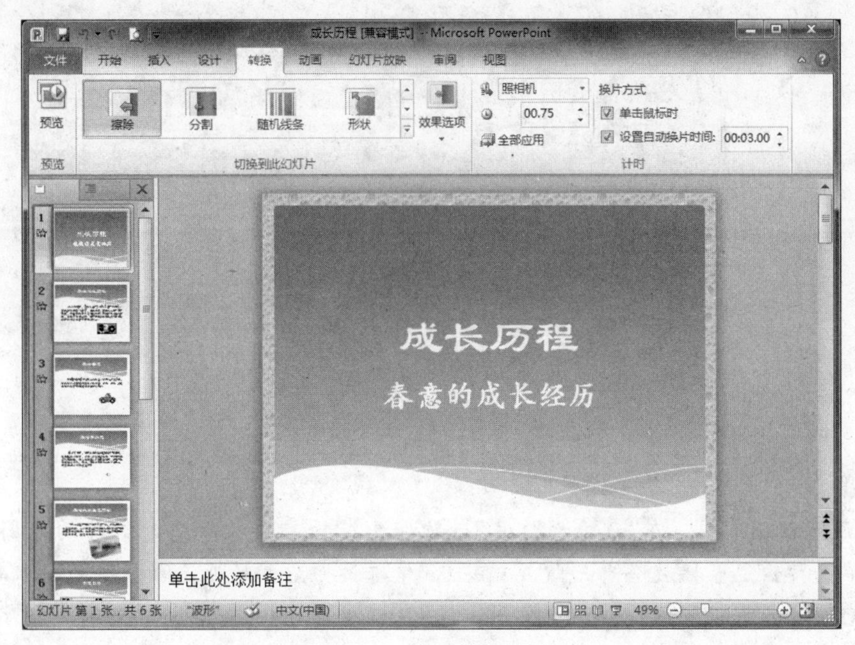

图 2-40　应用转换效果

视频教学演示

设置幻灯片切换效果的详细步骤可参看本教材配套多媒体光盘\视频\2\08.swf 视频文件中的操作演示。

任务 2　放映演示文稿的准备工作

任务目标

通过准备“成长历程”演示文稿的放映，了解如何设置演示文稿的放映方式及使用排练计时。

技能目标

掌握如何做好放映演示文稿的准备工作。

在放映幻灯片之前，通常要对幻灯片的放映方式和放映时间等进行设置，下面以对“成长历程”演示文稿进行设置为例来进行具体的介绍。

关键步骤提示

1. 打开需要放映的演示文稿，切换至“幻灯片放映”选项卡，在“设置”选项组中单击“设置幻灯片放映”按钮，即可打开“设置放映方式”对话框。

2. 设置放映方式。在该对话框的“放映类型”选项组中选中“观众自行浏览(窗口)”单选按钮,在“放映选项”选项组中选中“循环放映,按 ESC 键终止”复选框,如图 2-41 所示。

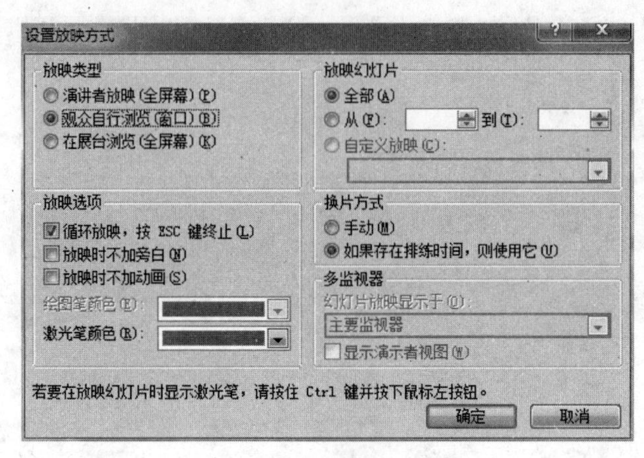

图 2-41 设置放映方式

3. 设置放映范围。在“放映幻灯片”选项组中选择需要放映的幻灯片的范围。选中“全部”单选按钮用于播放全部幻灯片;在“从”单选按钮右侧的两个数值框中输入数字,可以指定幻灯片的页码范围;如果选中“自定义放映”单选按钮,可在自定义放映顺序下拉列表中选择要播放的幻灯片。

4. 如果要自定义幻灯片的播放顺序,应切换到“幻灯片放映”选项卡,单击“开始放映幻灯片”选项组中的“自定义幻灯片放映”按钮,从弹出的菜单中选择“自定义放映”命令,打开“自定义放映”对话框,如图 2-42 所示。从中单击“新建”按钮,打开“定义自定义放映”对话框,选择自定义放映时将要使用的幻灯片并调整其顺序,如图 2-43 所示。设置完毕之后,单击“确定”按钮返回“自定义放映”对话框,单击“关闭”按钮可关闭该对话框,如果单击“放映”按钮则开始播放演示文稿。

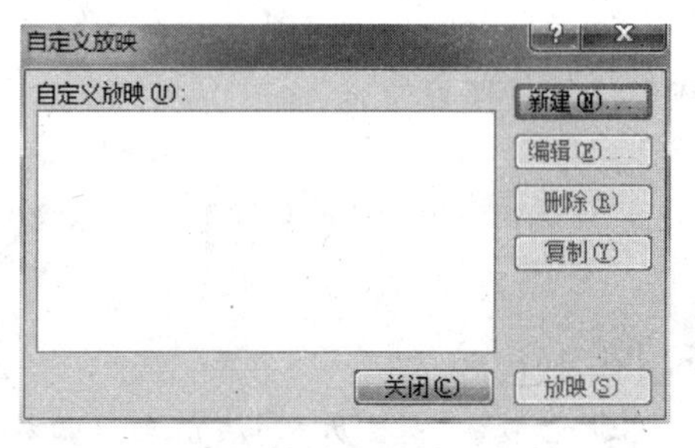

图 2-42 “自定义放映”对话框

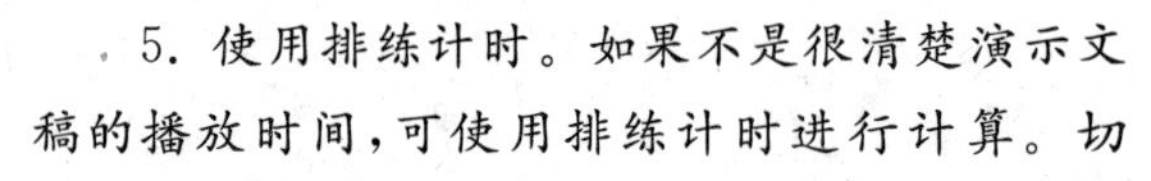

5. 使用排练计时。如果不是很清楚演示文稿的播放时间,可使用排练计时进行计算。切换至“幻灯片放映”选项卡,在“设置”选项组中单击“排练计时”按钮,演示文稿即进入演示状态,此时在窗口左上角会显示一个“预演”工具栏并自动开始计时,如图 2-44 所示。

6. PowerPoint 记录完第 1 张幻灯片的播放时长后,可以单击鼠标左键或是单击“预演”工具栏中的“下一项”按钮,继续设置下一张幻灯片的播放时长,演示文稿中的幻灯片排练完成后,即可打开如图 2-45 所示的信息提示框。如果要保留幻灯片排练时间,就单击“是”按钮。

7. 在完成排练计时操作后,系统将自动切换到“幻灯片浏览”视图,在每张幻灯片左

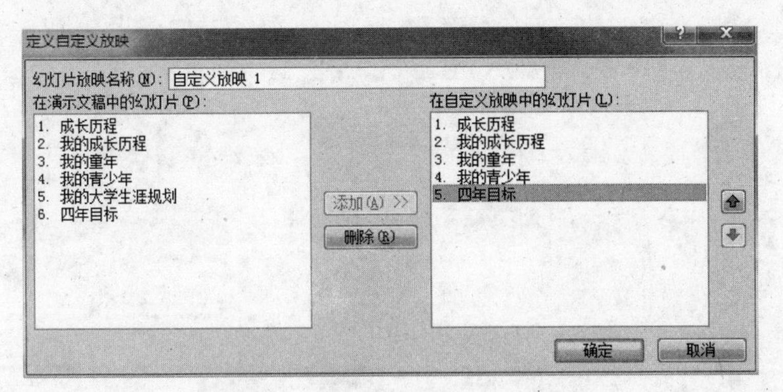

图 2-43 “定义自定义放映”对话框

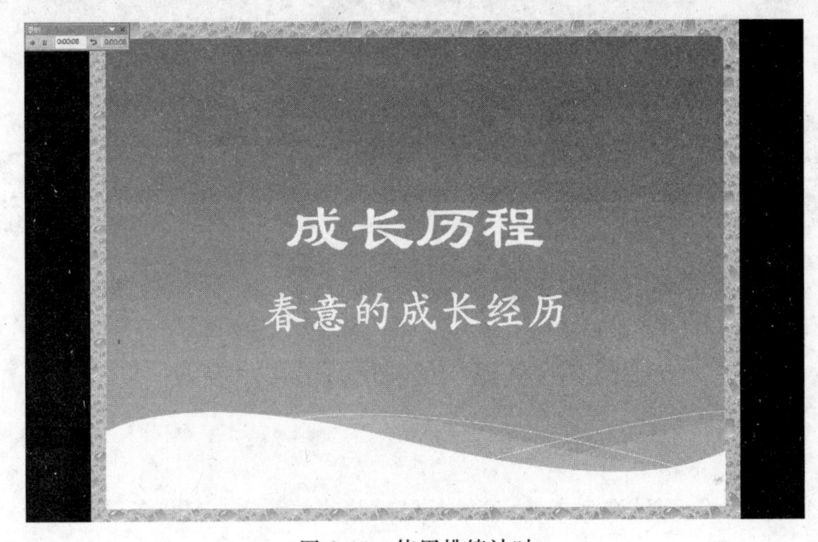

图 2-44 使用排练计时

图 2-45 信息提示框

下方显示其所需的播放时间，如图 2-46 所示。

视频教学演示

放映演示文稿准备工作的详细步骤可参看本教材配套多媒体光盘\视频\2\09.swf 视频文件中的操作演示。

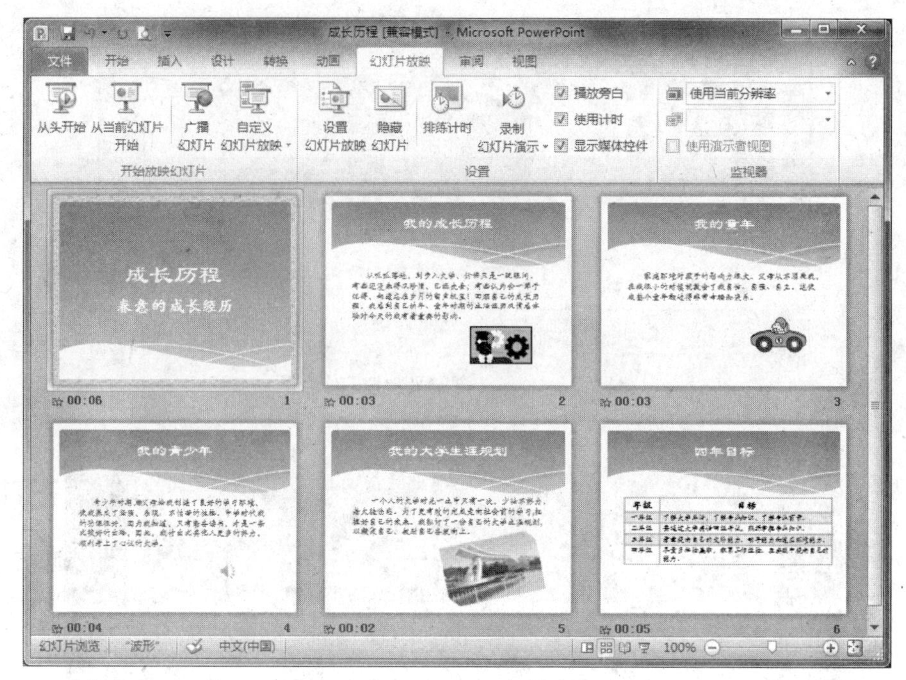

图 2-46 “幻灯片浏览”视图

任务 3 放映“成长历程”演示文稿

任务目标

通过放映“成长历程”演示文稿，了解如何对放映的演示文稿进行控制操作。

技能目标

掌握如何放映演示文稿。

演示文稿放映前的所有准备就绪之后，就可以放映相应的演示文稿了，在放映过程中可根据需要对放映的演示文稿进行控制操作。

关键步骤提示

1. 在放映幻灯片过程中如果要浏览演示文稿的整个内容，就需要从第 1 张幻灯片开始播放，而此时无论选择的是哪张幻灯片，只需切换至“幻灯片放映”选项卡，在“开始放映”选项组中单击“从头开始”按钮，即可进入放映状态并从第 1 张幻灯片开始放映，效果如图 2-47 所示。

2. 默认情况下，幻灯片的放映是一张张地按顺序播放，在幻灯片放映过程中，单击屏幕右下角的方向按钮，可以控制播放的顺序，如图 2-48 所示。

3. 如果要定位某一张幻灯片，可以在幻灯片放映的过程中，单击屏幕的右下角的“菜单”按钮，在弹出的菜单中选择“定位至幻灯片”命令，在其子菜单中显示可以跳转到的幻

图 2-47　从头开始放映

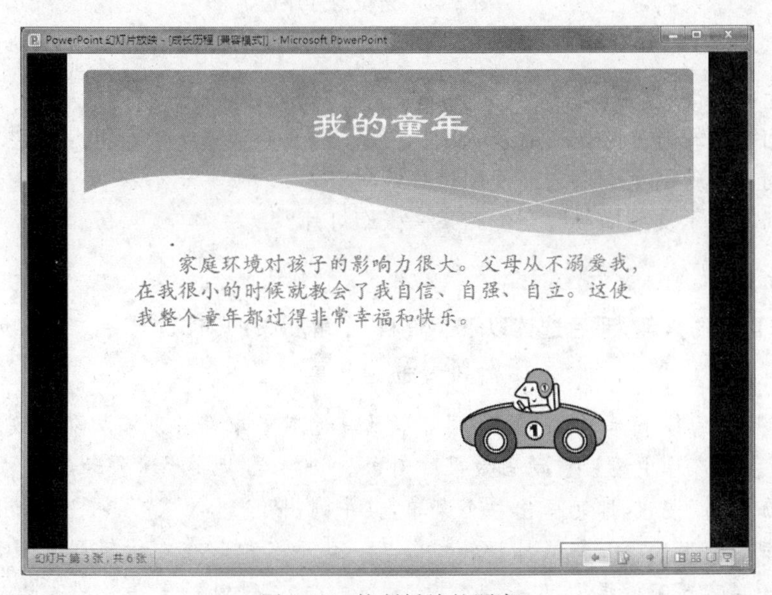

图 2-48　控制播放的顺序

灯片，选择完毕之后，即可从当前位置直接跳转到选择的位置继续播放，如图 2-49 所示。

4. 如果要退出幻灯片放映，只需右击该张幻灯片，从弹出的快捷菜单中选择“结束放映”命令，即可退出放映状态。当所有的幻灯片放映完毕，只需单击即可退出放映状态。

视频教学演示

放映幻灯片的详细步骤可参看本教材配套多媒体光盘\视频\2\10.swf 视频文件中的操作演示。

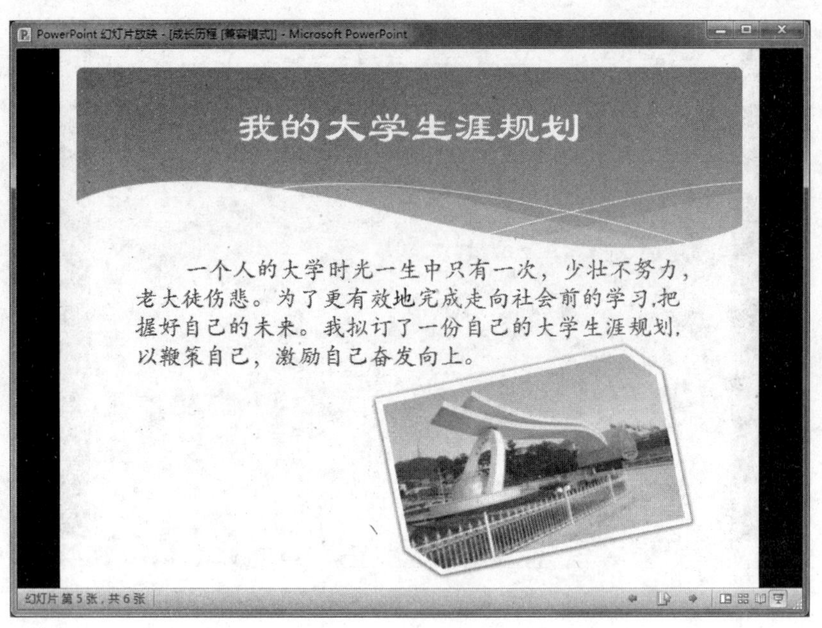

图 2-49　定位幻灯片

课堂讨论和思考

1. 如何设置幻灯片的切换效果？
2. 如何在放映演示文稿之前使用排练计时？
3. 如何在演示文稿播放时定位到某一张幻灯片？

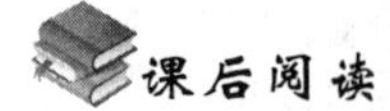

课后阅读

可根据自己的兴趣,课后选读以下小资料,了解相关的知识。

设置动画效果

在幻灯片中的每个标题、对话框、图片以及其他对象中都可以添加动画效果,在“普通视图”下,单击幻灯片中要设置动画效果的对象。切换至“动画”选项卡,在“动画”选项组中单击“添加动画”按钮,即可弹出一个菜单,其中列出了“进入”、“强调”、“退出”、“动作路径”四种不同的动画选项。当鼠标指针指向某一动画名称时会在编辑区预演该动画的效果,从中选择一种动画效果即可。

隐藏或显示幻灯片

如果不希望某张幻灯片在放映演示文稿时显示,而又不想删除该幻灯片,可以将这张幻灯片隐藏起来。具体操作方法为：选中需要隐藏的幻灯片,切换至“幻灯片放映”选项卡,在“设置”选项组中单击“隐藏幻灯片”按钮,此时所选幻灯片即可被隐藏起来,如果要重新显示隐藏的幻灯片,只需选中隐藏的幻灯片,再次单击“隐藏幻灯片”按钮即可。

职业任务1 制作“产品展示”演示文稿

职业任务2 制作“我们的校园”演示文稿

竞赛评价

评价内容	学生自评	学生互评	教师评价
学生相互观看制作的“成长历程”演示文稿，从对其内容和美化效果进行评价			
任选一个职业任务，从任务质量、完成效率、职业水准三个方面进行评价			
竞赛2总得分：			

竞赛 3

秀出个人风采

最近，班里举行了一次旅游，同学们拍了很多照片和视频，老师要求学生把这些照片和视频制作成电子相册，刻录成光盘永久保存，并在 DVD 影碟机上播放。

下面介绍如何使用 Windows 7 自带的 Windows Live 照片库、Movie Make 和 DVD Maker 来制作（这三个软件在 Windows 7 中的组件，默认情况下没有安装，可以到 http://download.live.com/下载）。通过多媒体技术制作的个人风采可以展现自己的个性，同时让自己体验一下做导演的感觉。

竞赛要求

制作“秀出个人风采”电子相册和视频，并在课堂上面展示，增进同学之间的交流和认识。

评比条件

下一竞赛上课前，同学间互相评价，按总得分排名。

第 1 关　制作个人电子相册

通过 Windows 7 自带的 Windows Live 照片库不仅能够轻松地将相机中的照片和视频传到计算机上，发布到网上，还可以改善照片的视觉效果，制作出令人赞叹的全景照片，并能进行幻灯片播放。另外，照片库还提供了高效的图片组织管理功能，可以实现数码照片的管理、编辑、查看，以及数据光盘、DVD 光盘制作。

任务 1　收集照片

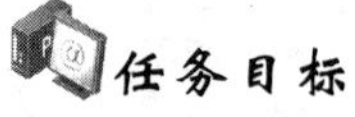

任务目标

收集散存在硬盘各处的照片，了解如何利用照片库快速管理照片。

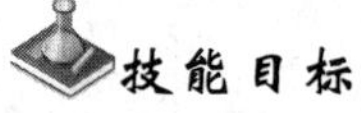

技能目标

掌握如何运用照片库管理计算机中的照片。

步骤 1　启动 Windows Live 照片库

启动 Windows Live 照片库后，可以看到主界面是由常用工具栏、导航栏、缩略图区、信息面板和控制栏组成。下面介绍如何启动照片库，以及熟悉照片库的界面。

关键步骤提示

1. 启动照片库。安装过照片库后，选择"开始"→"所有程序"→"Windows Live"→"Windows Live 照片库"命令，即可启动照片库，如图 3-1 所示。另外也可以打开计算机中任意一张图片，在预览窗口中，单击工具栏上的"转到照片库"按钮转到照片库中，如图 3-2 所示。

图 3-1　利用命令打开照片库

图 3-2　利用图片打开照片库

2. 熟悉照片库界面。照片库启动后，可以看到主界面，如图 3-3 所示。

- 常用工具栏：在窗口最顶部，可以看到"文件"、"修复"等常用工具，对照片的大部分操作都是在这里实现的。
- 导航栏：位于窗口左侧，包含"所有图片和视频"、"拍摄日期"、"人物标签"和"描述性标签"等节点。
- 缩略图：位于窗口中央，显示左侧导航栏中选中节点下的内容。当鼠标指向某个图片时，会看到更大的缩略图及该图片的详细信息。
- 信息面板：位于窗口右侧，显示当前选中图片的详细信息。
- 控制栏：位于窗口最下方，提供用于查看照片的控制按钮。

步骤 2　管理照片

照片库最重要的功能是进行图片浏览与组织管理，通过照片管理可以把制作电子相册的照片组织起来，方便查看照片的画面、信息等内容，是准备电子相册素材重要的一步。

图 3-3　照片库界面

关键步骤提示

1. 打开照片库。在左侧导航栏中依次选择“拍摄日期”→“2010”→“一月”选项，中间缩略图区的照片自动按照2010年拍摄日期进行分组显示。单击其中一张照片，右侧信息栏会显示该照片拍摄的详细信息，如图3-4所示。

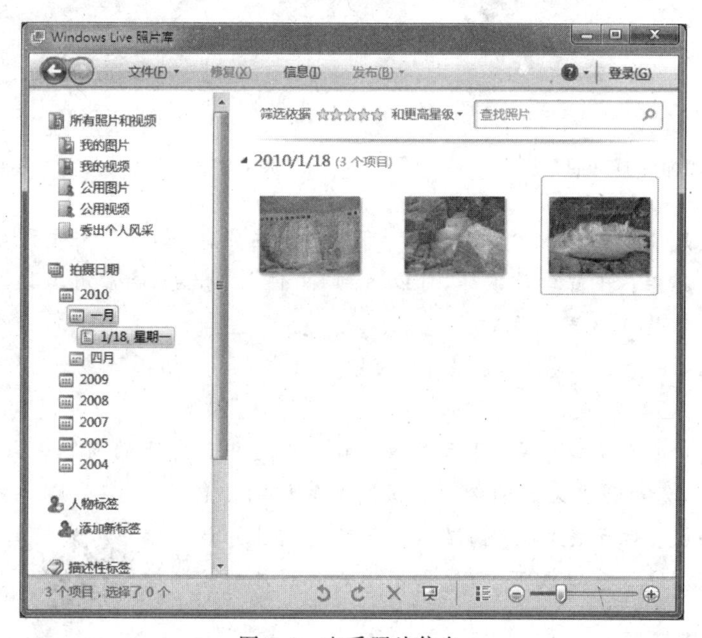

图 3-4　查看照片信息

2. 浏览照片。双击打开照片后，在Windows窗口显示放大后的照片，如图3-5所示。

单击窗口下方控制栏的“实际大小”按钮，则显示照片原来的大小。同时也可以将鼠标指向照片，转动鼠标滚轮对图片进行放大缩小操作，与控制栏中的放大缩小滑块效果相同。当照片显示超出窗口时，可以把鼠标放到照片上拖动，查看照片未显示的部分。单击“放映幻灯片”按钮，可以对照片进行幻灯片放映。

图 3-5　浏览照片

3. 在照片库中导入电子相册的素材。如果照片在计算机中，选择“文件”→“在照片库中添加文件夹”命令即可将照片添加到照片库中；如果照片在相机里，则需要选择“文件”→“从照相机或扫描仪导入”命令，如图 3-6 所示。按照上述方法将“秀出个人风采”文件夹添加到照片库中，结果如图 3-7 所示。

图 3-6　导入照片命令

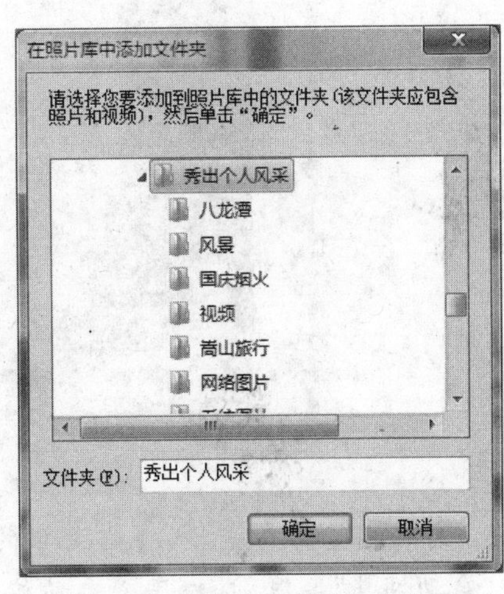

图 3-7　在照片库中添加文件夹

视频教学演示

收集照片的详细步骤可参看本教材配套多媒体光盘\视频\3\01.swf视频文件中的操作演示。

任务2 编辑照片

任务目标

通过编辑照片，了解如何对照片进行基本的修复。

技能目标

初步掌握旋转、剪裁和调整颜色等照片编辑技能。

数码相机在拍摄时由于光线不好造成照片亮度不够，或是拍到照片上有不喜欢的瑕疵等情况，就需要通过照片库编辑照片的功能进行修复。照片库提供的照片修复功能操作很简单，可以轻松完成照片的修复工作。

关键步骤提示

1. 旋转照片。在照片库双击要调整的照片，转入编辑界面。打开“冰瀑3”照片，单击照片库下方“逆时针旋转”按钮或“顺时针旋转”按钮进行调整，如图3-8所示。如果对照片不满意可以单击下方“删除”按钮来删除照片。

图3-8 旋转照片

2. 自动调整。单击顶部菜单栏中的“修复”按钮，即可打开修复按钮列表。在列表中单击“自动调整”按钮，照片库将自动校正并修复照片的亮度、对比度和阴影等，效果如图3-9所示。

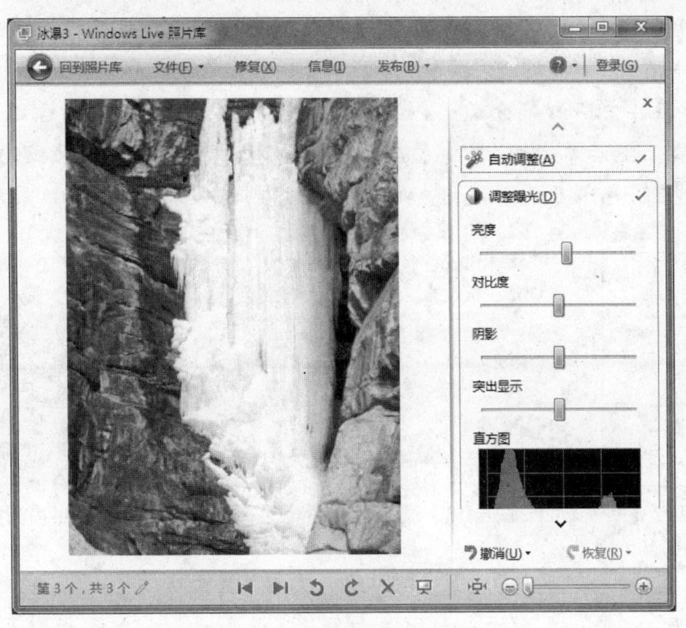

图 3-9　自动调整后效果

3. 剪裁照片。打开“奇石”照片，单击修复按钮列表中的“剪裁照片”按钮，从弹出的“比例”下拉列表中选择“自定义”选项，如图 3-10 所示。将鼠标指向剪裁框，指针变成✥时，可以移动剪裁框到合适的位置，如图 3-11 所示。将鼠标放到剪裁框四个边框上时，指针变成⇕和⇔时，可以分别对剪裁框的沿垂直和水平方向进行调整。将鼠标放到剪裁框四个角上，指针变成⤡和⤢时，可以分别对剪裁框沿对角线方向进行调整。调整完成之后，单击“应用”按钮即可。

图 3-10　剪裁照片

图 3-11　移动剪裁框

4. 调整照片的曝光和颜色。有些照片整体颜色偏暗,特别是脸部如果有阴影,更是大煞风景。单击右侧"调整曝光"按钮,弹出"调整曝光"面板,如图 3-12 所示。向右拖动"阴影"滑块,使照片中阴影部分变亮,然后向右拖动"对比度"滑块到合适位置,最后向右拖动"亮度"滑块。然后单击右侧"调整颜色"按钮,打开"调整颜色"面板,如图 3-13 所示,可以对照片的色温、色调及饱和度进行调整。照片最终效果如图 3-14 所示。

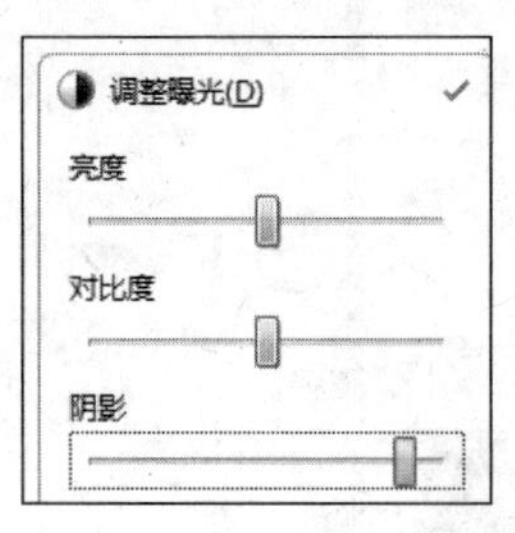

图 3-12　调整曝光

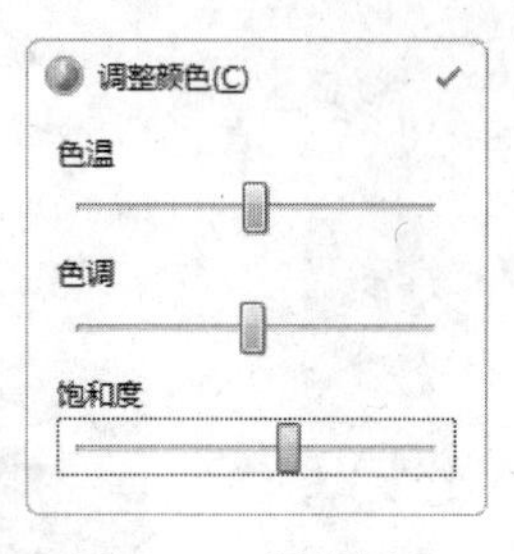

图 3-13　调整颜色

图 3-14　照片调整后效果

5. 黑白效果。打开"水库"照片,单击照片右侧"黑白效果"按钮,可对照片进行 6 种黑白效果的处理,如图 3-15 所示。对照片使用"棕褐色调"后,效果如图 3-16 所示。如想取消修改,可以单击"撤销"按钮,单击"撤销"按钮右边的下三角按钮▽可以选择恢复到之前曾经做过的所有操作。

图 3-15　黑白效果

视频教学演示

编辑照片的详细步骤可参看本教材配套多媒体光盘\视频\3\02.swf 视频文件中的操作演示。

图 3-16　使用棕褐色调效果

任务3　编排图像文件顺序

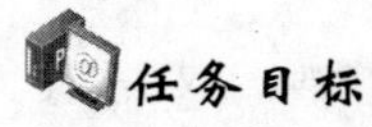

任务目标

通过照片排序和编辑图像信息，学习如何管理图像。

技能目标

了解按名称、日期、分级、标签对图像进行排序的方法，掌握如何编辑图像信息。

步骤1　对图像分类排序

在制作电子相册之前，应先对图像进行排序，修改图像名称，以文件夹形式对图像进行分类，实行统一管理。

关键步骤提示

1. 创建图片文件夹。在图片库导航栏中“秀出个人风采”文件夹上右击，从弹出的菜单中选择“新建文件夹”命令，设置文件名为“风景”，然后依次创建其他需要的文件夹，如图 3-17 所示。然后在“按名称排列”下拉列表中选择排列方式，以便查找图片，如图 3-18 所示。

2. 对图像分类。按名称排列后，根据文件名，在缩略图区找到“草甸 1”图片后单击，拖动到“风景”文件夹上释放。就把“草甸 1”图片放到了“风景”文件夹中，如图 3-19 所示。照此方法，对“秀出个人风采”下的所有图片根据需要进行分类。

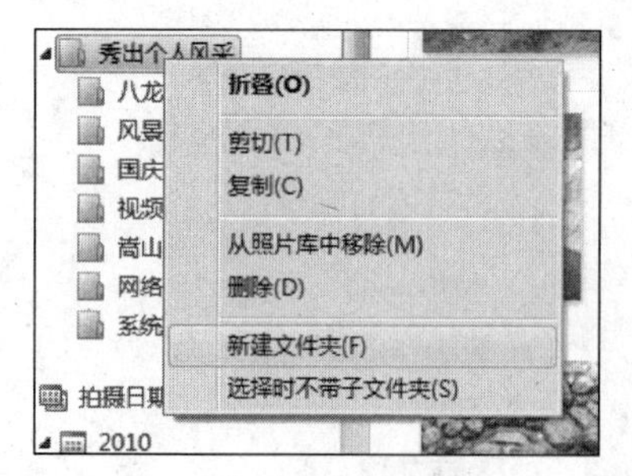

图 3-17 建立图像文件夹

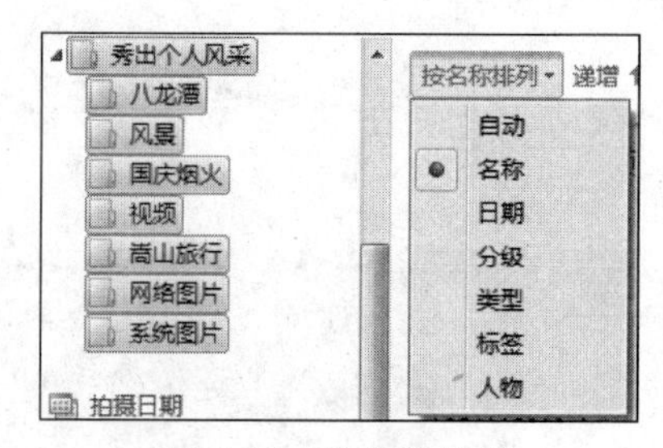

图 3-18 按名称排列

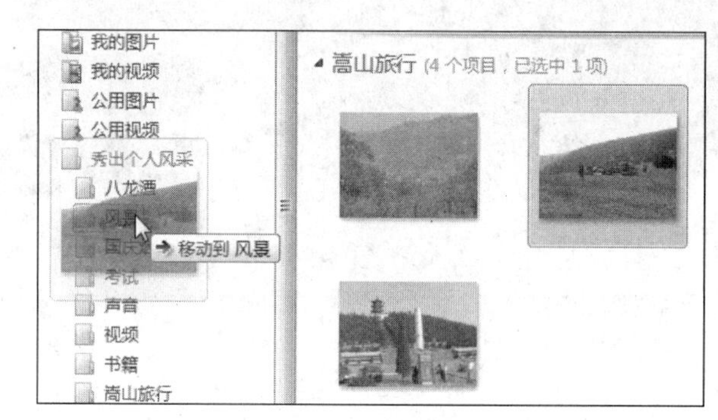

图 3-19 拖动图片

步骤 2 编辑图像信息

为了使图像便于记忆和管理，可对图像的名称、拍摄日期和作者进行修改。双击“校园一角”照片，在右侧可以修改文件名、拍摄日期和作者等信息，如图 3-20 所示。

图 3-20 编辑图像信息

视频教学演示

编排图像文件顺序的详细步骤可参看本教材配套多媒体光盘\视频 3\03.swf 视频文件中的操作演示。

任务4　制作电子相册

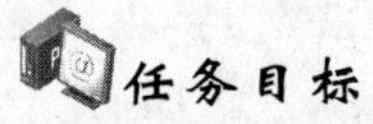

任务目标

通过制作电子相册，学会如何利用 DVD Maker 快速制作动态相册。

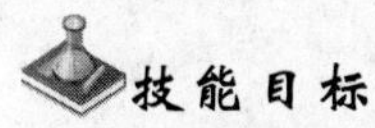

技能目标

掌握 DVD Maker 的菜单和幻灯片放映。

关键步骤提示

1. 选择照片。在照片库中单击“秀出个人风采”文件夹，在缩略图区用鼠标指向要使用的照片，选中出现的复选框，如图 3-21 所示。

2. 启动 DVD Maker。选择“制作”→“刻录 DVD”命令，即可启动 DVD Maker，如图 3-22 所示。

3. 调整照片显示顺序和视频选项。在“向 DVD 添加图片和视频”窗口中，选定照片后单击“上移”按钮和“下移”按钮即可调整照片显示顺序。在“DVD 标题”文本框中输入“嵩山旅行”，如图 3-23 所示。

图 3-21　选择照片

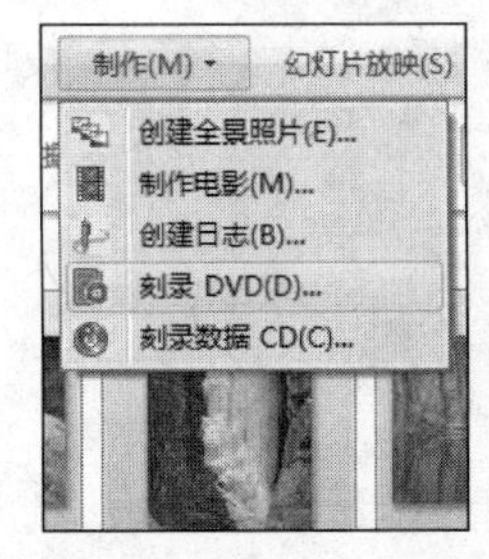

图 3-22　启动 DVD Maker

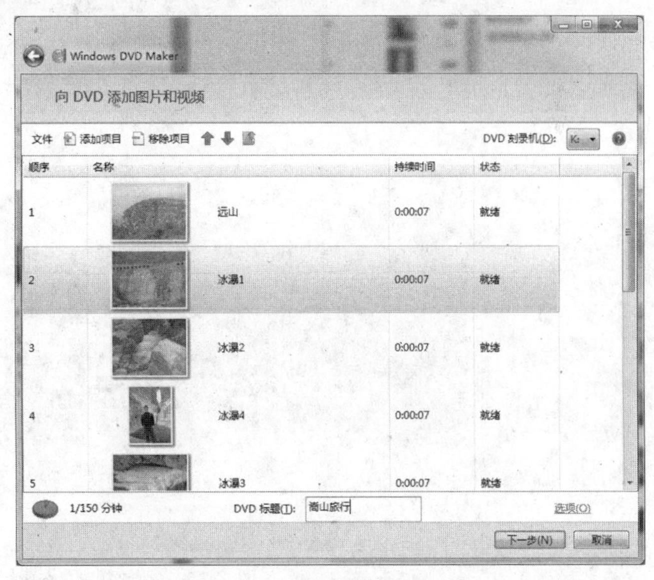

图 3-23　调整照片显示顺序

4. 单击右下角的“选项”超链接，即可打开“DVD 选项”对话框，根据需要进行设置，如图 3-24 所示。

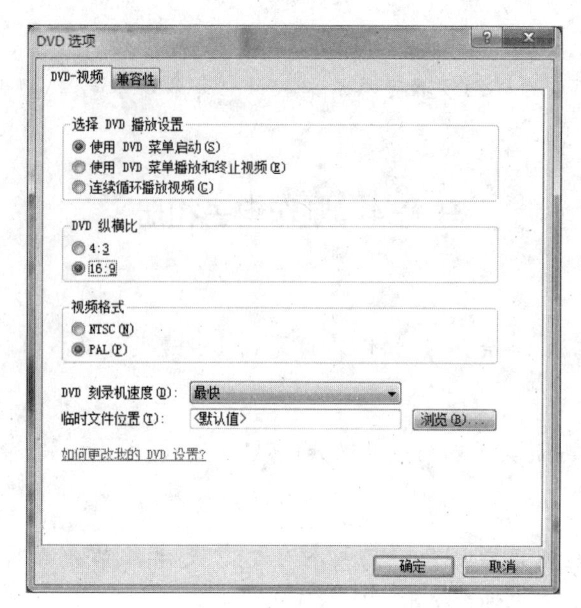

图 3-24　设置 DVD 选项

5. 单击“下一步”按钮,进入“准备刻录 DVD”窗口,在该窗口中对视频的背景、菜单样式和幻灯片样式等进行详细设置。这里在“菜单样式”下拉列表中选择“反射”样式,如图 3-25 所示。

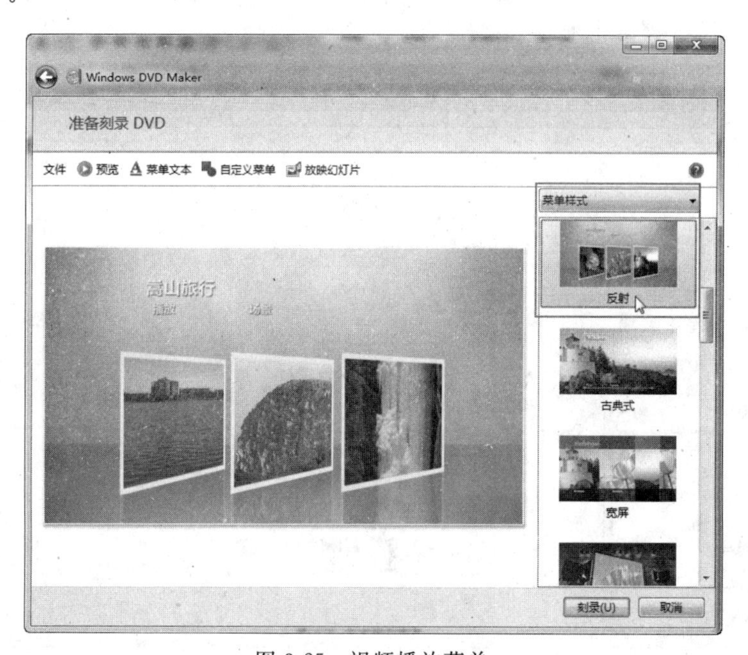

图 3-25　视频播放菜单

6. 设置菜单文本。在“准备刻录 DVD”窗口中单击“菜单文本”按钮,进入“更改 DVD 菜单文本”窗口,设置菜单字体样式、DVD 标题和按钮显示文本,最后单击“更改文本”按钮即可保存设置，如图 3-26 所示。

图 3-26　设置菜单文本

7. 设置菜单样式。在“准备刻录 DVD”窗口中单击“自定义菜单”按钮，打开“自定义 DVD 菜单样式”窗口，在“前景视频”中设置菜单场景窗格样式，这里不做设置，系统将自动调动照片素材；“背景视频”是菜单的背景；“菜单音频”设置菜单的背景音乐；“场景按钮样式”设置视频播放“场景”（即视频缩略图窗格）窗格的样式。设置完成后单击“更改样式”按钮进行保存，如图 3-27 所示。

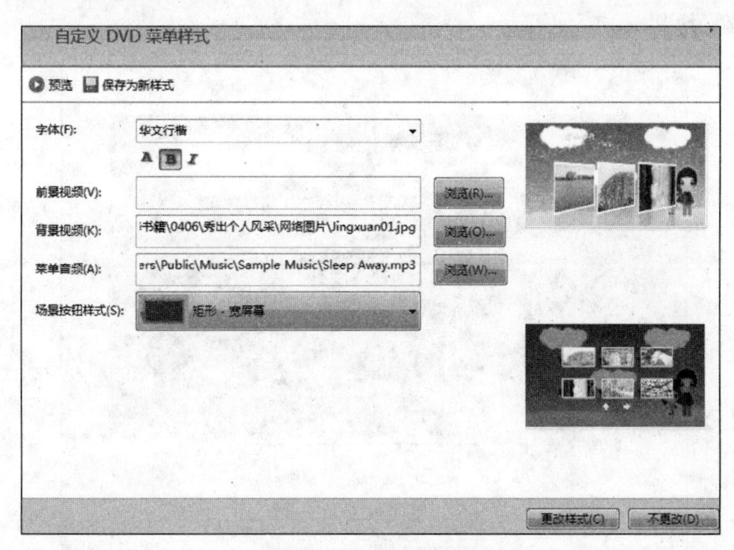

图 3-27　设置菜单样式

8. 设置幻灯片样式。在“准备刻录 DVD”窗口中单击“放映幻灯片”按钮，即可打开“更改幻灯片放映设置”窗口，在“幻灯片放映的音乐”列表框中添加音乐并调整顺序；在

“照片长度”下拉列表中设置每张照片的显示长度;在“过渡”下拉列表中选择“随机”选项,系统随机调用照片切换样式;选中“对照片使用平移与缩放效果”复选框,使照片具有移动和缩放动态效果,单击“更改幻灯片放映”按钮进行保存,如图 3-28 所示。

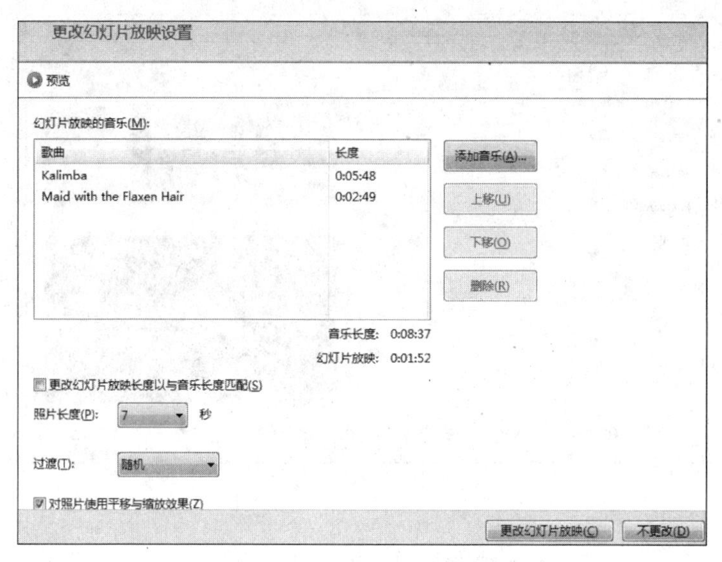

图 3-28 设置幻灯片样式

9. 预览电子相册。在“更改幻灯片放映设置”窗口中单击“预览”按钮,打开“预览 DVD”窗口。单击该窗口中的“播放”按钮,视频将开始播放;单击“场景”按钮,将出现各个场景的预览图片;单击窗口下方的控制按钮,可对视频进行各种播放操作,如图 3-29 所示。单击“确定”按钮返回主界面。

图 3-29 预览电子相册

10. 刻录 DVD 光盘。在完成各种设置之后,单击“刻录”按钮,将弹出插入光盘的提示对话框,如图 3-30 所示。

11. 在DVD刻录机里放入DVD空白光盘，然后就开始刻录，并在提示对话框中显示刻录的进度，如图3-31所示。到此，电子相册就制作完成了。

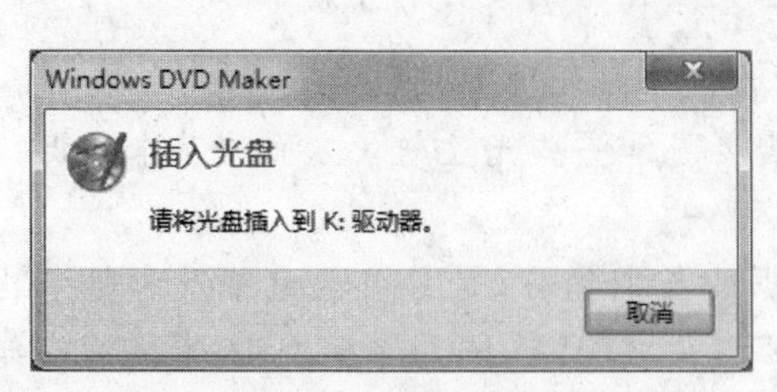

图3-30　插入光盘提示对话框

图3-31　刻录进度

视频教学演示

制作电子相册的详细步骤可参看本教材配套多媒体光盘\视频\3\04.swf视频文件中的操作演示。

课堂讨论和思考

1. Windows Live照片库的界面由哪几部分组成？
2. 如何把照片导入照片库？有哪几种方法？
3. 如何对照片进行排序和分类？
4. 制作电子相册DVD光盘的步骤有哪些？如何让照片产生运动效果？

课后阅读

可根据自己的兴趣，课后选读以下小资料，了解相关的知识。

常见图片格式介绍

Windows照片库支持导入并管理的图片类型有下面几种。

1. BMP格式。BMP是英文Bitmap(位图)的简写，它是Windows操作系统中的标准图像文件格式，能够被多种Windows应用程序所支持。这种格式的特点是包含的图像信息较丰富，几乎不进行压缩，但占用磁盘空间比较大。

2. GIF格式。GIF格式的特点是压缩比高，磁盘空间占用较少，可以同时存储若干幅静止图像，进而形成连续的动画，而且在图像中可指定透明区域。

3. JPEG格式。JPEG格式可以用最少的磁盘空间得到较好的图像质量，广泛应用在网络和光盘读物上，各类浏览器均支持JPEG。

4. TIFF格式。TIFF是Mac中广泛使用的图像格式，特点是图像格式复杂、存储信息多，非常有利于原稿的复制。

5. PNG格式。PNG是目前最能保证不失真的格式，存储形式丰富；另一特点是能把图像文件压缩到极限以利于网络传输，且又能保留所有与图像品质有关的信息。缺点是不支持动画应用效果。

6. PSD格式。PSD格式是图像处理软件Photoshop的专用格式，它里面包含各种图层、通道、遮罩等多种设计的样稿，以便于下次打开文件时可以修改上一次的设计。

7. SWF格式。SWF格式是使用Flash制作出的一种扩展名为.SWF(Shockwave Format)的动画,适合网络传输。由于是用矢量技术制作的,因此不管将画面放大多少倍,画面都不会有任何损害,主要用于网页动画和网页图片的设计制作。

DVD刻录基本知识

使用DVD Maker制作视频DVD光盘时,需要了解一些光盘刻录方面的基本知识。

(1) DVD刻录盘有哪些类型

DVD±R是可写一次性盘片,适合用于数据的长期保存,是目前最为普及和性价比最高的产品。目前主流产品的速度为8X和16X盘片,DVD±R盘片拥有4.7GB的存储容量,价格也保持在2~3元钱左右,用它来刻录普通数据最为经济实用。

DVD±RW是可重复读写盘片,对于市场上的DVD刻录机而言,目前通常可以支持8X来刻录DVD+RW盘片,6X刻录DVD-RW盘片,从市场上的DVD±RW盘片来看,也可达到这一速度。而价格基本在10元以下。这类盘片对于需要经常擦写的用户最为适合。

(2) 一张DVD刻录盘可以刻录多大容量的数据

DVD光盘可容纳的数据大小取决于DVD盘片的格式。一般市面上出售的DVD碟,包装上都注明了DVD的格式,常见的有D9、D5等。D5为单面单层,容量约4.7GB;D9为单面双层,容量约8.5GB。实际生活中大部分使用D5格式,比较经济实惠。

第2关 制作个人DV

如果想将图片、声音和视频等内容制作成电影在DVD上面播放,可以使用Windows 7自带的影音制作软件。它是一款简单实用的家庭电影制作工具。

任务1 导入照片和视频素材

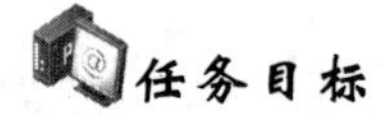

任务目标

通过在影音制作中创建"我的电影"项目,了解如何添加照片和视频。

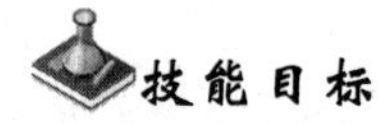

技能目标

掌握如何在影音制作中导入图片和视频。

关键步骤提示

1. 启动影音制作。选择"开始"→"所有程序"→"Windows Live"→"Windows Live影音制作"命令,即可启动Windows Live影音制作。

2. 另外也可以在照片库中选中要制作的素材,然后选择"制作"→"制作电影"命令打开影音制作的主界面,如图3-32所示。

- 标题栏:显示当前所使用的程序名称和正在编辑的影片名称,同时以不同颜色显示各个编辑工具。

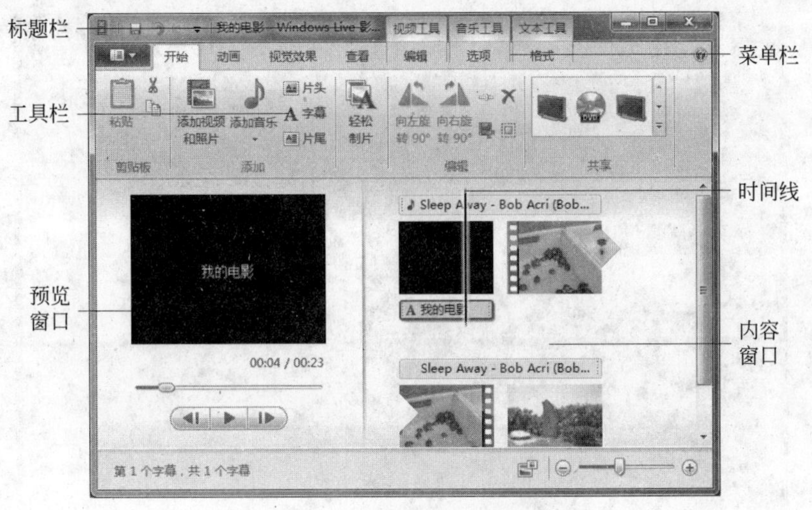

图 3-32 “影音制作”主界面

- 菜单栏：包括“开始”、“动画”、“视觉效果”等7个菜单按钮。
- 工具栏：显示各个菜单的详细设置选项。
- 预览窗口：用于查看导入媒体库中的文件或效果、过渡以及编辑好的影片。
- 内容窗口：显示导入影音制作中的文件，方便用户选择。
- 时间线：用于显示和控制当前影片的播放时间位置。

3. 导入素材。切换至“开始”选项卡，在“添加”选项组中单击“添加视频和照片”按钮，打开“添加视频和照片”对话框，选中要添加的视频文件，如图3-33所示。

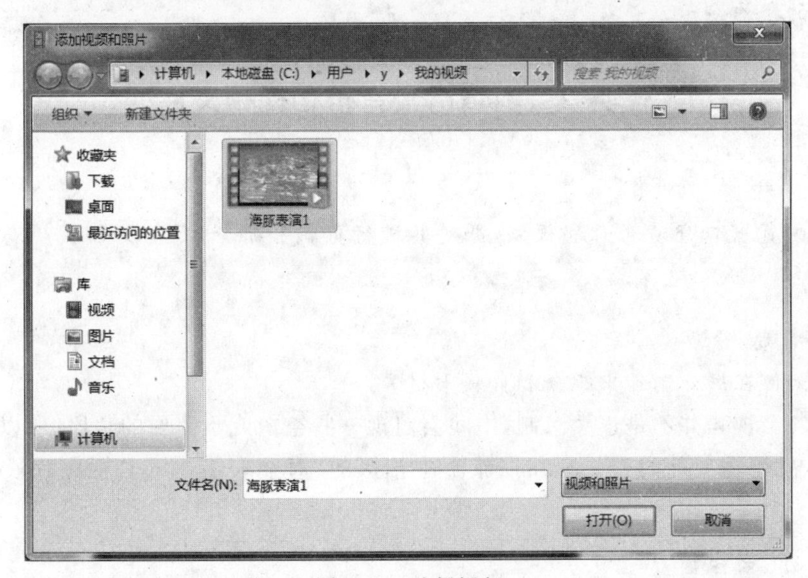

图 3-33 选择视频

4. 单击“打开”按钮，即可导入视频素材，如图3-34所示。

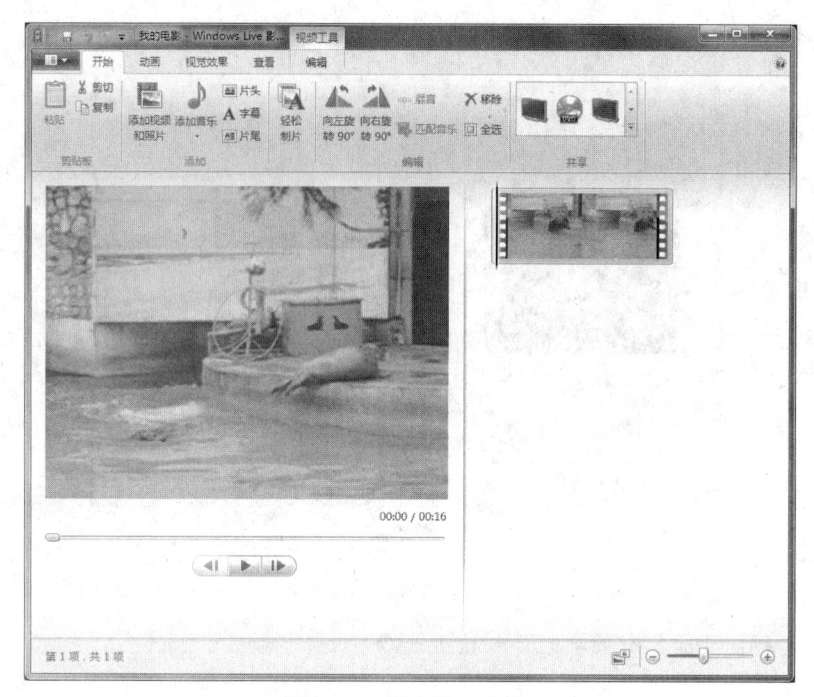

图 3-34　导入视频素材

视频教学演示

导入照片和视频素材的详细步骤可参看本教材配套多媒体光盘\视频\3\05.swf 视频文件中的操作演示。

任务 2　剪辑背景音乐和视频文件

任务目标

利用预览窗口查看声音和视频，并对其进行剪辑和拆分，了解如何获得满意的视频片段。

技能目标

掌握如何在影音制作中拆分和剪裁素材。

因为各个视频并不是连续录制，中间会出现一些空白或不需要的片段，所以要用到拆分功能，去掉不需要的内容。现在以旅游中拍摄的“海豹表演 1.avi”视频片段为例进行演示。

步骤 1　剪辑素材

关键步骤提示

1. 预览视频。在内容窗口中单击“海豹表演 1.avi”视频，可看到视频长度为 16 秒。

在预览窗口单击“播放”按钮▶预览视频，同时也可以单击“上一帧”按钮◀|和“下一帧”按钮|▶以帧为单位进行预览。如想快速预览可拖动“时间线”或“进度滑块”实现，发现8～10秒之间的视频需要删除，如图3-35所示。

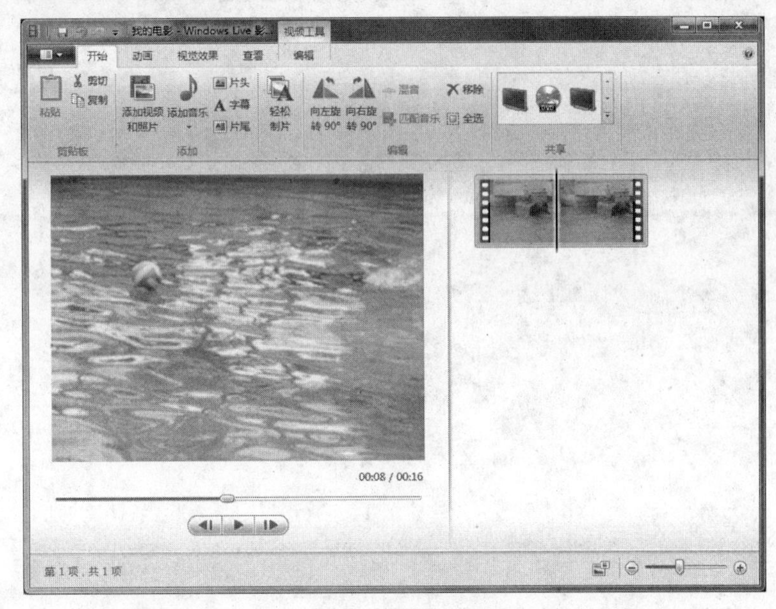

图 3-35　预览视频

2. 拆分视频。拖动时间线把视频定位到8秒位置，单击“拆分”按钮，然后拖动时间线把视频定位到10秒位置，单击“拆分”按钮，“海豹表演1.avi”视频被分割为3段，如图3-36所示。

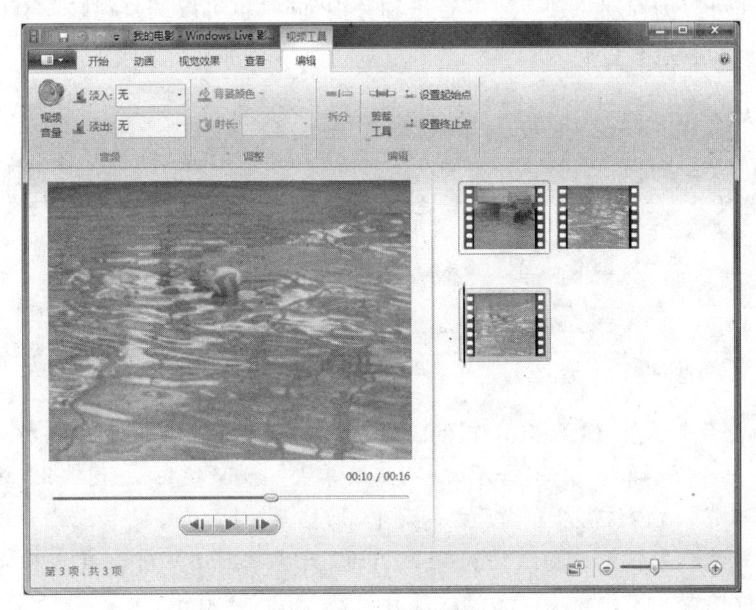

图 3-36　拆分视频

3. 剪裁视频。选中拆分后的第 2 段视频,切换至"开始"选项卡,单击"移除"按钮,即可将需要剪裁的视频去掉,如图 3-37 所示。

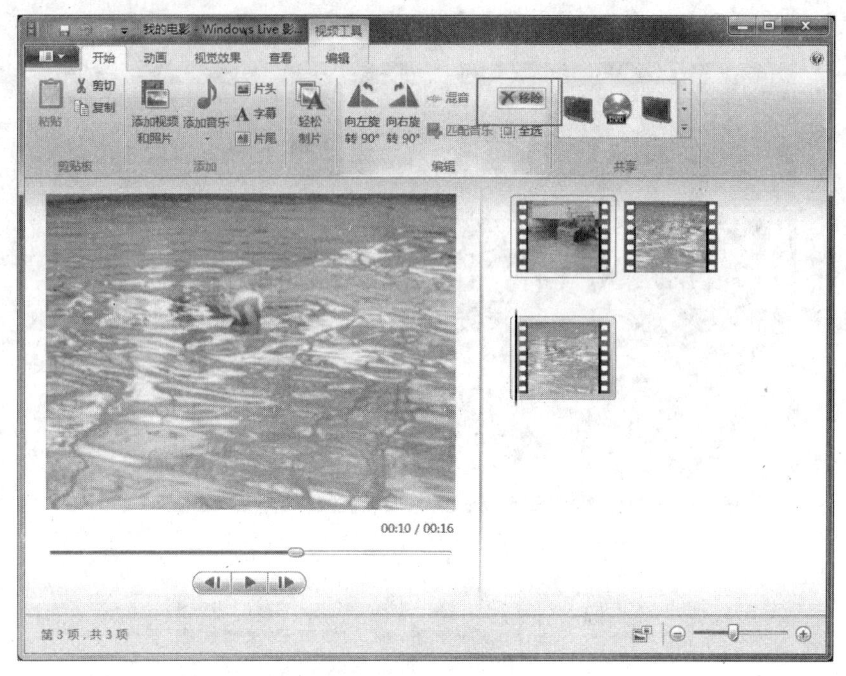

图 3-37 剪裁视频

步骤 2 添加并剪辑背景音乐

影音制作可以为影片添加喜爱的音乐和旁白,同时也可以调整视频原有的声音效果,让影片变得更加有声有色。

关键步骤提示

1. 录制旁白。选择"开始"→"所有程序"→"附件"→"录音机"命令,启动录音机程序,如图 3-38 所示。录制在影片中要描述的情节,最后保存为"我的旁白"。

图 3-38 录制旁白

2. 添加背景音乐。在"影音制作"主界面中,单击"添加音乐"按钮,在打开的"添加音乐"对话框中选中"天鹅湖. mp3"音乐文件,然后单击"打开"按钮,如图 3-39 所示。

3. 编辑音乐。回到"影音制作"主界面中,切换至"选项"选项卡,在"开始时间"数值框中输入音乐在影片中开始播放的时间。因为"天鹅湖. mp3"前面有 8 秒无声,所以在"起始点"数值框输入 8 秒就可以去掉这段时间,如图 3-40 所示。

4. 修改声音音量。在内容窗口选中第一段视频,切换至"视频工具"选项卡,单击"视

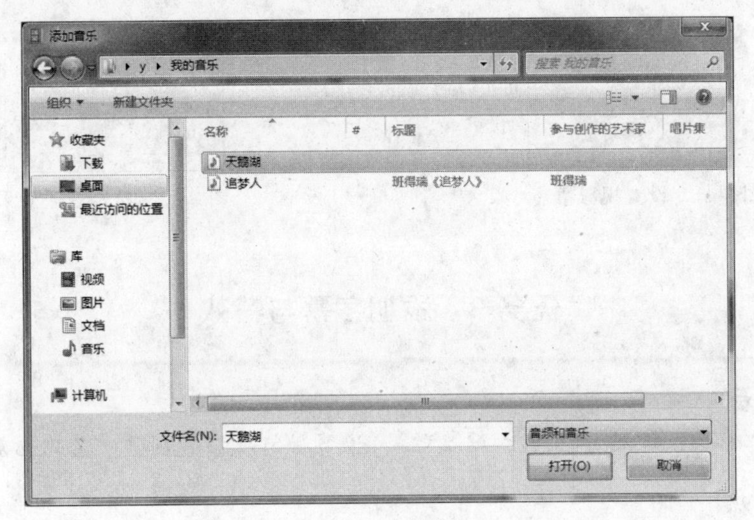

图 3-39　选择音乐

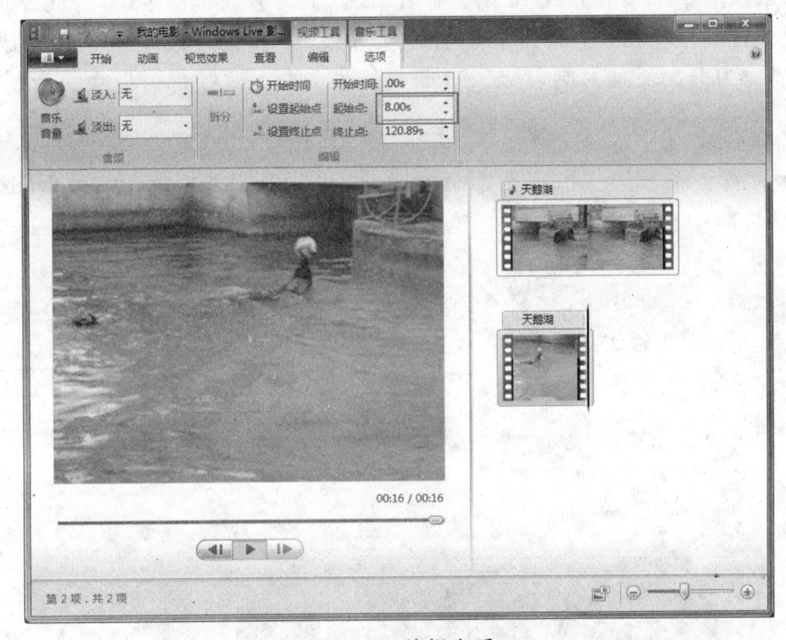

图 3-40　编辑音乐

频音量”按钮，在弹出的“视频音量”面板中向左拖动滑块使视频静音，如图 3-41 所示。然后切换至“音乐工具”选项卡，单击“音乐音量”按钮，在“淡入”和“淡出”列表中选择“慢速”选项，背景音乐将在播放开始和结束时分别产生由低到高与由高到低的效果，如图 3-42 所示。

视频教学演示

剪辑背景音乐和视频文件的详细步骤可参看本教材配套多媒体光盘\视频\3\06.swf 视频文件中的操作演示。

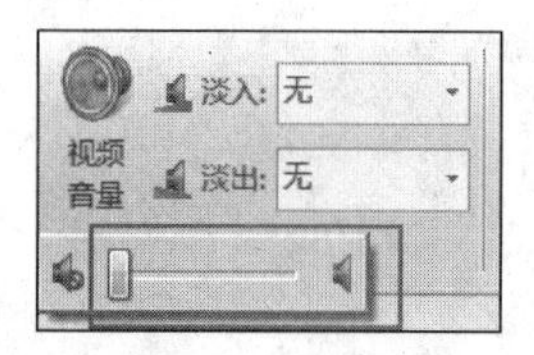

图 3-41 设置视频静音

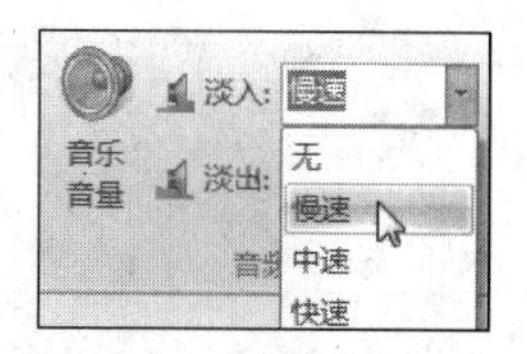

图 3-42 选择音乐效果

任务 3 添加字幕与特效

任务目标

通过为“我的电影”添加片头和过渡效果,了解如何在影音制作中美化电影。

技能目标

掌握如何在影片中添加字幕和场景过渡效果。

影片如果从一个场景直接跳到下一个场景,会让人感觉非常生硬,为此要在素材之间添加过渡效果,同时还可以在照片中添加运动效果,使场景过渡平滑。在完成电影制作后,往往还需要为电影添加片名、作者、日期和其他文本。这些都可以在影音制作中实现。

关键步骤提示

1. 添加片头。在“影片制作”主界面中,切换至“开始”选项卡,在“添加”选项组中单击“片头”按钮,即可在影片前面插入一段片头影片,如图 3-43 所示。

2. 添加文字。选中片头,切换至“格式”选项卡,单击“编辑文本”按钮,在弹出的文本框中输入“我的影片 2010 年 5 月”,如图 3-44 所示。

图 3-43 添加片头

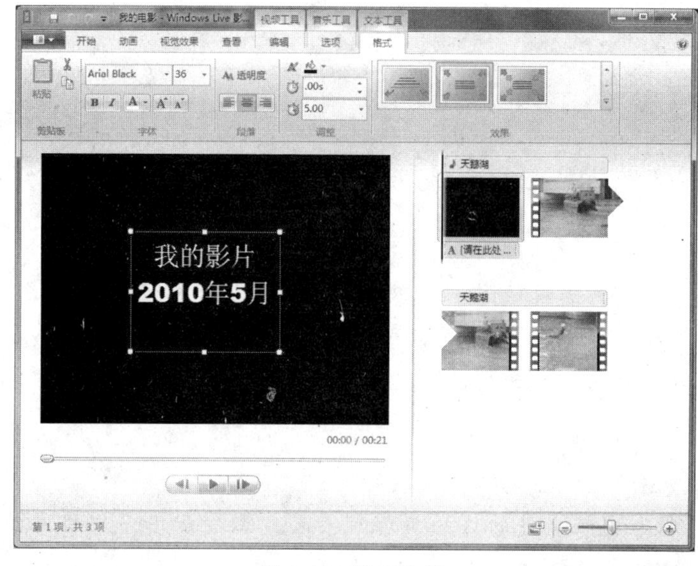

图 3-44 输入文字

3. 设置文本格式。在内容窗口双击字幕，选中“我的电影”字幕。在“格式”选项卡中设置字体的样式和大小，单击“透明度”按钮设置字幕的水印效果。将鼠标指向文本框，当指针变成时，拖动文本框到合适位置。最后在效果区域中选择字幕的显示效果，如图 3-45 所示。

图 3-45　设置文本格式

4. 添加字幕。切换至“开始”选项卡，单击“字幕”按钮，为需要添加说明的素材加上文字并设置相应格式。然后切换至“格式”选项卡，在“开始时间”和“文本时长”数值框中输入与素材相匹配的时间，如图 3-46 所示。

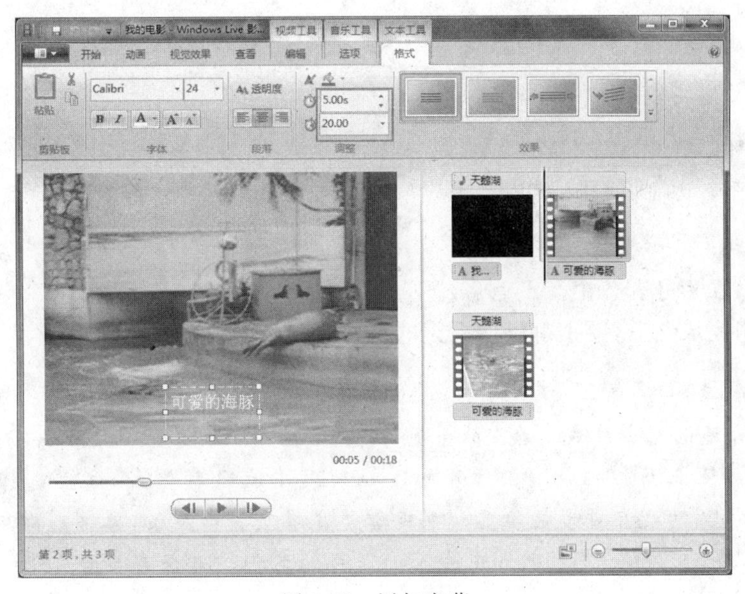

图 3-46　添加字幕

5. 设置动态特效。选中第 2 段视频，然后切换至“动画”选项卡，在“过渡特技”列表中选择“蝴蝶结-水平”过渡效果，在“过渡特技时长”下拉列表中输入 1 秒；如图 3-47 所示。注意视频素材不能设置“平移和缩放”效果。

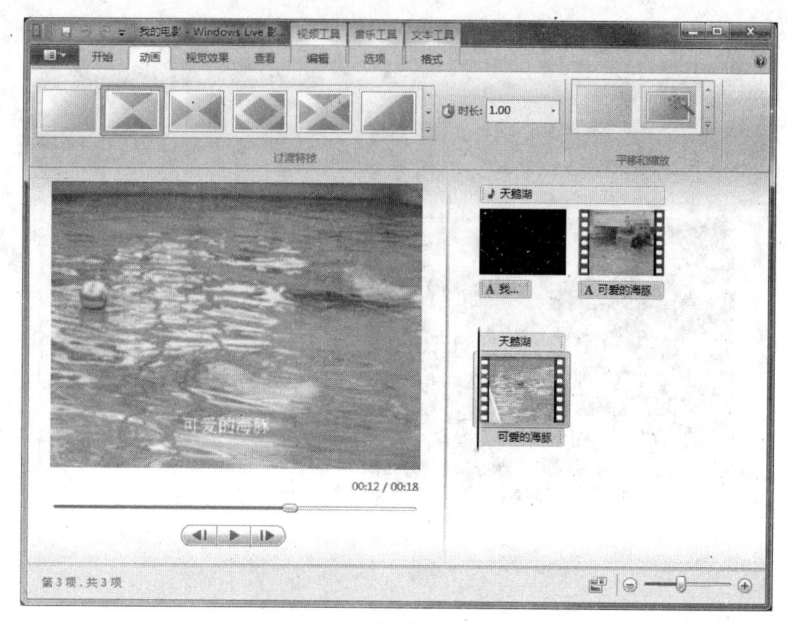

图 3-47 设置动态特效

视频教学演示

添加字幕与特效的详细步骤可参看本教材配套多媒体光盘\视频\3\07. swf 视频文件中的操作演示。

任务 4 发布影片

任务目标

通过在影音制作中发布“我的电影”项目，了解如何生成相应的格式。

技能目标

掌握如何在影音制作中生成电影。

影片编辑完成之后，要了解媒体视频的格式，以保证最佳的输出效果。

关键步骤提示

1. 选择合适的电影格式。在“影音制作”主界面中，切换至“开始”选项卡，单击“共享”按钮右边的下三角按钮，在打开的下拉列表中有 7 种格式，这里选择“高清晰度(1080P)”格式，因为现在许多显示器和电视都是宽屏且支持高清，单击后即可打开“保存电影”对话框，在“文件名”下拉列表中输入要保存的名称，在“保存类型”下拉列表中选择保存的类型，如图 3-48 所示。

图 3-48 保存电影

2. 刻录成 DVD 光盘。单击“保存”按钮，即可弹出发布影片的进度显示窗口，如图 3-49 所示。然后利用 DVD Maker 刻录成光盘。

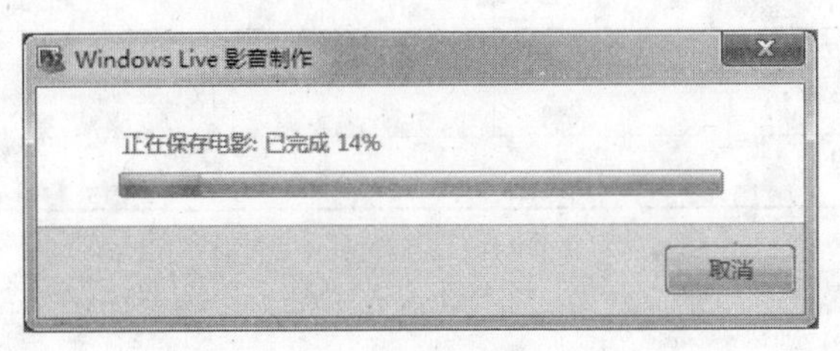

图 3-49 发布影片

视频教学演示

发布影片的详细步骤可参看本教材配套多媒体光盘\视频\3\08.swf 视频文件中的操作演示。

课堂讨论和思考

1. 如何调整素材的顺序和方向？
2. 如何使用拆分和设置起始点工具删除视频中不需要的内容？
3. 如何设置字幕的淡入/淡出？
4. 如何使用影片的过渡特技和运动效果？

课后阅读

可根据自已的兴趣，课后选读以下小资料，了解相关的知识。

自动创建电影

如果觉得制作一部电影太麻烦，可以使用自动生成电影功能生成电影，省去了手动制作电影的麻烦。先将照片、视频和背景音乐加入到项目中，然后单击“开始”选项卡中的

“轻松制片”按钮,系统将自动生成影片,非常方便。

如何捕捉视频片段

编辑视频文件的第一步就是学会如何捕捉视频。在将DV摄像机上的视频文件传输到计算机之前,首先查看计算机的系统说明文档,了解该计算机是否具备IEEE 1394接口。如果系统不支持这种标准,那么,就需要安装一块符合IEEE 1394/FireWire标准的接口卡,并且连接一根FireWire电缆。连接好DV后,在“影音制作”主界面中选择“开始”→“从设备导入”命令,在弹出的“导入照片和视频”对话框中选择DV设备单击导入。

职业任务1 制作“新产品展示”宣传电子相册

职业任务2 制作“企业简介”DV

竞赛评价

评价内容	学生自评	学生互评	教师评价
学生相互观看制作的“电子相册”影片,从素材选择、视频剪辑、动态效果三个方面进行评价			
任选一个职业任务,从任务质量、完成效率、职业水准三个方面进行评价			
竞赛3总得分:			

第2篇

改变生活

计算机对现代人来说已经不是什么神秘的东西，它已经完全融入我们的日常生活中，成为生活、工作和学习的一部分。要想使计算机成为得心应手的工具，就需要从基础开始。本篇将从搭建网络平台、安全上网和统计数据等方面进行介绍，以了解计算机网络在办公方面的应用。

竞赛 4

搭建网络设施

网络是计算机主要的应用之一，无论是日常生活还是办公都离不开网络的帮助。Windows 7 的网络和共享中心可以方便地帮助人们设置各种网络环境。本次竞赛将从安装硬件、组建网络和安全上网三个方面进行。

竞赛要求

为公司组建一个办公局域网，要求能共享上网，设置计算机网络配置以实现打印机和文件资源共享，同时学会安装杀毒软件和识别病毒。

评比条件

组建的局域网是否能实现共享上网和文件资源共享，是否懂得基本的网络安全防范知识。

第 1 关　组装计算机

随着计算机的日益普及和应用领域的不断延伸，生活和工作中已经离不开它了。那么如何才能选择一台称心如意的计算机呢？下面将详细进行介绍。

任务 1　硬件设备选购

任务目标

根据日常生活和办公需求，确定计算机配置，了解如何选购计算机配件。

技能目标

了解计算机配件及其功能。

步骤 1　了解计算机配件

在组装计算机之前，首先要了解计算机的硬件组成和各个配件的功能，然后才能确定选配的硬件能否满足需求。从外观上看，计算机的硬件部分由主机、显示器、键盘、鼠标组成，通常还要加上一些外部设备，如打印机、扫描仪、音箱等，如图 4-1 所示。

图 4-1 计算机硬件组成

在主机箱的内部包含 CPU、主板、内存、电源、硬盘、光驱、显卡和各种接在主板上的板卡等配件,如图 4-2 所示。

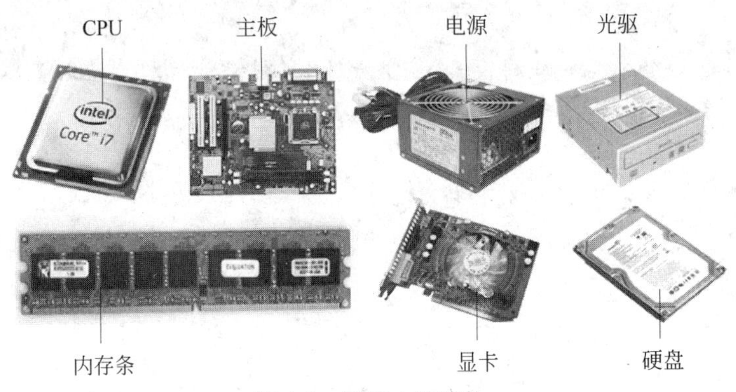

图 4-2 机箱内部配件

- CPU 是负责运算和控制的中心,计算机处理数据的能力和速度主要取决于 CPU,目前生产 CPU 的厂商主要有美国的 Intel 和 AMD。
- 主板是整个计算机工作的基石,CPU、内存条、显卡、声卡、网卡、鼠标、键盘等配件都要接在上面,主板的性能决定着整个计算机系统的性能。
- 内存用于暂时存放 CPU 中的运算数据,以及与硬盘等外部存储器交换的数据。
- 电源为整个计算机提供稳定低压直流电,计算机是耗电大户,因此要选择有足够功率的电源,目前普遍用的是 350W。
- 硬盘的主要性能指标是硬盘的容量、转速、数据传输率和硬盘缓存。当前主要的硬盘生产厂家有希捷(Seagate)、西部数据(West Digital)、日立(Hitachi)和富士通(Fujitsu)。
- 光驱是计算机用来读写光盘内容的设备,光驱可分为 CD-ROM、DVD-ROM、COMBO 和 DVD 刻录机等。目前 DVD 刻录机已经非常便宜,已经成为计算机的标准配置。
- 显卡又称为显示适配器,作用是输出字符和图像到显示器,显卡图形芯片供应商主要包括 AMD(ATI)和 Nvidia(英伟达)两家。

步骤2 明确选购原则

选购计算机首先要做的是需求分析，做到心中有数、有的放矢。用户在购买之前一定要明确自己购买计算机的用途，也就是说究竟想让它做什么工作，具备什么样的功能。只有明确了这一点后，才能有针对性地选择不同档次的计算机。

选购计算机最好能遵循以下两个原则。

1. 够用原则

买计算机之前，认真了解所购计算机的主要用途，避免出现高配置低用途的情况。例如用户使用计算机只是打字、上网、聊天、听歌、学习等简单应用，那么三千元左右的计算机配置已经够用，选择五六千元的就显得太浪费了。

2. 要升级容易且兼容性好

用户在做购机需求分析的时候要具有一定的前瞻性。也许随着用户计算机水平的提高，比如要运行大型3D游戏、Photoshop、3DS Max之类比较耗资源的软件，或是软件发展需要更高的硬件支持，因此，在选购时最好保留一定的升级空间，例如加内存，升级显卡等。另外，在选择配件时，要充分考虑各个配件之间的兼容性。

最后，要注意一些问题。计算机技术发展速度非常迅速，购买的计算机不可能一步到位，因此没有必要选择最先进和最高档的计算机；购买计算机不能只看重价格和硬件配置，更要注重其配件的品质和售后服务。

步骤3 确定计算机配置

在了解计算机选购原则和硬件组成之后，就可以根据不同用户的实际使用需要来选配了。购买计算机可以选择品牌机和组装机。品牌机是由正规厂商生产，带有全系列售后服务的计算机整机，注重外观设计，含有正版软件，但价格相对较高，硬件升级也不方便。组装机主要是消费者自行选择配件后动手组装的机器，特点是升级容易，价格相对较低，但售后服务相对较差，外观也不统一。

无论是选购品牌机还是组装机，首先要确定计算机是用来做什么的，这样可以根据不同需求进行分类。如果仅是为了办公、上网、看电影或听音乐等，选购配置一般的计算机即可。如果用于专业制图和视频制作，要求配置就比较高，处理图形需要独立显卡才能流畅地进行，处理视频需要CPU频率较高，内存和硬盘较大，以及要有IEEE 1394数字接口，并且要带有刻录机。

最后还需要进行合理的预算，也就是打算花费多少钱来购买一台计算机。用户在资金比较充足的条件下最好选购液晶显示器，因为纯平显示器的辐射比较强，对眼睛的辐射比较严重。

视频教学演示

介绍计算机硬件详细组成可参看本教材配套多媒体光盘\视频\4\01.swf视频文件中的操作演示。

任务2　连接主机和外部设备

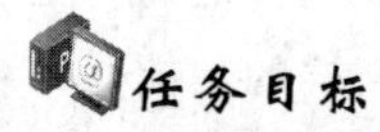

任务目标

对计算机实物进行观察与操作,连接计算机各个配件,使计算机正常运行。

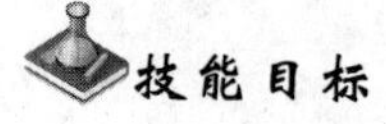

技能目标

掌握计算机主机与外设的连接方法。

新购买的计算机打开包装后,会看到是由一些彼此分离的部件组成,只有把这些部件正确地连接起来才能使用。一般情况下,只需要把鼠标、键盘、显示器和打印机等部件与主机正确地连接起来就可以使用了。

关键步骤提示

1. 连接显示器。显示器通过VGA接口或DVI接口的数据线与插接在主机上的显示卡连接。当连接显示器时,应把连接线的两端分别插接到显示卡和显示器的对应插槽中,如图4-3所示。连接线的接头具有方向性,方向不正确就无法插进去。插接时必须小心操作,待对准后再用力插紧,同时上紧固定螺钉。显示器的电源一般都单独连接在电源插座上。

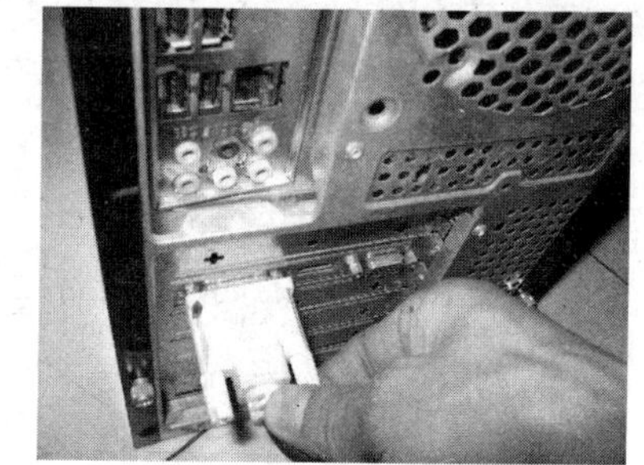

图4-3　连接显示器

2. 连接键盘。当连接PS/2键盘时,应把键盘插头对准主板上的键盘插座,轻轻插入并缓慢转动,待键盘导向片对准键盘插座的导向槽后再用力插紧。键盘接口在主板的后部,是一个紫色圆形的接口。键盘插头上有向上的标记,连接时按照这个方向插好即可,如图4-4所示。

3. 连接鼠标。PS/2鼠标的接口也是圆形的,位于键盘接口旁边,按照指定方向插好即可,如图4-5所示。注意PS/2接口设备不支持热插拔,强行带电插拔有可能烧毁主板。USB接口的键盘和鼠标也是十分常见的,它们可以直接插入任意的USB接口中,如图4-6所示。

图4-4　连接键盘

图4-5　连接鼠标

4. 连接音箱与网线。找到音箱的音源线接头，将其连接到主机声卡的插口中，即可连接音源，如图 4-7 所示。绿色为音频输出接口，红色为麦克风接口。将 RJ-45 网线一端的水晶头按指示的方向插入到网卡接口中，如图 4-8 所示。

图 4-6 连接 USB 设备

图 4-7 连接音箱

5. 连接主机电源。主机电源线的接法很简单，只需要将电源线接头插入电源接口即可，如图 4-9 所示。

图 4-8 连接网线

图 4-9 连接主机电源

视频教学演示

连接主机和外部设备的详细步骤可参看本教材配套多媒体光盘\视频\4\02. swf 视频文件中的操作演示。

课堂讨论和思考

1. 选购计算机的原则是什么？
2. 计算机的外部和内部都有哪些配件？功能是什么？
3. 如何把外部设备和主机连接起来？

课后阅读

可根据自己的兴趣，课后选读以下小资料，了解相关的知识。

购买组装计算机时应该注意的问题

1. 注意报价的高低。可以先去网上查查，如太平洋电脑网(www. pconline. com. cn)和中关村在线(www. zol. com. cn)，并注意报价和实际装机的牌子型号是否一致。

2. 计算机的性能主要由配置决定，主要包括 CPU、内存、硬盘、主板和显卡 5 种部件。在选择计算机品牌的同时,不要忽略配置参数,如主板芯片的型号、显存的种类和速度等。

3. 不必过分追求高档。计算机技术发展迅速,现在的一台顶级计算机经过1~2年后也会落伍。在购买之前根据自己的需求要做到心中有数。

4. 售后服务承诺期限未必越长越好。有的计算机厂商在承诺中,对不同的部件采用了不同的包换期限,消费者要注意包换期长的,但不能忽视包换期短的配件。消费者在购买前应仔细阅读售后服务承诺,对于不清楚的地方可要求厂商书面澄清,以避免日后产生纠纷。

5. 购买时尽量选择品牌企业,要"货比三家"。千万不要贪图便宜,买价格低得离谱的组装计算机,其零配件极有可能质量低劣甚至是假货。在了解市场行情后,以市场价或略低于市场价的价格成交。

6. 要索取详细的配置清单。比较翔实的配置清单应包括配件品牌、价格、型号、规格和技术参数。

7. 索要发票和售后服务跟踪明细记录。要保留维修的各种凭据,另外要求经销单位在主要的计算机部件加贴印有生产日期、公司标记的小标签,以备出现问题维权时有证据。

第2关 组建网络服务

网络现已成为获取信息最重要的渠道之一,使用网络搜索、网络交流和网络办公已深入到日常生活中,因此有必要了解一下如何开通上网业务。另外,现在家庭和办公室一般都有多台计算机,要实现这些计算机之间信息交换、资源共享、上网共享,必须组建局域网。Windows 7提供了非常方便的设置方法。

任务1 申办上网业务

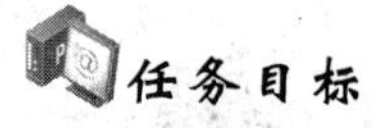

任务目标

学习如何将计算机连接到Internet,实现上网。

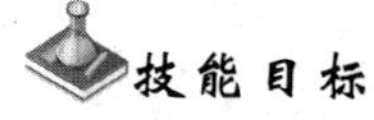

技能目标

掌握设置拨号连接的方法。

目前接入Internet的方法有很多种,如用Modem通过电话线拨号,使用ADSL连接,或者采用小区宽带等。现在以常用的ADSL拨号为例进行说明。

步骤1 选择服务商

关键步骤提示

1. 选择服务商。现在提供上网的服务商(ISP)主要有联通、电信、广电、铁通等,要根据当地服务商分布和网络速度选择一家合适的公司。

2. 连接线路。到相关公司申请开通上网服务后，服务商分配相应的用户名和密码，上网设备 Modem 如图 4-10 所示，信号分离器如图 4-11 所示。用 RJ-45 网线把 Modem 和计算机连接起来后，接通电源，然后连接信号分离器。信号分离器的作用是使通过电话线上网时打电话和上网互不干扰。正确的安装方法是：分离器的一端接电话的进户线，另两个接口分别接 ADSL Modem 和电话机。

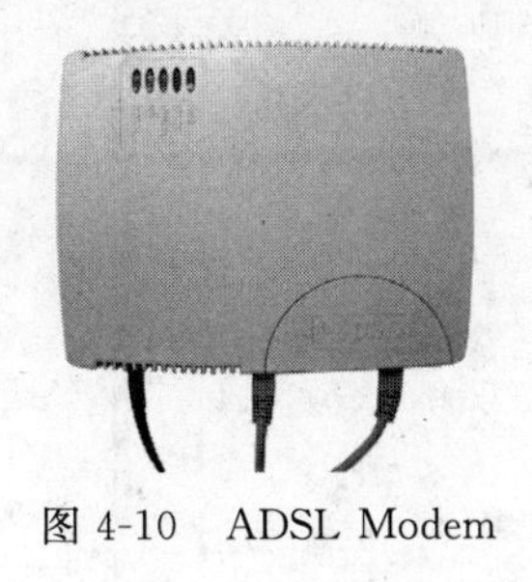

图 4-10　ADSL Modem

图 4-11　信号分离器

步骤 2　创建 ADSL 拨号连接

关键步骤提示

1. 选择“开始”→“控制面板”→“网络和 Internet”→“网络和共享中心”命令，打开“网络和共享中心”窗口，如图 4-12 所示。

图 4-12　网络和共享中心

2. 在该窗口中单击“设置新的连接或网络”超链接，在打开的“设置连接或网络”窗口中选择“连接到 Internet”选项，如图 4-13 所示。

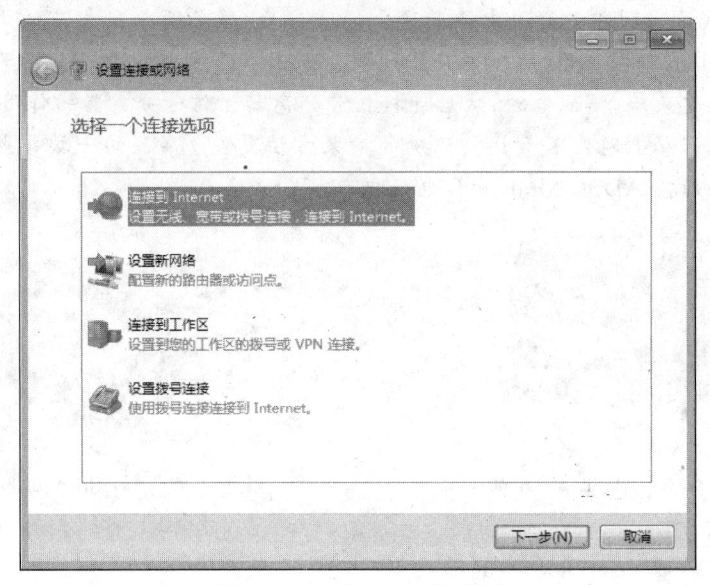

图 4-13 选择一个连接选项

3. 单击“下一步”按钮，在打开的“连接到 Internet”窗口中单击“仍要设置新连接”按钮，如图 4-14 所示。

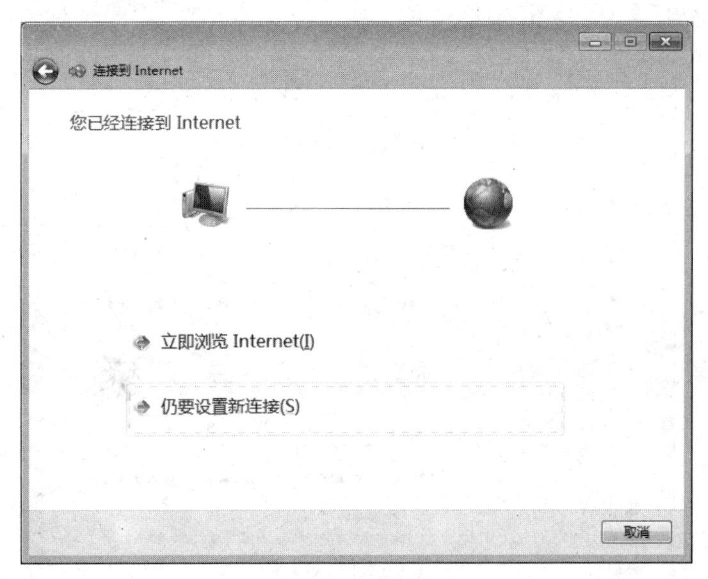

图 4-14 设置新连接

4. 在打开的“您想如何连接”窗口中单击“宽带(PPPoE)”按钮，如图 4-15 所示。

5. 在弹出的新窗口中根据提示在相应的文本框中输入由 ISP 服务商提供的账号和密码。如果每次拨号不想重复输入密码，可以选中“记住此密码”复选框。在“连接名称”文本框中输入连接的名字，如图 4-16 所示。如果输入信息正确，并且线缆连接正确，在单

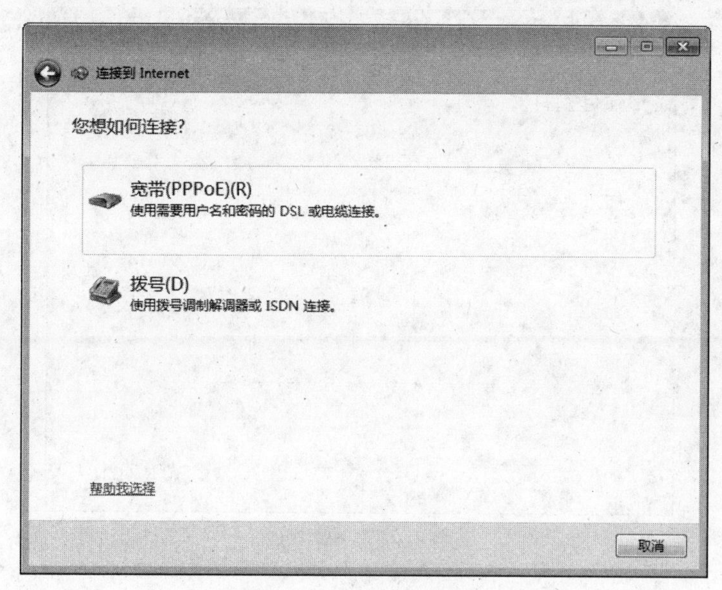

图 4-15　选择宽带拨号

击"连接"按钮后就可以上网了,在下一个页面中单击"关闭"按钮完成设置,如图 4-17 所示。

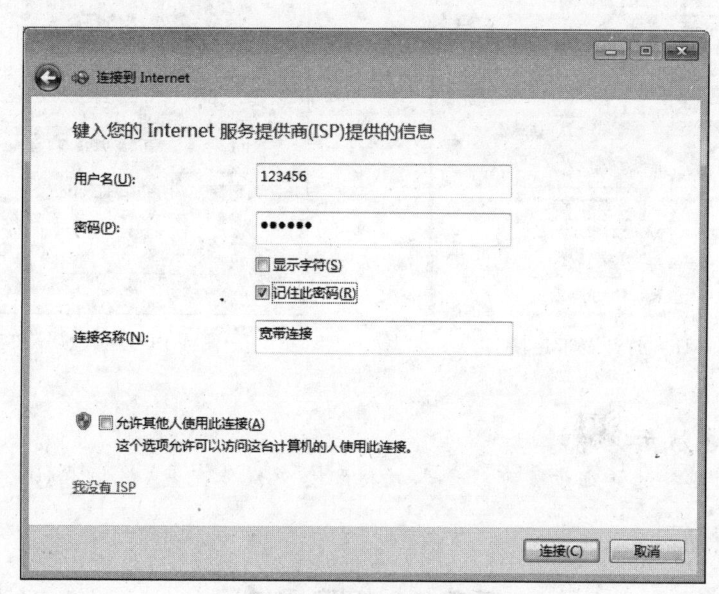

图 4-16　输入账号和密码

6. 在"网络和共享中心"窗口中单击"更改适配器设置"超链接,打开"网络连接"窗口,双击"宽带连接"图标。为了方便每次拨号,可在桌面上创建拨号的快捷方式,即在"宽带连接"上面右击,选择"创建快捷方式"命令,如图 4-18 所示。打开"连接宽带连接"窗口后,输入相应信息,就可以单击"连接"按钮实现上网,如图 4-19 所示。

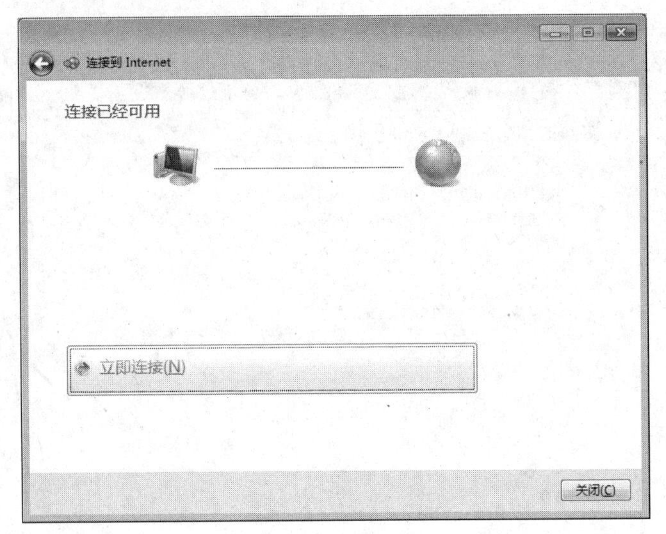

图 4-17　设置完成

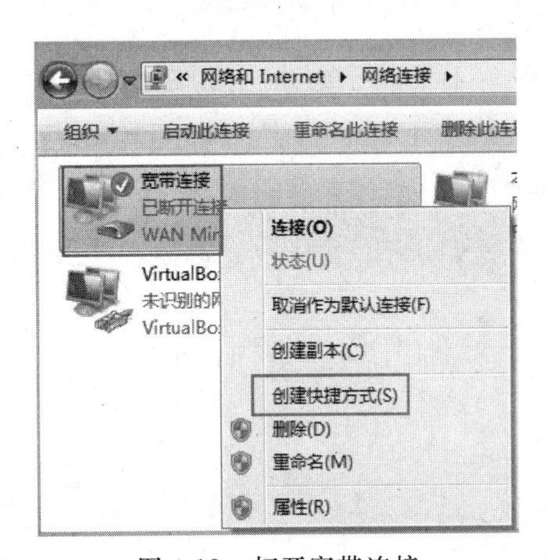

图 4-18　打开宽带连接

图 4-19　输入账号和密码

视频教学演示

申办上网业务的详细步骤可参看本教材配套多媒体光盘\视频\4\03.swf视频文件中的操作演示。

任务 2　组建局域网

任务目标

通过组建局域网实现共享上网，了解如何设置计算机网络。

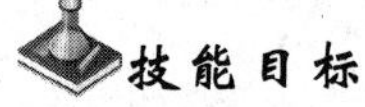

技能目标

掌握更改计算机名称、IP 地址和测试网络的方法。

通过组建局域网可以把同一办公室、同一建筑物、同一公司或家庭内的计算机连接起来，实现资源共享，如软件、打印机、扫描仪等。假如办公室已经有了一台可以上网的计算机，如何设置才能使其余计算机共享上网呢？

步骤1　准备网络连接设备

关键步骤提示

1. 购买路由器、交换机和网线。路由器是实现多台计算机共享上网必不可少的工具之一，相对于其他共享上网方式，路由器有连接速度快、稳定和易管理的特点。一般办公用路由器是5口的，如图4-20所示。交换机用于连接网络中的计算机以实现信息交换，因为办公室一般都超过4台计算机，所以要用交换机对网络接口进行扩展。根据办公室计算机数量，选择相应端口数的交换机，如8口、16口等，如图4-21所示。根据办公室的计算机分布情况，确定购买多少根网线及网线长度。

图4-20　5口路由器

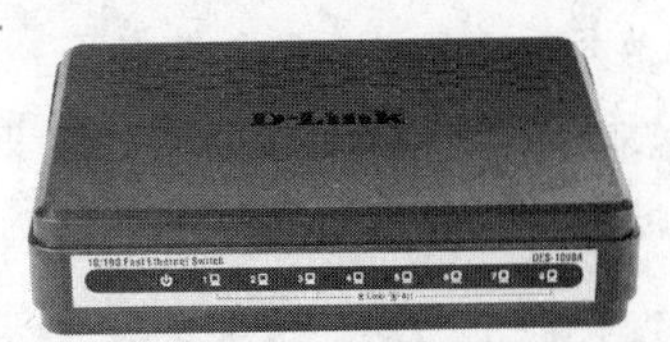

图4-21　8口交换机

2. 连接网络设备。用网线把ADSL Modem的WAN口和路由器的WAN口连接起来，接着将路由器的任一LAN口和交换机的任一LAN口连接，最后将交换机的任一LAN口和计算机的网卡相连，如图4-22所示。

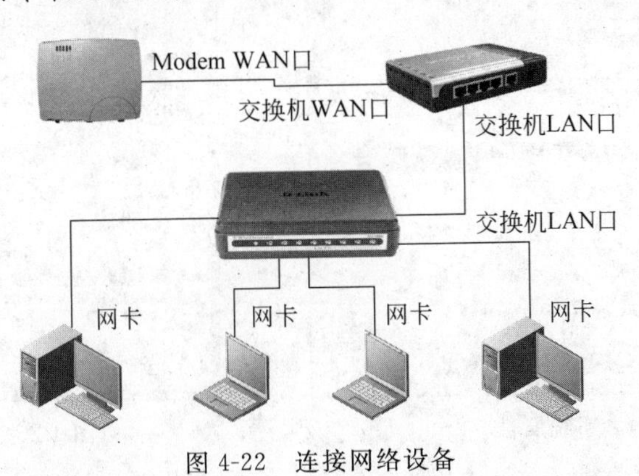

图4-22　连接网络设备

步骤2　设置工作组和计算机名

关键步骤提示

1. 设置各个计算机的名称和工作组。在桌面的"计算机"图标上右击，在弹出的快捷菜单中选择"属性"命令，打开"系统"窗口，在"计算机名称、域和工作组设置"选项组单击"更改设置"按钮，如图4-23所示。

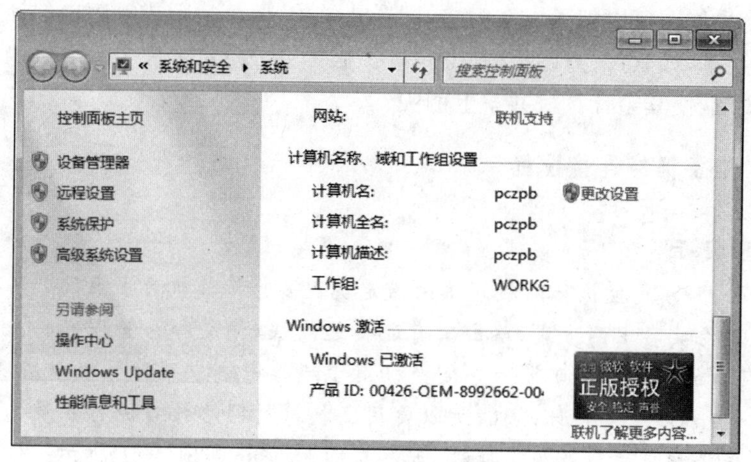

图 4-23 更改设置

2. 在"系统属性"对话框的"计算机名"选项卡中单击"更改"按钮,如图 4-24 所示。在弹出的"计算机名/域更改"对话框中输入计算机和所在工作组名称,如图 4-25 所示。然后单击"确定"按钮,并按提示重新启动计算机。

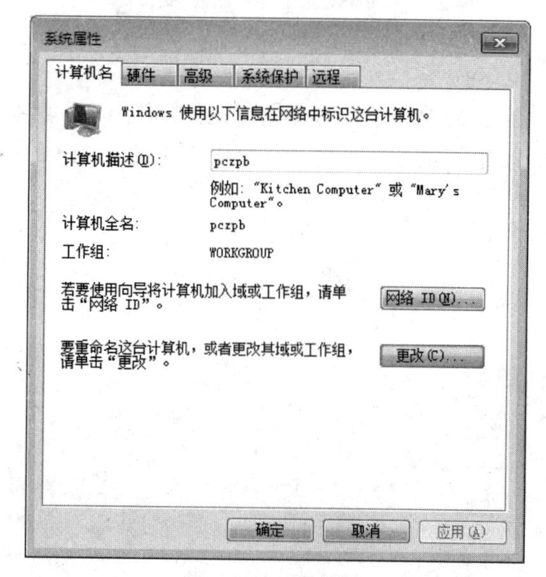

图 4-24 系统属性

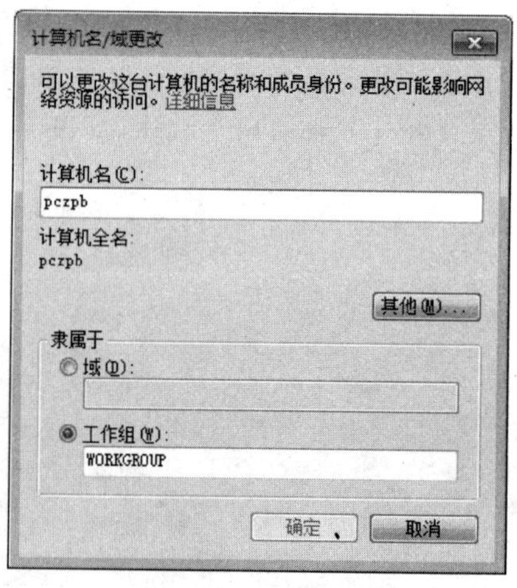

图 4-25 更改名称

步骤 3 设置 IP 地址

网络中每台计算机必须有一个 IP 地址,计算机之间才能进行通信。Windows 7 支持 IPv4 和 IPv6,由于目前网络上绝大多数计算机在使用 IPv4,所以以设置 IPv4 为例进行说明。

关键步骤提示

1. 打开网络连接。在“网络和共享中心”窗口中单击“更改适配器设置”超链接，打开“网络连接”窗口。选中连接的网卡，并单击“更改此连接的设置”按钮，如图4-26所示。

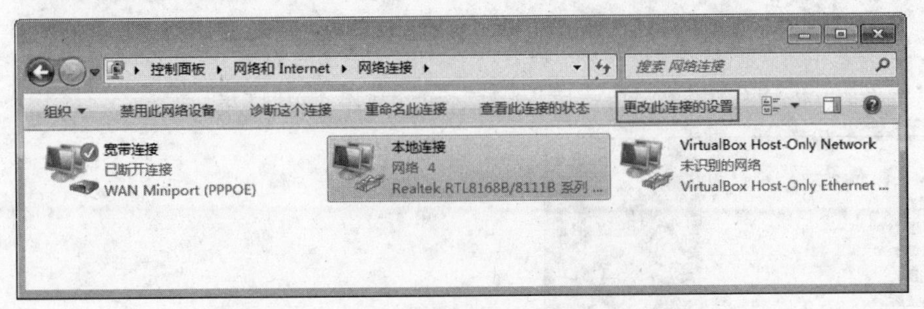

图4-26　打开网络连接

2. 设置IP地址。在“本地连接 属性”对话框的“此连接使用下列项目”下拉列表中选择“Internet协议版本4(TCP/IPv4)”选项，单击“属性”按钮，如图4-27所示。在打开的属性窗口的“常规”选项卡中输入相应的IP地址。因为上网用到了路由器，所以这里把默认网关和DNS服务器地址输入路由器的地址：192.168.1.1(具体地址参考路由器说明书)，地址可以输入192.168.1.2～254之间任意地址，如图4-28所示。依次为其他计算机设置IP地址，注意不能重复。如果路由器开启了DHCP服务，这里就要选择“自动获得IP地址”和“自动获得DNS服务器地址”。

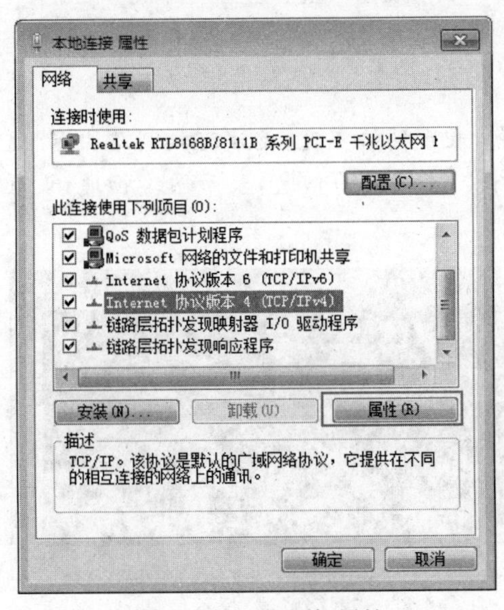

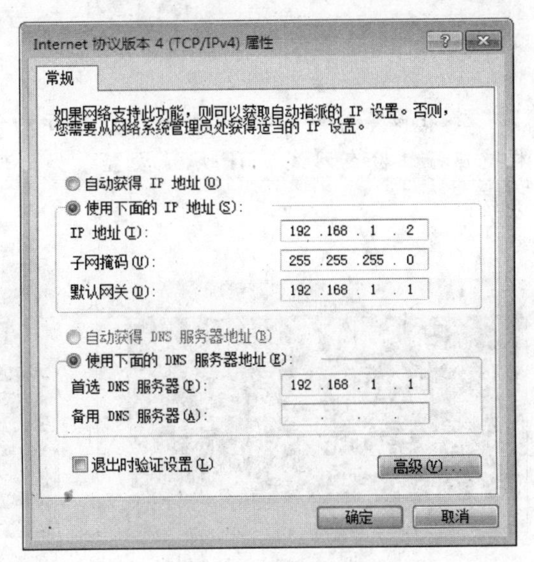

图4-27　本地连接 属性　　　　图4-28　设置IP地址

3. 配置路由器。根据购买路由器附带的说明书进行详细配置。在本例中，打开浏览器输入“http://192.168.1.1”，输入用户名和密码后进入路由器配置界面。在WAN口的配置中输入ISP服务商提供的账号和密码，就可以进行连接上网了。

步骤 4　测试网络

通过步骤 1、步骤 2、步骤 3 的配置，网络已经配置完成，现在看一下网络是不是通畅。

关键步骤提示

1. 选择“开始”→“所有程序”→“附件”→“运行”命令，如图 4-29 所示。在“运行”对话框中输入“ping 192.168.1.1”，单击“确定”按钮，如图 4-30 所示。

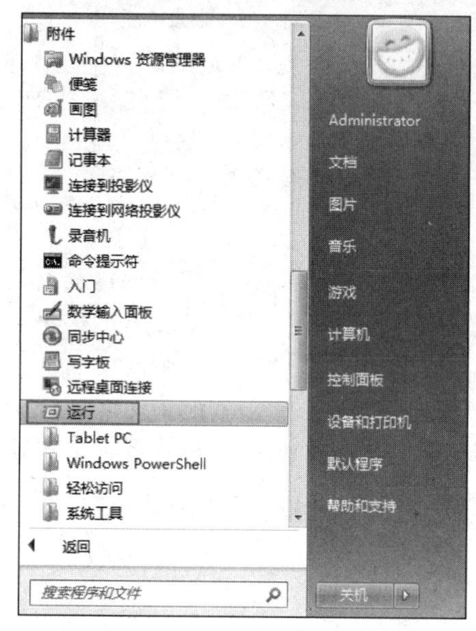

图 4-29　选择“运行”命令

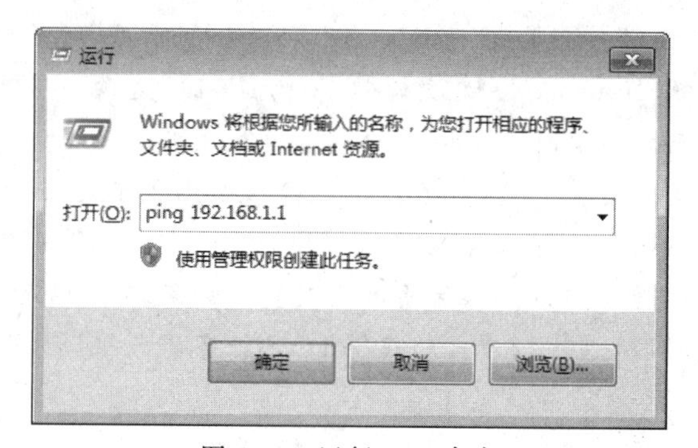

图 4-30　运行 ping 命令

2. 在命令窗口中，如出现图 4-31 所示的信息，表示网络不通，无法连接到路由器，这样就应仔细检查网线和 IP 地址设置。如出现图 4-32 所示的信息，表示网络畅通，设置完成。

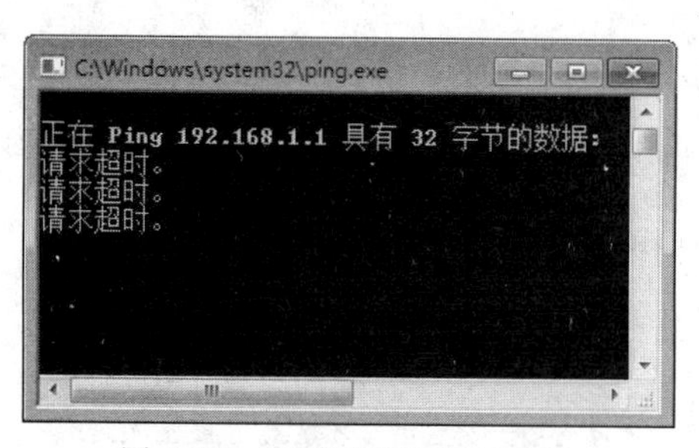

图 4-31　“网络不通”提示信息

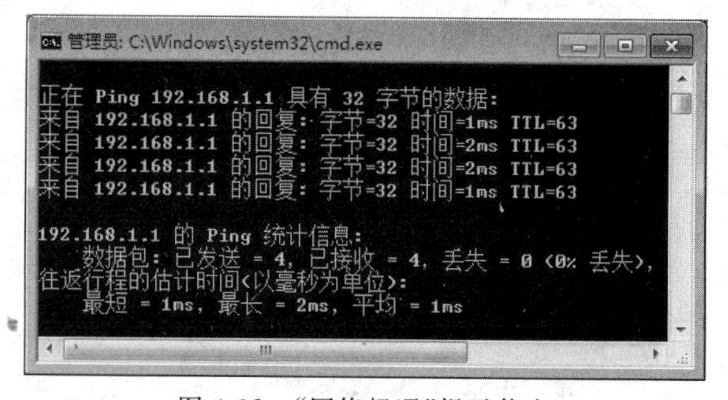

图 4-32　“网络畅通”提示信息

视频教学演示

组建局域网的详细步骤可参看本教材配套多媒体光盘\视频\4\04.swf 视频文件中的操作演示。

任务3 共享网络资源

任务目标

通过设置“公共资料”共享文件夹和打印机，了解如何在 Windows 7 中共享文件和打印服务。

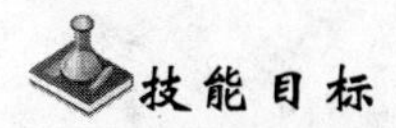**技能目标**

掌握如何设置简单共享、高级共享和打印机共享。

在办公室工作，经常需要访问一些公共文件和使用打印机。通过添加资源共享，就不用拿着 U 盘跑来跑去地复制文件了。接下来介绍如何实现文件和打印机共享。

步骤1 设置简单共享

关键步骤提示

1. 选择“开始”→“控制面板”→“网络和 Internet”→“网络和共享中心”命令，即可打开“网络和共享中心”窗口，在“查看活动网络”下单击“家庭网络”超链接，如图 4-33 所示。

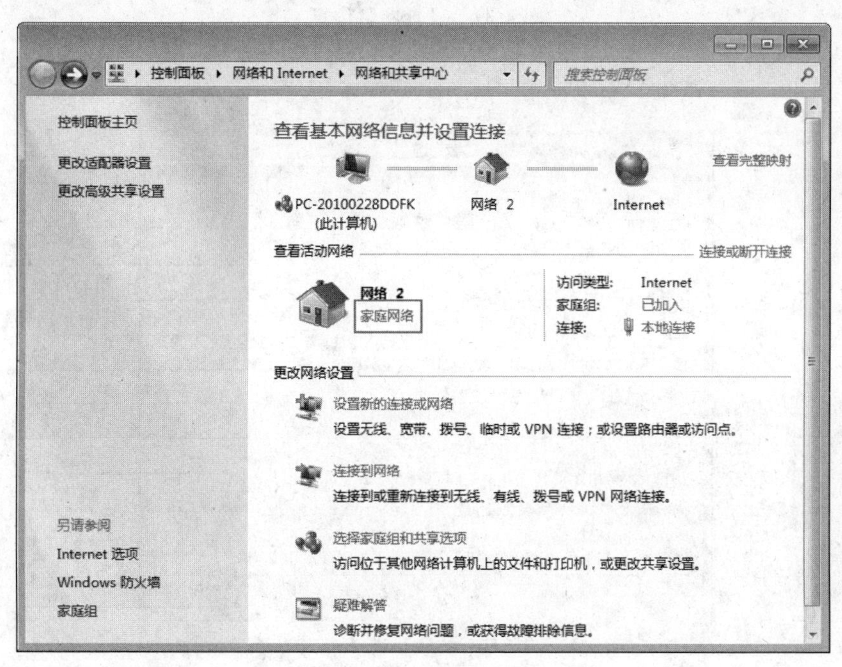

图 4-33 网络和共享中心

2. 在打开的“设置网络位置”对话框中选择“家庭网络”选项，如图 4-34 所示。

3. 回到“网络和共享中心”窗口中，单击“选择家庭组和共享选项”超链接，即可打开创建家庭组设置窗口，如图 4-35 所示。

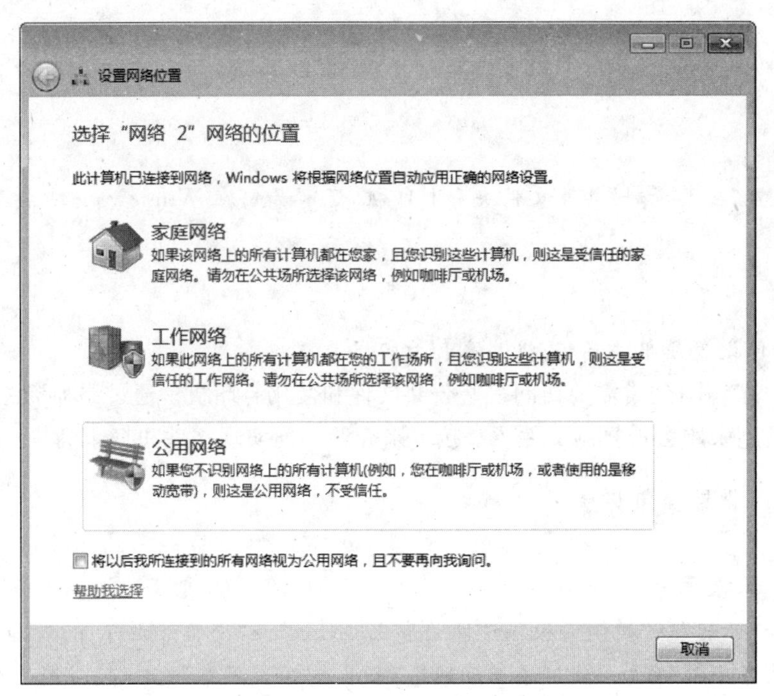

图 4-34 设置网络位置

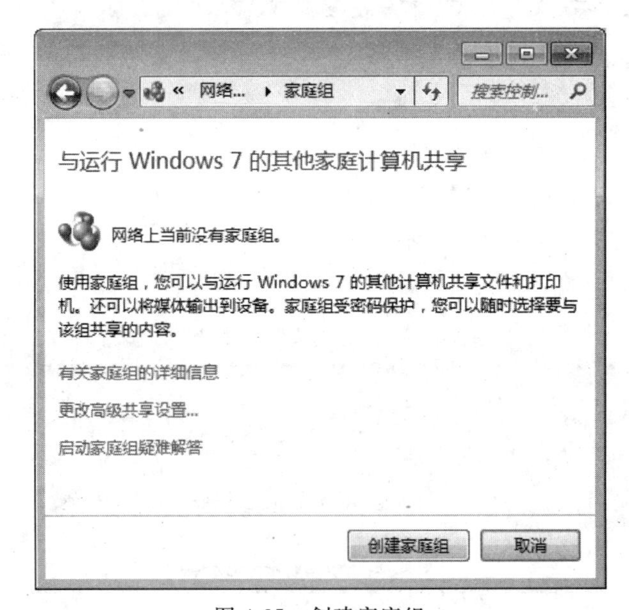

图 4-35 创建家庭组

4. 在该窗口中单击“创建家庭组”按钮，在打开的“创建家庭组”对话框中选择需要共享的内容，如图 4-36 所示。

5. 单击“下一步”按钮，系统将生成共享密码，如图 4-37 所示。回到“网络和共享中心”窗口中，再次单击“选择家庭组和共享选项”超链接，可以更改共享内容和共享密码，如

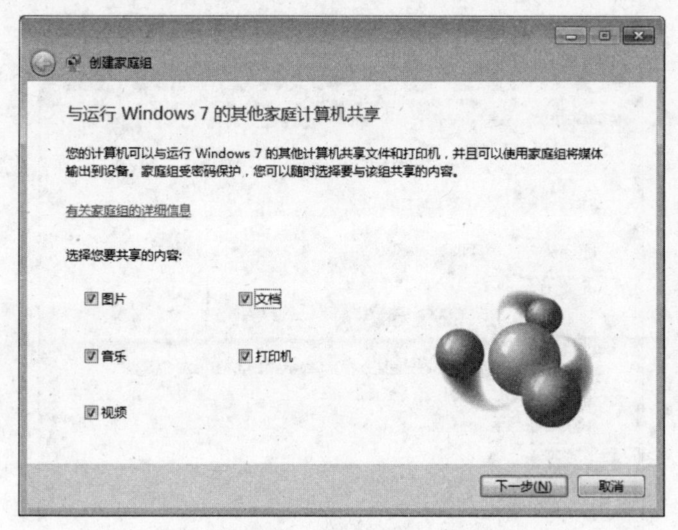

图 4-36　选择共享内容

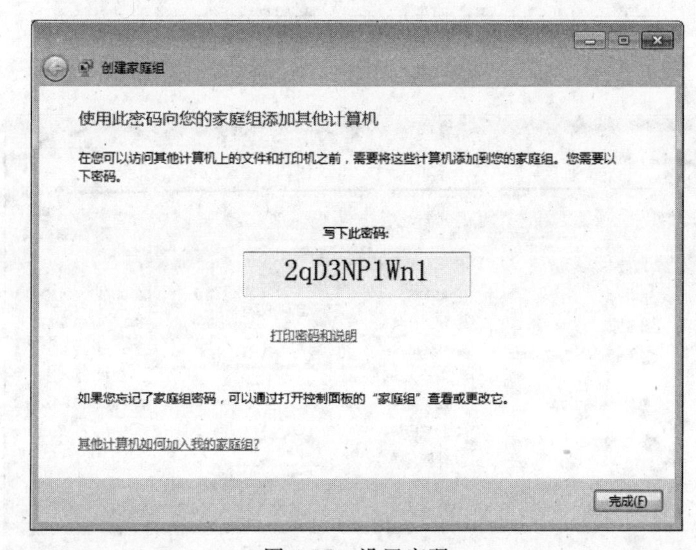

图 4-37　设置密码

图 4-38 所示。

6. 设置简单共享。先选定要共享的文件夹，然后单击资源管理器工具栏中的"共享"按钮，选择相应的权限，如图 4-39 所示。或右击该文件夹，在弹出的快捷菜单中选择"共享"命令。

步骤 2　设置高级共享

关键步骤提示

1. 更改共享设置。选择"开始"→"控制面板"→"网络和 Internet"→"网络和共享中

图 4-38 更改密码

图 4-39 设置简单共享

心”→“高级共享设置”命令，即可打开“高级共享”对话框，单击“公用”下三角按钮展开详细设置，依次选中“启用网络发现”、“启用文件和打印机共享”、“启用共享以便可以访问网络的用户可以读取和写入公用文件夹中的文件”和“启用密码保护共享”单选按钮，如图 4-40 所示。

2. 开启高级共享。在要共享的文件夹上右击，从弹出的快捷菜单中选择“属性”命令，即可打开该文件夹的属性对话框，在该对话框中切换至“共享”选项卡，单击“高级共享”按钮，如图 4-41 所示。打开“高级共享”对话框，在“共享名”文本框中输入共享的名字，设置同时共享用户数量，然后单击“权限”按钮，如图 4-42 所示。

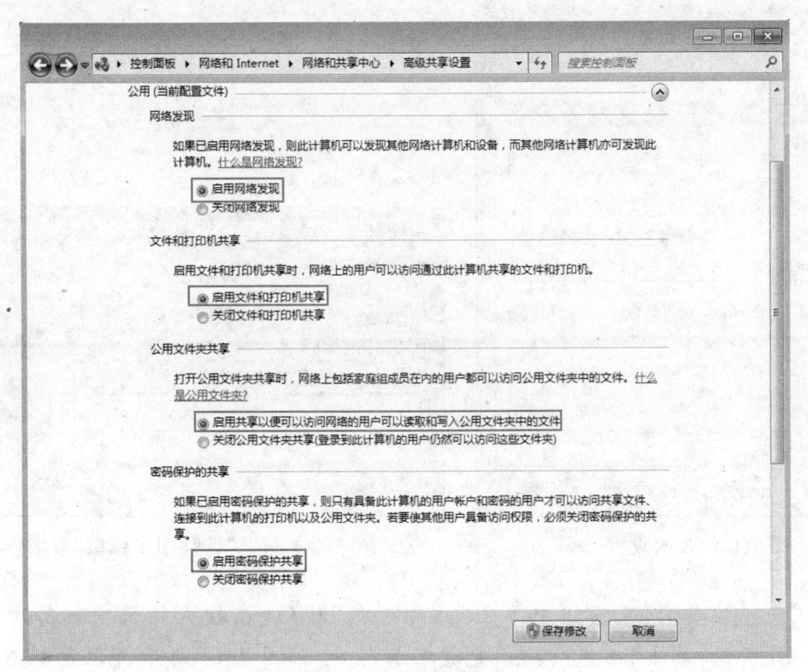

图 4-40　更改共享设置

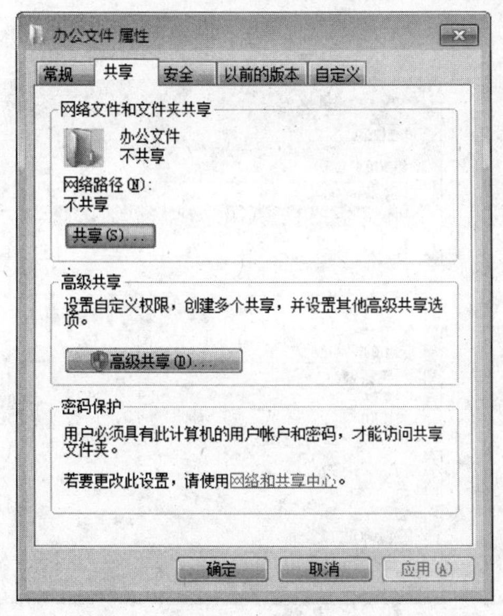

图 4-41　“办公文件 属性”对话框

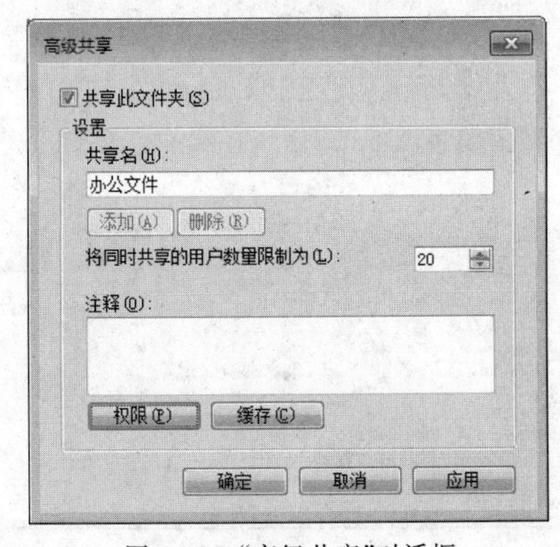

图 4-42　“高级共享”对话框

3. 设置权限。在打开的权限对话框中，在“组或用户名”列表框中选择允许访问的用户，如“Everyone”，然后在“Everyone 的权限”列表框中设置相应权限，如图 4-43 所示。

4. 添加其他用户。如果要添加其他用户，则单击“添加”按钮，在弹出的“选择用户或组”对话框中单击“高级”按钮，如图 4-44 所示。

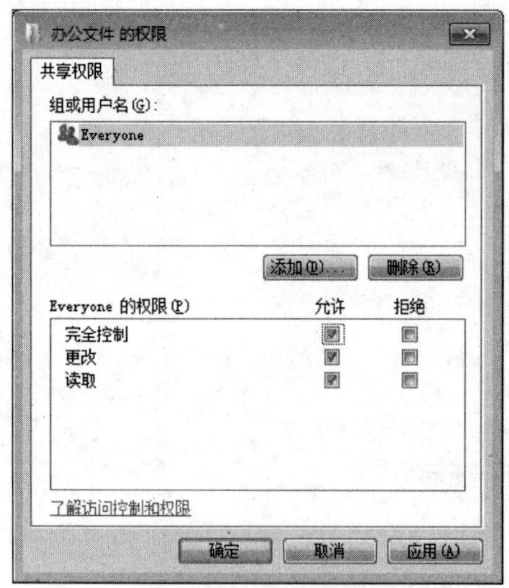

图 4-43 权限设置

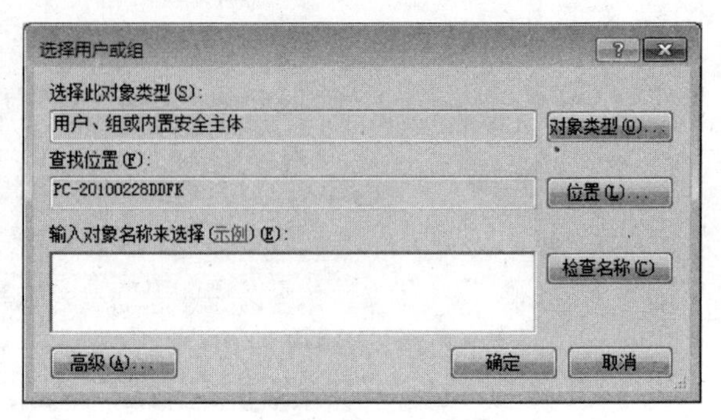

图 4-44 “选择用户或组”对话框

5. 在“一般性查询”选项组中单击“立即查找”按钮,在搜索结果中选择要添加的用户,如图 4-45 所示;单击“确定”按钮,完成添加用户,如图 4-46 所示。设置新添加用户的权限。

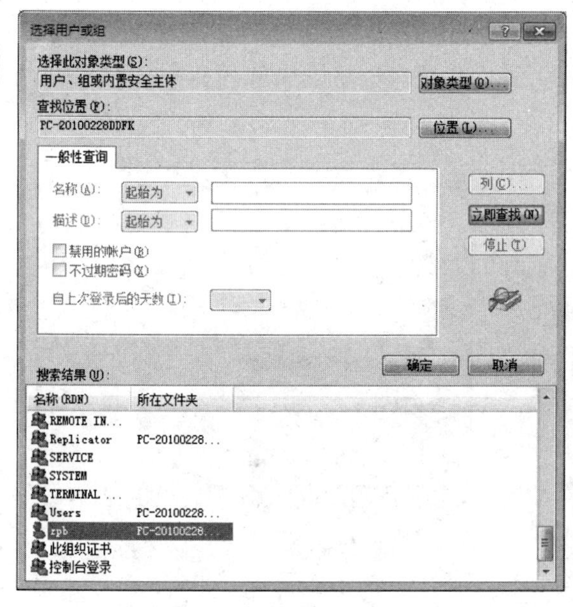

图 4-45 选择要添加的用户

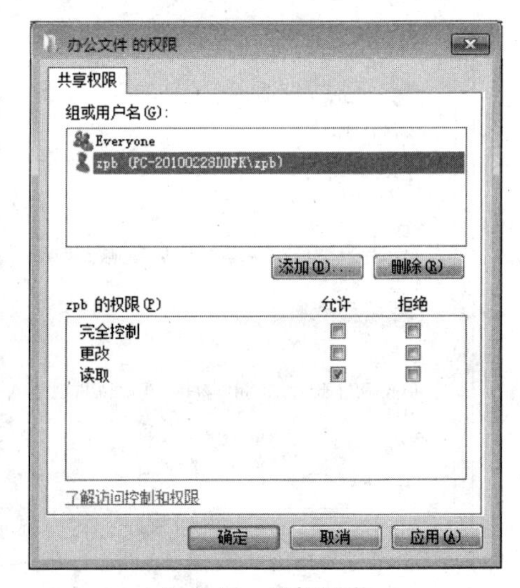

图 4-46 添加用户

步骤 3 访问共享文件

关键步骤提示

1. 登录计算机。在桌面上双击“网络”图标,在打开的“网络”窗口中双击提供共享文件的计算机名，如图 4-47 所示。根据提示输入相应用户名的密码，如图 4-48 所示。

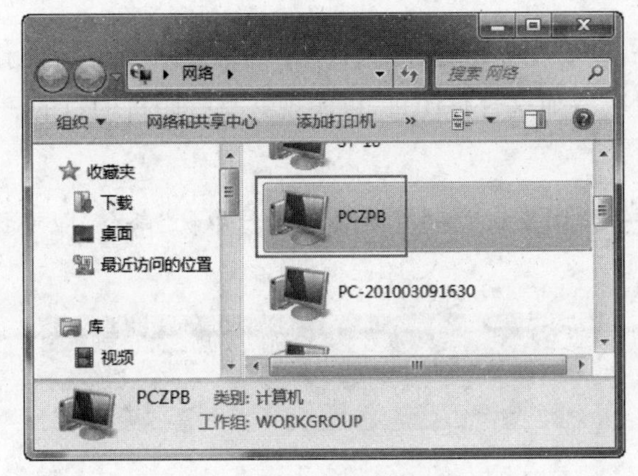

图 4-47 查找计算机

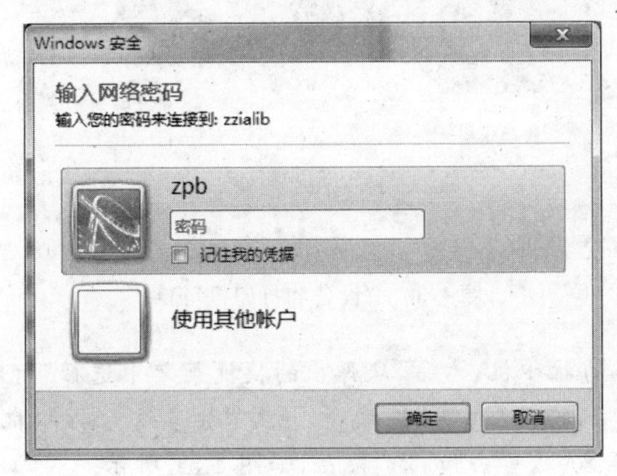

图 4-48 输入密码

2. 访问共享文件。密码正确输入后，就可以访问共享文件，如图 4-49 所示。

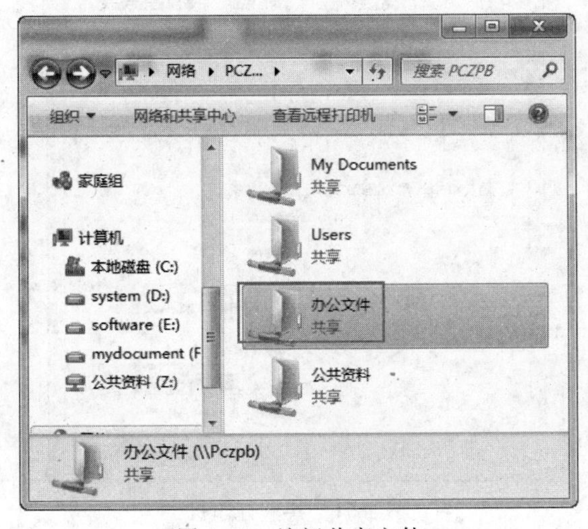

图 4-49 访问共享文件

步骤 4 共享打印机

要实现打印机共享,必须先在连接有打印机的计算机上,把打印机设置成共享模式,然后再在其他计算机上添加这台打印机,以实现共享打印机的目的。

关键步骤提示

1. 选择"开始"→"控制面板"→"查看设备和打印机"命令,即可打开"设备和打印机"窗口,如图 4-50 所示。

图 4-50 "设备和打印机"窗口

2. 选中需要共享的打印机,右击,从弹出的快捷菜单中选择"打印机属性"命令,打开打印机"属性"对话框,切换至"共享"选项卡,选中"共享这台打印机"复选框,并在"共享名"文本框中输入共享名称,单击"确定"按钮,如图 4-51 所示。

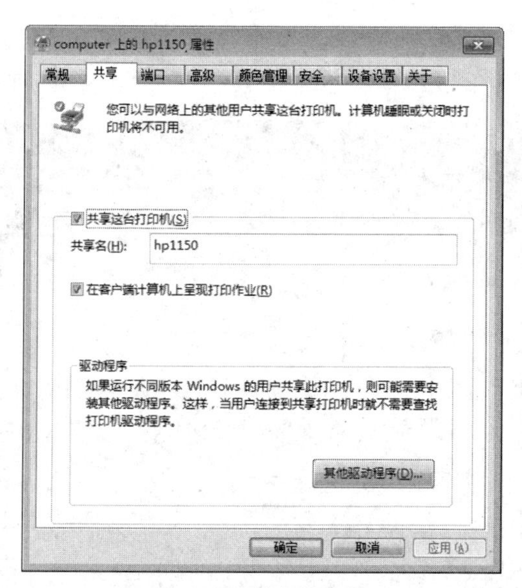

图 4-51 共享打印机

3. 在“设备和打印机”窗口中单击“添加打印机”按钮，即可打开“添加打印机”对话框，在该对话框中选择“添加网络、无线或 Bluetooth 打印机”选项，如图 4-52 所示。进入搜索打印机对话框，如果搜索到打印机，则单击打印机名字，如图 4-53 所示。

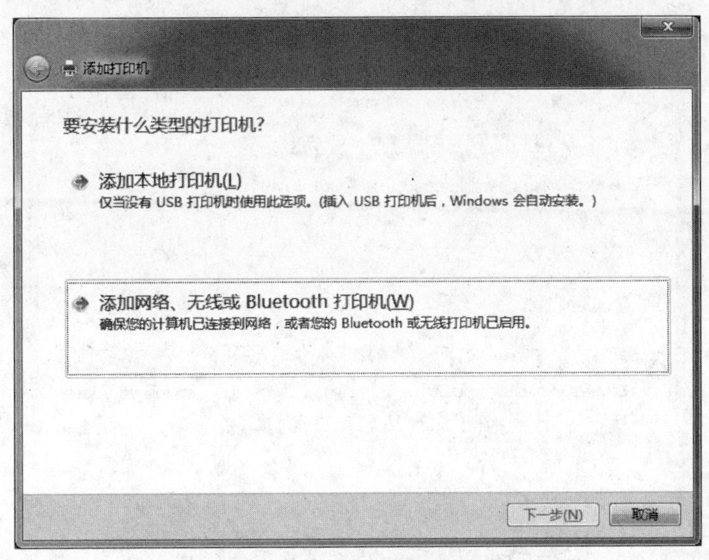

图 4-52　添加打印机

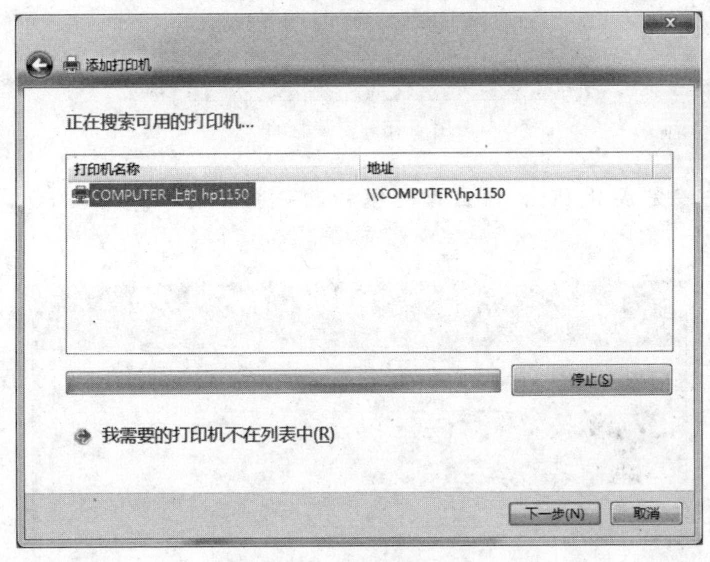

图 4-53　搜索打印机

4. 如果搜索不到打印机，则单击“我需要的打印机不在列表中”超链接。在打开的“添加打印机”对话框中选中“按名称选择共享打印机”单选按钮，并在下方文本框中输入“\\计算机名\共享打印机名”，如“\\computer\hp1150”，如图 4-54 所示。

5. 单击“下一步”按钮，在弹出的“打印机”对话框中单击“安装驱动程序”按钮，如图 4-55 所示。

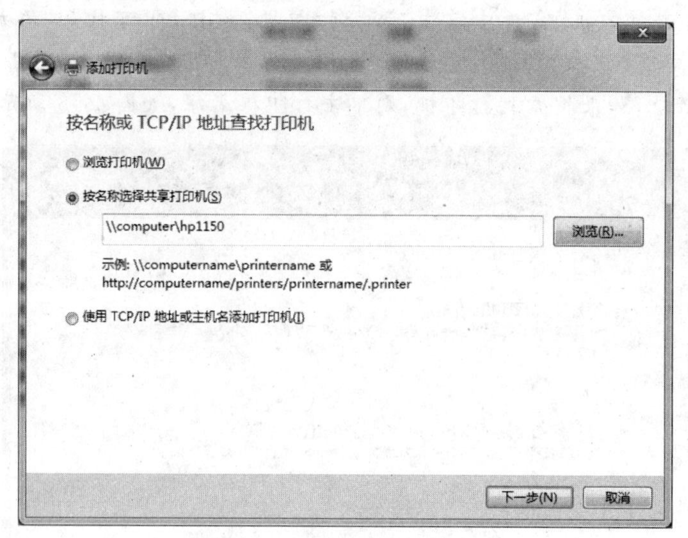

图 4-54　按名称添加打印机

图 4-55　安装驱动

6. 驱动安装完成后，即会弹出该打印机已安装驱动程序的提示信息，如图 4-56 所示。

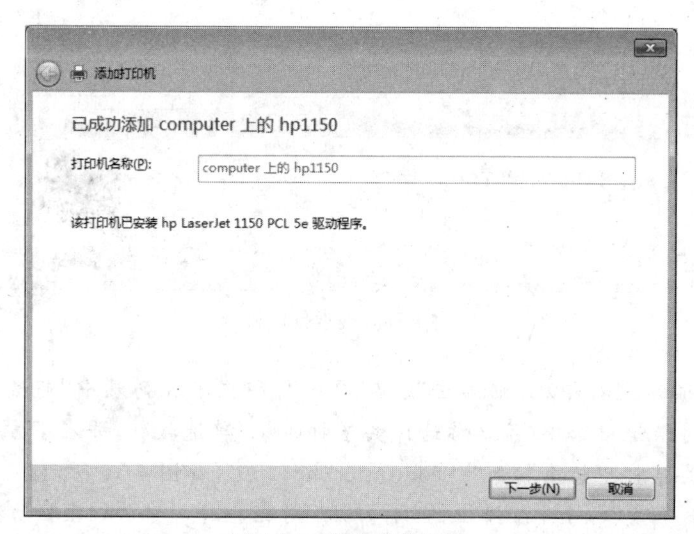

图 4-56　完成驱动安装

7. 单击"下一步"按钮,即可弹出已成功安装打印机的提示信息,单击"完成"按钮即可完成打印机共享设置任务,如图 4-57 所示。

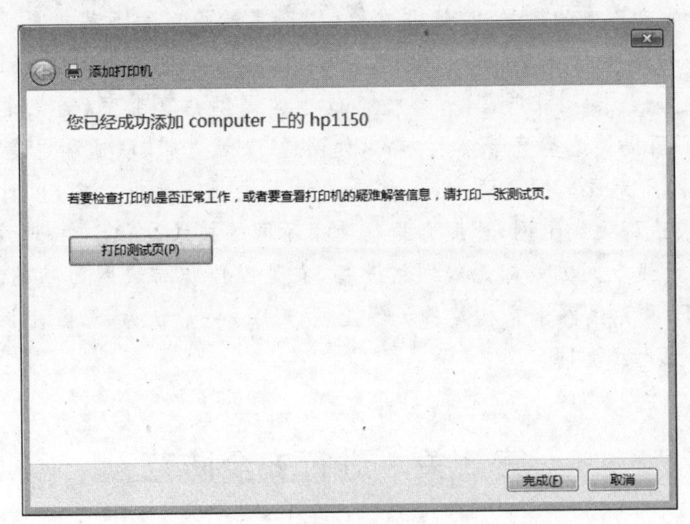

图 4-57 完成添加打印机设置任务

视频教学演示

共享网络资源的详细步骤可参看本教材配套多媒体光盘\视频\4\05. swf 视频文件中的操作演示。

课堂讨论和思考

1. 如何连接 ADSL Modem、路由器、交换机和计算机?
2. 如何使局域网计算机共享上网?
3. 共享文件有哪两种方式? 具体如何设置?
4. 如何设置打印机共享?

课后阅读

可根据自己的兴趣,课后选读以下小资料,了解相关的知识。

Internet 的几种接入方式

1. 电话拨号上网。电话拨号上网是利用调制解调器(Modem)和电话线连接到 ISP 的主机,从而连接到互联网。缺点是速度比较慢,上网和打电话不能同时进行;优点是因为电话网非常普及,开户不用申请,比较经济,接入非常方便。

2. ADSL 宽带。用户需要安装 ADSL 设备包括 ASDL Modem、信号分离器,主机需要安装网卡。ADSL Modem 则通过网卡和网线连接主机,再把 ADSL Modem 连接到现有的电话网中就可以实现宽带上网了。ADSL 为用户提供上、下行非对称的传输速率,上行为低速传输,速率也可达 1Mbps,下行为高速传输可达 10Mbps。由于利用现有的电话线,并不需要对现有网络进行改造,因此投入的资金不大。ADSL 采用了频分多路技术,将电话线分成了三个独立的信道。用户可以边观看点播的网上电视,边发送 E-mail,还可同时打电话。

3. 小区宽带。小区宽带一般指的是光纤到小区,也就是LAN宽带。整个小区共享这根光纤,在用的人不多的时候,速度非常快,特别是看视频和下载软件。这是大中城市目前较普及的一种宽带接入方式,网络服务商采用光纤接入到楼(FTTB)或小区(FTTZ),再通过网线接入用户家,为整幢楼或小区提供共享带宽(通常是10Mbps)。目前国内有多家公司提供此类宽带接入方式,如网通、长城宽带、联通和电信等。

4. 无线上网。无线上网分两种,一种是通过手机开通数据功能,以计算机通过手机或无线上网卡来达到无线上网,速度则根据使用不同的技术、终端支持速度和信号强度共同决定;另一种无线上网方式即无线网络设备,它是以传统局域网为基础,以无线信息信号发射装置(AP)和无线网卡来构建的无线上网方式。一般认为,只要上网终端没有连接有线线路,都称为无线上网。

第3关 进行安全防范

随着计算机软件不断升级,计算机病毒、恶意软件、黑客等入侵的手段也越来越多,为了保护计算机网络的安全,需要了解一些杀毒软件、防火墙等方面的知识。下面以免费软件360安全卫士和360杀毒,结合Windows 7防火墙的应用为例进行介绍。

任务1 安装杀毒软件

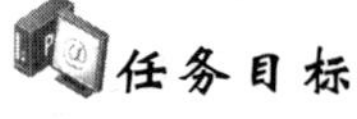

任务目标

安装360安全卫士和360杀毒,学习如何升级病毒库文件。

技能目标

掌握杀毒软件的安装方法。

360安全卫士和360杀毒是奇虎360公司推出的免费杀毒软件,受到网民和互联网服务商的极大欢迎,可以到http://www.360.cn/上下载。

关键步骤提示

1. 360安全卫士拥有木马查杀、恶意软件清理、漏洞补丁修复、计算机全面体检等多种功能。它运用云安全技术,可以杀木马、防盗号、保护网银和游戏账号的密码安全。360安全卫士的安装方法很简单,双击打开360安全卫士安装包,单击“下一步”按钮,接受用户协议,安装完成,升级木马库后,重新启动计算机,界面如图4-58所示。

2. 要经常升级杀毒软件,保持病毒库最新,才能防范最新的病毒。360杀毒是一款免费的云安全杀毒软件,具有查杀率高、资源占用少、升级迅速等优点。同时可以与其他杀毒软件共存,是一个理想的杀毒备选方案。360杀毒软件安装方法和360安全卫士一样,安装完成后重启计算机,界面如图4-59所示。

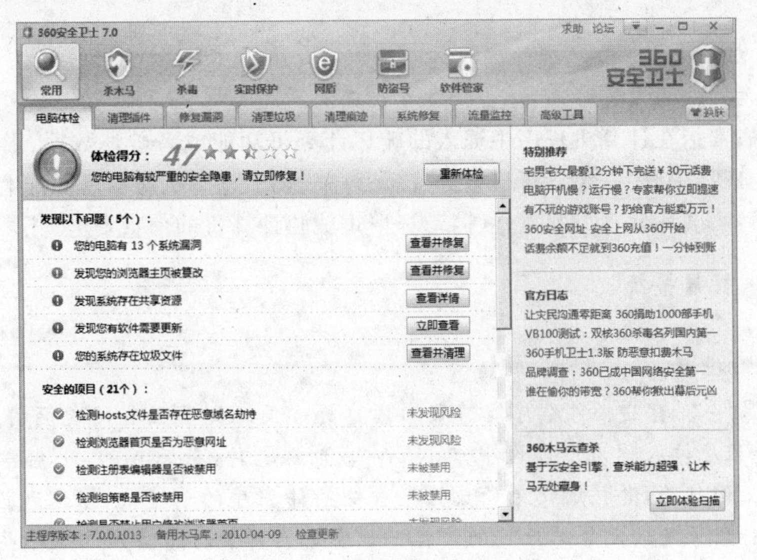

图 4-58 “360 安全卫士”界面

图 4-59 “360 杀毒”界面

视频教学演示

安装杀毒软件详细步骤可参看本教材配套多媒体光盘\视频\4\06.swf 视频文件中的操作演示。

任务 2 查杀病毒

任务目标

利用 360 安全卫士和 360 杀毒，检查系统有无病毒。

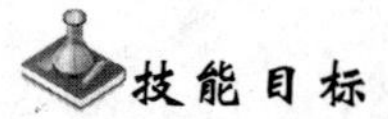

技能目标

了解杀毒软件的设置方法,学会修复系统漏洞。

计算机病毒指在计算机程序中插入的破坏计算机功能或者破坏数据、影响计算机使用并且能够自我复制的一组计算机指令或者程序代码。计算机病毒具有寄生性、传染性、潜伏性、隐蔽性、破坏性和可触发性等特点,严重威胁计算机的信息安全。

步骤1 修复系统

关键步骤提示

1. 清理插件。有些插件程序能够帮助用户更方便地浏览互联网或调用上网辅助功能,也有部分程序被人称为广告软件(Adware)或间谍软件(Spyware),此类恶意插件程序监视用户的上网行为,并把所记录的数据报告给插件程序的创建者,以达到投放广告,盗取游戏或银行账号及密码等非法目的。在360安全卫士中切换至"清理插件"选项卡,360安全卫士会显示各个插件的详细信息,用户根据提示执行信任或是删除操作,如图4-60所示。

图4-60 清理插件

2. 检测系统漏洞。大多数病毒利用操作系统漏洞进行攻击,因此要保证计算机安全,要定时给操作系统打补丁。切换至"修复漏洞"选项卡,会自动扫描当前系统中的漏洞,如图4-61所示。单击"立即修复"按钮,开始修复,完成后会提示重新启动计算机。

3. 清理垃圾。在使用计算机的同时,是否注意到系统磁盘的可用空间正在一天天减小,系统一天比一天迟缓呢?这是由操作系统在上网和使用过程中产生垃圾文件导致的,切换至"清理垃圾"选项卡,根据需要进行选择。单击"开始扫描"按钮,即可扫描系统垃圾,然后单击"立即清理"按钮,如图4-62所示。

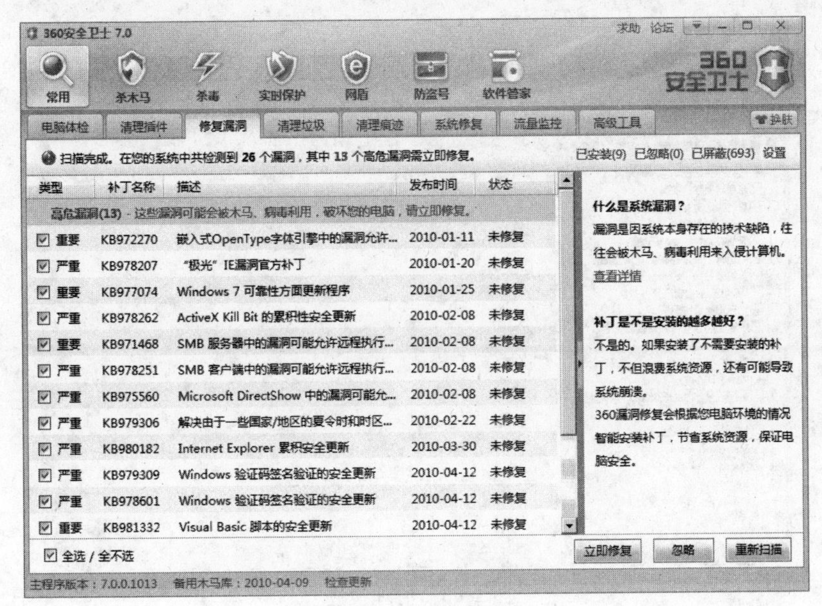

图 4-61　检测系统漏洞

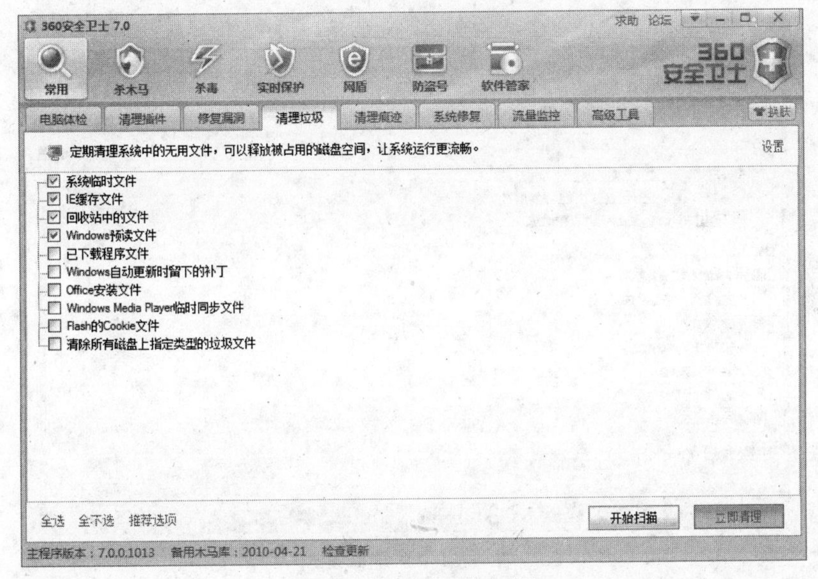

图 4-62　清理系统垃圾

4. 清理痕迹。在使用计算机时，系统会自动记录用户的信息，比如搜索记录、用户名、密码、访问过的文档等。如果不想让他人看见，可切换至“清理痕迹”选项卡，根据需要进行选择后，单击“立即清理”按钮进行清理，如图 4-63 所示。

5. 系统修复。如果遇到 IE 主页被恶意修改，桌面图标损坏等问题，可切换至“系统修复”选项卡，根据需要进行选择，然后单击“一键修复”按钮进行系统修复，如图 4-64 所示。

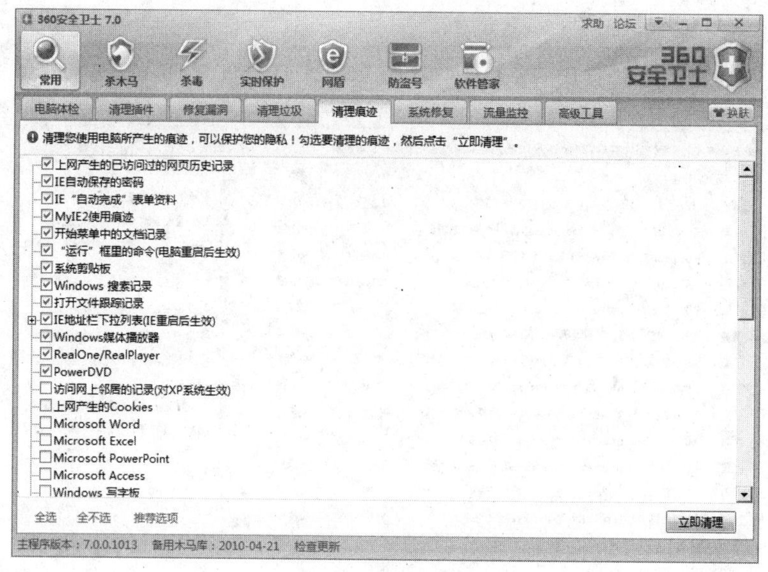

图 4-63 清理痕迹

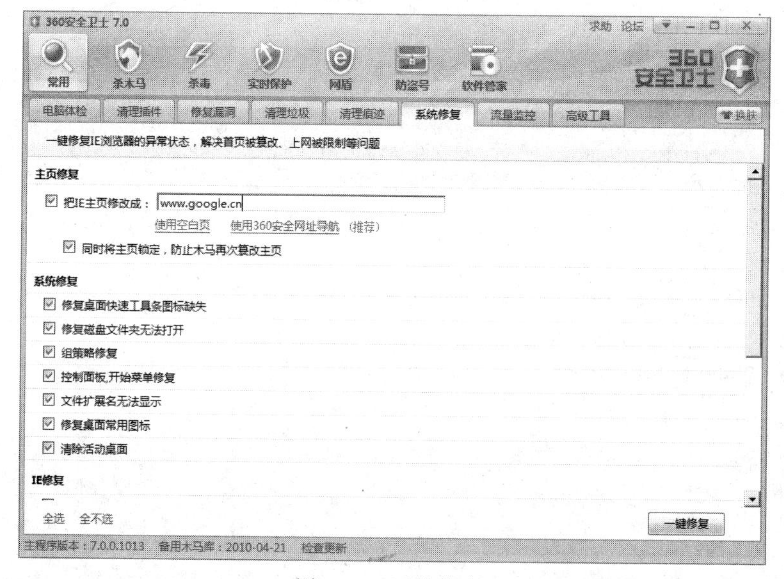

图 4-64 系统修复

步骤 2 查杀病毒

关键步骤提示

1. 扫描系统。打开 360 杀毒窗口，切换至“病毒查杀”选项卡，单击“快速扫描”按钮仅扫描关键目录和易感染病毒的目录；单击“全盘扫描”按钮可扫描所有硬盘分区；单击“指定位置扫描”按钮可以扫描特定目录，如图 4-65 所示。一般杀毒软件安装好后，要进行“全盘扫描”，以确保硬盘中没有病毒。

图 4-65 扫描病毒

2. 设置实时防护。切换至“实时防护”选项卡，可以设定防护级别，如图 4-66 所示。

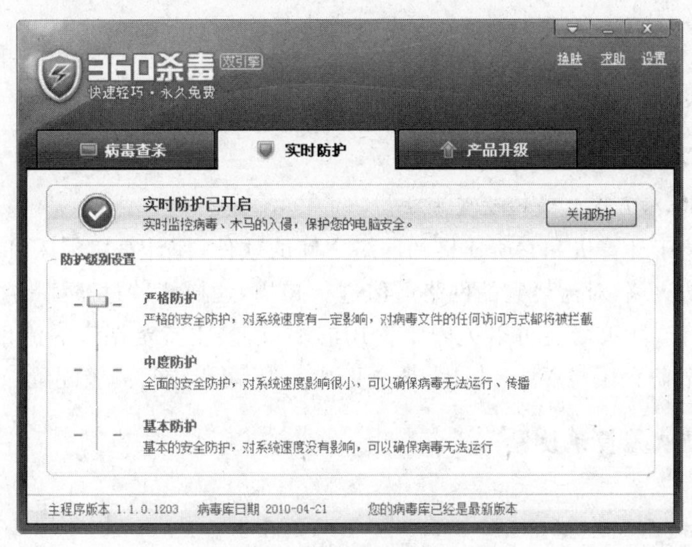

图 4-66 设置实时防护

3. 设置白名单。如果有些文件被误认为病毒，导致无法运行，可以在 360 杀毒界面中单击“设置”超链接，打开“设置”对话框，在左侧的列表中单击“白名单设置”按钮，把该目录或文件的扩展名加入，然后单击“确定”按钮即可，如图 4-67 所示。

视频教学演示

查杀病毒的详细步骤可参看本教材配套多媒体光盘\视频\4\07.swf 视频文件中的操作演示。

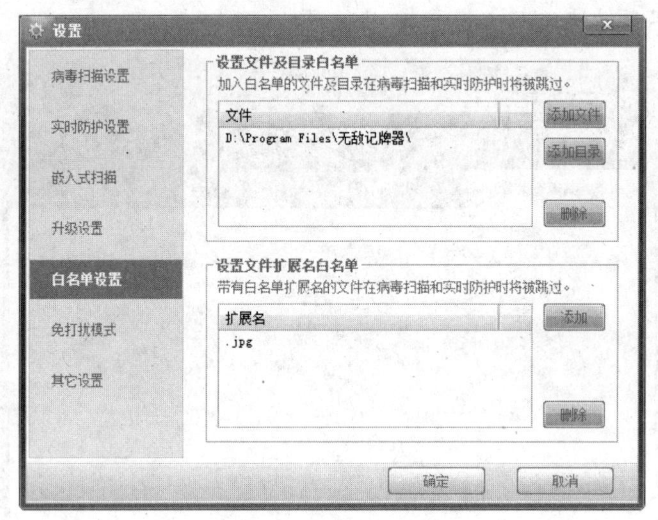

图 4-67 设置白名单

任务 3 使用 Windows 防火墙

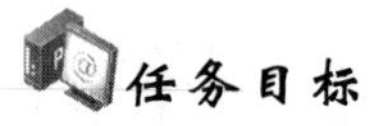

任务目标

通过为 QQ 程序添加防火墙,了解 Windows 7 防火墙如何设置。

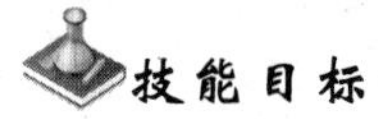

技能目标

掌握 Windows 7 防火墙的设置方法。

防火墙是位于计算机和它所连接的网络之间的软件,使计算机流入和流出的所有网络通信均经过防火墙,对流经它的网络通信进行扫描,这样能够过滤掉一些攻击,以免其在计算机上执行。防火墙还可以关闭不使用的端口,禁止特定端口的流出通信,封锁木马。Windows 7 防火墙与 Vista 相比,功能更加完善,可以进行高级配置。

步骤 1 防火墙简单设置

关键步骤提示

1. 选择"开始"→"控制面板"→"系统和安全"→"Windows 防火墙"命令,即可打开"Windows 防火墙"窗口,如图 4-68 所示。家庭网络和工作网络同属于私有网络,下面还有公用网络,Windows 7 已经支持对不同网络类型进行独立配置,而不会互相影响。

2. 单击左侧的"打开或关闭 Windows 防火墙"超链接,即可打开"自定义设置"窗口,如图 4-69 所示。选中"阻止所有传入连接,包括位于允许程序列表中的程序"复选框,此设置保持默认即可,否则可能会影响"允许程序"列表里一些程序的使用。"Windows 防火墙阻止新程序时通知我"复选框对于个人日常使用需要选中,方便随时作出判断。如果需要关闭,只需要选中对应网络类型里的"关闭 Windows 防火墙(不推荐)"单选按钮,然

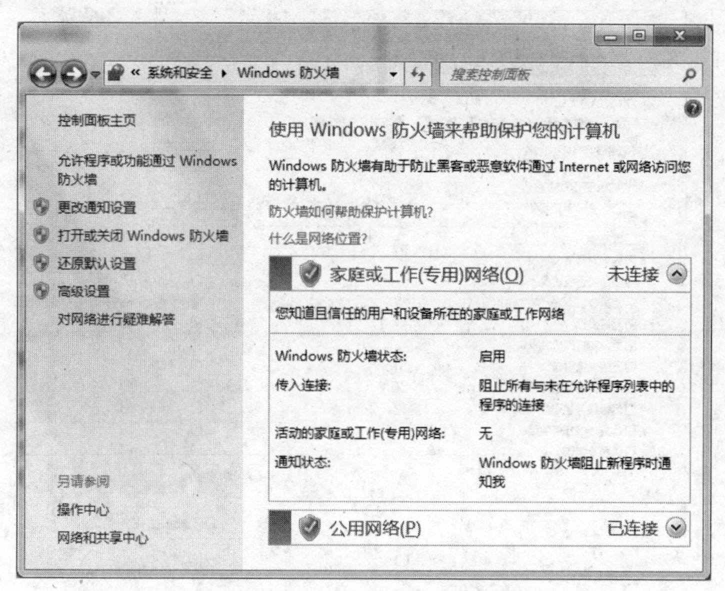

图 4-68 “Windows 防火墙”窗口

后单击“确定”按钮即可。

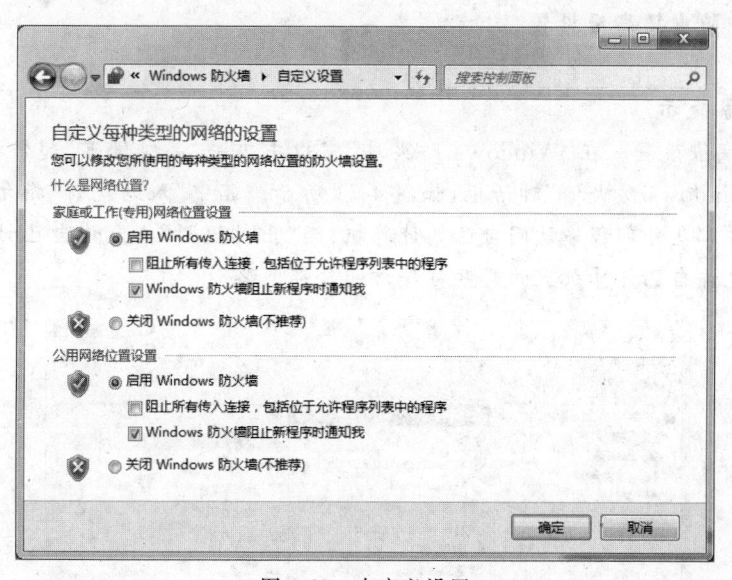

图 4-69 自定义设置

3. 允许程序规则配置。在“Windows 防火墙”窗口中单击“允许程序或功能通过Windows 防火墙”超链接，即可打开“允许的程序”窗口，如果需要了解某个功能的具体内容，可以在选中该项之后，单击“详细信息”按钮查看其详细信息。如果要添加某一选项，只需选中其后面的复选框即可，这里选中“腾讯 QQ2009”选项后面的复选框，如图 4-70 所示。添加后如果需要删除，只需选择对应程序，再单击“删除”按钮即可。

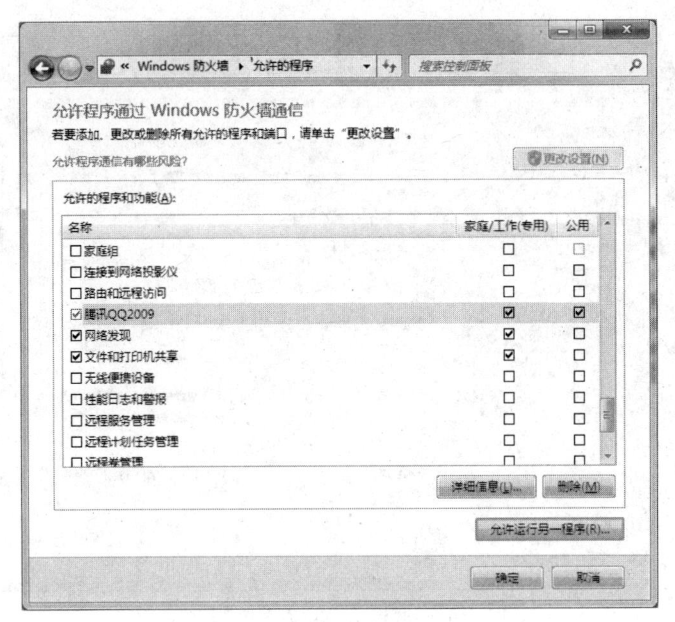

图 4-70　允许程序规则配置

步骤 2　防火墙高级设置

关键步骤提示

1. 打开高级设置。在"Windows 防火墙"窗口中单击"高级设置"超链接，即可打开"高级安全 Windows 防火墙"对话框，如图 4-71 所示。其中"入站规则"指允许哪些外部程序或不允许哪些外部程序访问自己的计算机；而"出站规则"指允许自己计算机里的哪些程序或不允许自己计算机里的哪些程序访问外部网络。

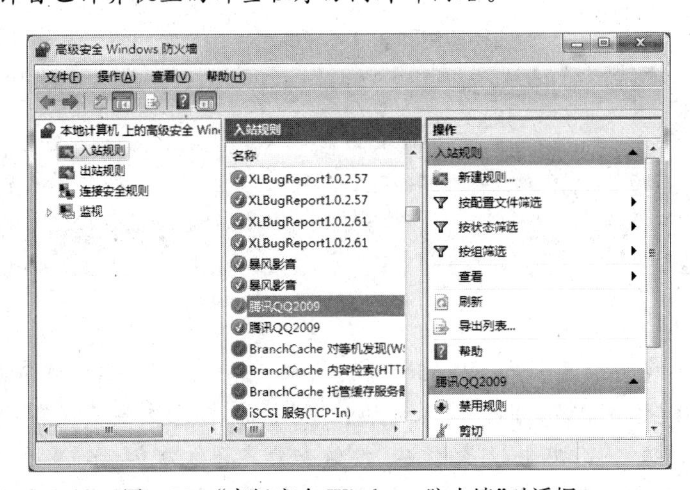

图 4-71　"高级安全 Windows 防火墙"对话框

2. 在"高级设置"窗口左侧窗口单击"入站规则"按钮，可以对允许访问自己计算机的外部程序进行设置，下面以“腾讯 QQ2009”程序为例进行介绍，在中间窗口双击“腾讯 QQ2009”程序，打开“腾讯 QQ2009 属性”对话框，然后在各个选项卡中作相关设置，如图 4-72 所示。“腾讯 QQ2009”出站管理方法和入站基本相同。

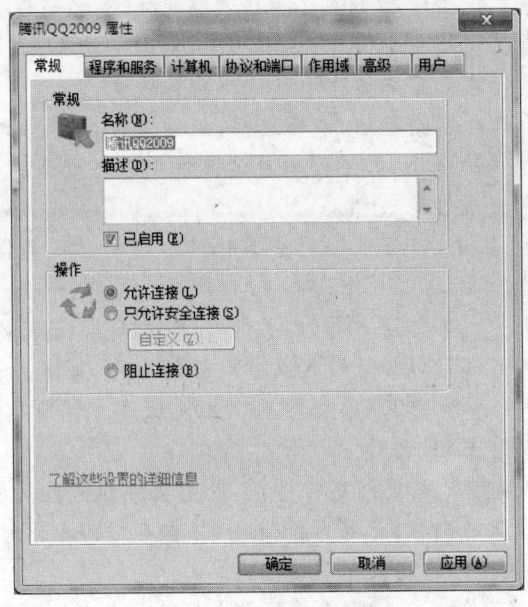

图 4-72 设置程序属性

视频教学演示

安全防范的详细步骤可参看本教材配套多媒体光盘\视频\4\08.swf 视频文件中的操作演示。

课堂讨论和思考

1. 如何优化系统？
2. 如何在杀毒软件中设置白名单，使杀毒软件对文件进行例外处理？
3. 如何打开和关闭 Windows 7 防火墙？

课后阅读

可根据自己的兴趣，课后选读以下小资料，了解相关的知识。

计算机病毒的种类

1. 按照计算机病毒存在的媒体划分为网络病毒、文件病毒和引导型病毒。

网络病毒通过计算机网络传播感染网络中的可执行文件。文件病毒感染计算机中的文件(如 COM、EXE、DOC 等)。引导型病毒感染启动扇区(Boot)和硬盘的系统引导扇区(MBR)。

2. 按照计算机病毒传染的方法划分为驻留型病毒和非驻留型病毒。

(1) 驻留型病毒感染计算机后，把自身的内存驻留部分放在内存(RAM)中，这一部分程序挂接系统调用并合并到操作系统中去，它处于激活状态，一直到关机或重新启动。

(2) 非驻留型病毒在得到机会激活时并不感染计算机内存，还有一些病毒在内存中留有小部分，但是并不通过这一部分进行传染，这类病毒也被划分为非驻留型病毒。

3. 根据病毒破坏的能力可划分为无害型、无危险型、危险型和非常危险型。

(1) 无害型病毒除了传染时减小磁盘的可用空间外，对系统没有其他影响。

(2) 无危险型病毒仅仅是减小内存，显示图像，发出声音等。

(3) 危险型病毒在计算机系统操作中造成严重的错误。

(4) 非常危险型病毒会删除程序，破坏数据，清除系统内存区和操作系统中重要的信息。这些病毒对系统造成的危害，并不是本身的算法中存在危险的调用，而是当它们传染时会引起无法预料的和灾难性的破坏。

4. 根据病毒特有的算法，病毒可以划分为伴随型病毒、"蠕虫"型病毒、寄生型病毒、诡秘型病毒和变型病毒。

(1) 伴随型病毒并不改变文件本身，它们根据算法产生 EXE 文件的伴随体，具有同样的名字和不同的扩展名(COM)，例如 XCOPY. EXE 的伴随体是 XCOPY. COM。病毒把自身写入 COM 文件并不改变 EXE 文件，当 DOS 加载文件时，伴随体优先被执行，再由伴随体加载执行原来的 EXE 文件。

(2) "蠕虫"型病毒通过计算机网络传播，不改变文件和资料信息，利用网络从一台机器的内存传播到其他机器的内存，计算网络地址，将自身的病毒通过网络发送。有时它们在系统存在，一般除了内存不占用其他资源。

(3) 除了伴随和"蠕虫"型，其他病毒均可称为寄生型病毒，它们依附在系统的引导扇区或文件中，通过系统的功能进行传播，一旦系统运行，病毒也就会被激活。

(4) 诡秘型病毒一般不直接修改 DOS 中断和扇区数据，而是通过设备技术和文件缓冲区等 DOS 内部修改，不易看到资源，使用比较高级的技术，利用 DOS 空闲的数据区进行工作。

(5) 变型病毒(又称幽灵病毒)，使用一个复杂的算法，使自己每传播一份都具有不同的内容和长度。它们一般是由一段混有无关指令的解码算法和被变异过的病毒体组成。

职业任务 1　组装办公室中的计算机并连接相关设备

职业任务 2　对办公室中的计算机进行病毒查杀

竞赛评价

评价内容	学生自评	学生互评	教师评价
学生按分组进行"计算机设备连接、组建局域网和查杀病毒"实验，从设备连接是否正确，局域网是否连通，能否有效清除病毒三个方面进行评价			
任选一个职业任务，从任务质量、完成效率、职业水准三个方面进行评价			
竞赛 4 总得分：			

竞赛 5

遨游网络世界

随着计算机的普及,信息交换、资源共享已经成为人们的迫切需求,因特网(Internet)顺应时代的发展,逐渐融入了人们日常工作和学习中,网络正在改变着人们的生活理念和生活方式,越来越多的人走入了网络世界,体验着网上冲浪的乐趣。

竞赛要求

使用浏览器浏览网页,并设置浏览器,使其更方便使用,使用搜索引擎搜索自己需要的资料,收发电子邮件,并使用常用的网络服务平台。

评比条件

下一竞赛上课前,同学间互相评价,按总得分排名。

第 1 关　使用浏览器

浏览器是专门用于定位和访问 Internet 信息的应用程序或工具。人们常说的 IE 浏览器全称为 Internet Explorer,是微软公司开发的内置于 Windows 操作系统中的互联网浏览器软件。目前 Windows 7 中的 Internet Explorer 版本为 8.0。

任务 1　浏览网页

任务目标

通过 IE 8.0 浏览器浏览网页,掌握常用的使用方法和技巧。

技能目标

掌握如何使用浏览器浏览网站。

IE 浏览器是用户访问互联网最常用的工具。通过 IE 浏览器可以在互联网上浏览网站,阅读新闻,查看图片以及做其他工作,由于 IE 浏览器和 Windows 操作系统集成,因此不需要安装就可以使用。

关键步骤提示

1. 单击任务栏上"快速启动"工具栏中的浏览器图标或者双击桌面上的浏览器图标,

即可启动 Internet Explorer 浏览器，同时打开系统默认的网页，如图 5-1 所示。

图 5-1　打开默认网页

2. 要浏览网页，可在 IE 浏览器的地址栏中输入想要浏览的网址，这里输入“www.sina.com.cn”并按 Enter 键，稍等一会儿就可以打开“新浪”的主页，如图 5-2 所示。

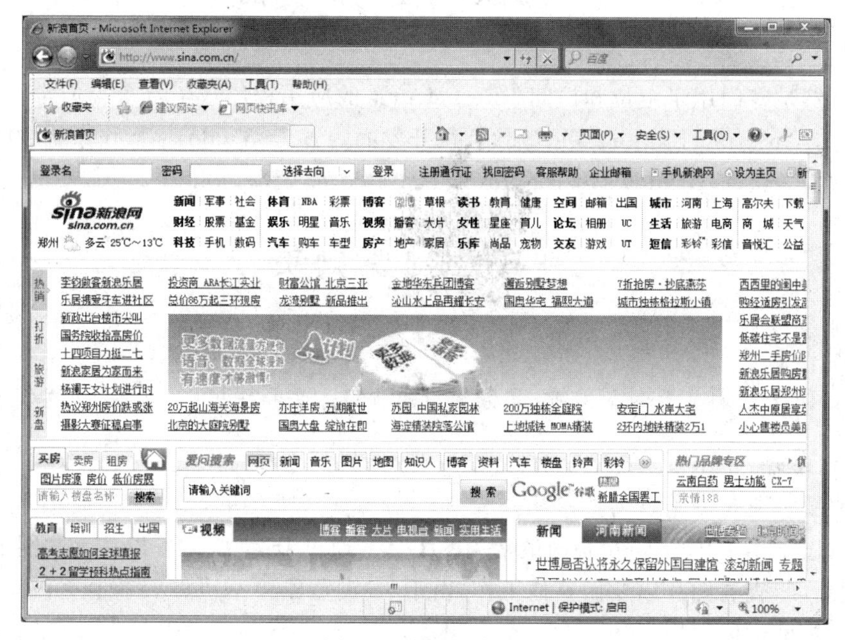

图 5-2　“新浪”主页

3. 在该网页中有许多超链接(可以是图片、动画或文字等)，当鼠标指针移到上面时，指针变成手形，单击该链接，即可打开与该链接相关的页面。如果要看新浪网站上的新闻，只需单击“新闻”超链接，即可打开新浪的新闻中心首页，如图 5-3 所示。如果要看具体的新闻内容，继续单击相应的新闻标题就可以打开该新闻的内容页面。

图 5-3　新闻中心首页

4. 如果在浏览网页时，想对前面的网页重新浏览，可以单击工具栏中的“后退”按钮，当然，如果想恢复后退前的页面，只需单击工具栏中的“前进”按钮即可。

5. 为了提高浏览效率，可以同时打开多个浏览窗口，这样可以在一个窗口中浏览网页，在另一个或多个窗口中下载其他网页。早期的 IE 浏览器中一个网页对应一个浏览器窗口，而在 IE 8.0 中，更推荐使用多选项卡的方式。在 IE 浏览器打开一个网页的情况下，单击“新选项卡”按钮，在地址栏中输入新的网址，就可以打开新的网站，这里在选项卡中打开搜狐网站，如图 5-4 所示。

6. 在读取网页的过程中，如果发现访问网页的速度很慢，或者打开的不是所要的网页，可以单击工具栏上的“停止”按钮，中断网页的传输。

7. 在网页传输过程中，由于通信线路太忙等原因，使得网页的显示不够完整，可以单击“刷新”按钮，使浏览器重新与服务器联系，再次获取并显示网页的内容，对于随时都在更新的网页，通过单击“刷新”按钮，可以及时了解最新的网站动态。

视频教学演示

浏览网页的详细步骤可参看本教材配套多媒体光盘\视频\5\01. swf 视频文件中的操作演示。

图 5-4 在新选项卡中打开搜狐网站

任务 2 设置浏览器

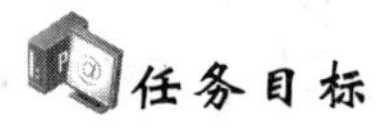

任务目标

通过设置 IE 8.0 浏览器的主页和收藏夹，了解具体的操作方法。

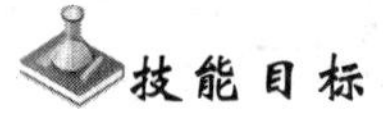

技能目标

掌握如何设置浏览器主页和收藏夹。

步骤 1 设置主页

为了更便于用户使用 Internet Explorer 浏览网页，可以对 Internet Explorer 进行一些必要的设置。每次打开 IE 浏览器之后最先显示的网页称为主页，如果需要经常浏览某个网页，可以将其设为 IE 浏览器的主页，这样每次启动浏览器的时候就会自动显示该页。设置主页的操作步骤如下。

关键步骤提示

1. 打开 IE 浏览器主界面，单击工具栏上的“主页”按钮旁边的下三角按钮，选择“删除”→“全部删除”命令，如图 5-5 所示。

2. 弹出“删除主页”对话框，单击“是”按钮，如图 5-6 所示。此时 IE 浏览器的主页便被清空，重新启动 IE 浏览器不再自动连接任何网页。

3. 打开想要设定为主页的网页地址，如 www.baidu.com，单击工具栏上“主页”按钮旁边的下三角按钮，选择“添加或更改主页”命令，如图 5-7 所示。

4. 在弹出的“添加或更改主页”对话框中选中“将此网页用作唯一主页”单选按钮，然

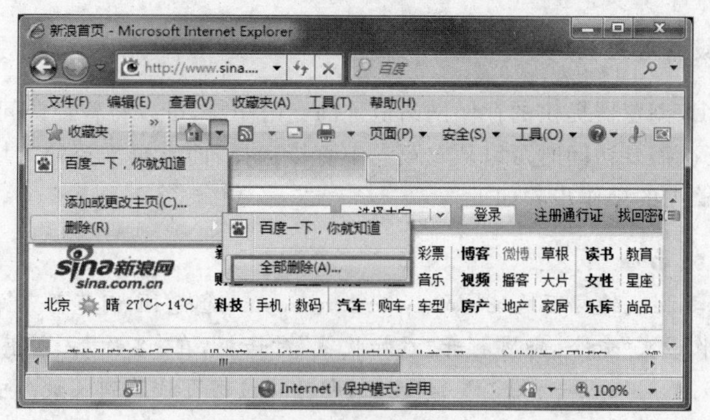

图 5-5 选择"全部删除"命令

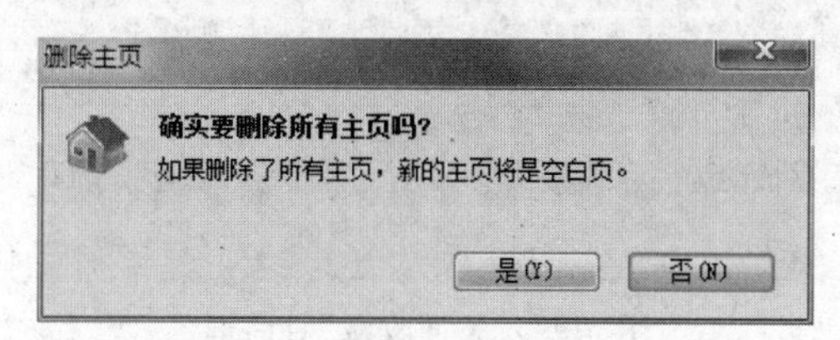

图 5-6 "删除主页"对话框

图 5-7 选择"添加或更改主页"命令

后单击"是"按钮，如图 5-8 所示。此时新的主页便设置完成，重新启动 IE 浏览器，IE 浏览器便会自动打开 www.baidu.com 主页。

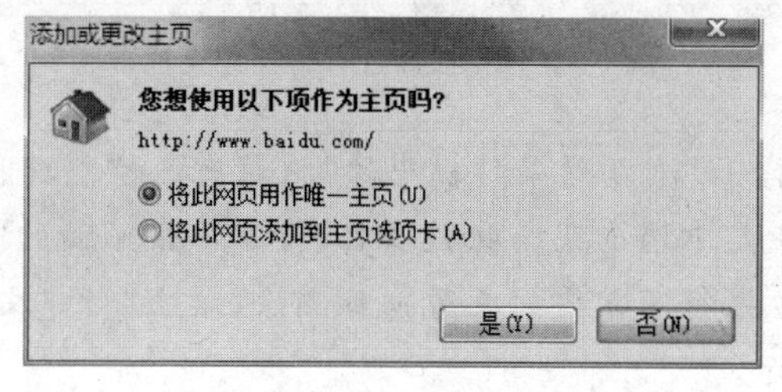

图 5-8 设置百度为唯一主页

步骤 2 设置收藏夹

收藏夹是 IE 浏览器提供的存储网站地址的专门功能,可以将曾经访问过的网站存储在收藏夹中,下次需要访问时可以从收藏夹中直接选择,而不再需要输入域名,提高浏览效率。设置收藏夹的操作步骤如下。

关键步骤提示

1. 打开想要收藏的网页地址,如 www. sohu. com,选择 IE 浏览器菜单栏中的"收藏夹"→"添加到收藏夹"命令,即可打开"添加收藏"对话框,在"名称"文本框中输入或修改网页的名称,如图 5-9 所示,单击"添加"按钮,即可将该网页收藏到收藏夹中。

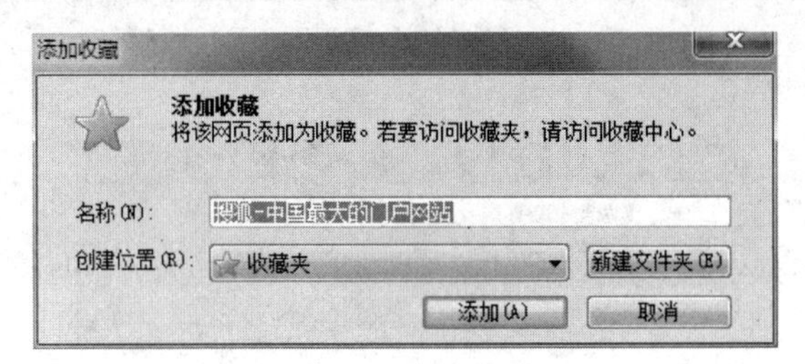

图 5-9 "添加收藏"对话框

2. IE 8.0 还可以将网址直接保存在收藏夹栏中,更加方便地访问,打开想要收藏的网址,例如 www. dangdang. com,单击工具栏中的"添加到收藏夹栏"按钮,即可将该"当当网"主页保存在收藏夹栏中,下次启动 IE 浏览器之后直接单击该主页进入网站,如图 5-10 所示。

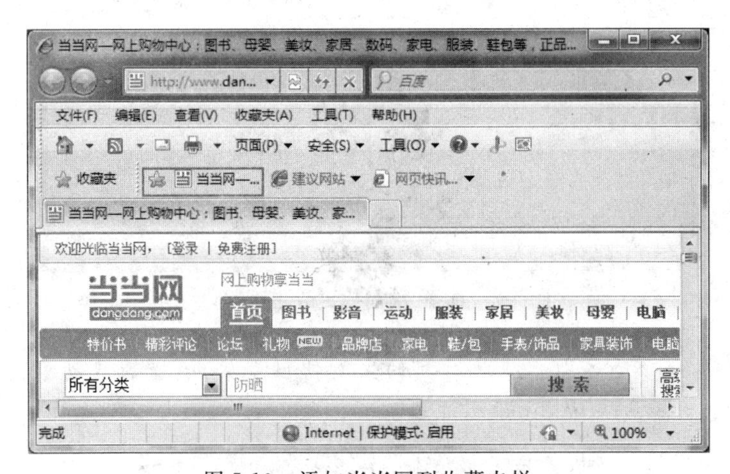

图 5-10 添加当当网到收藏夹栏

3. 整理收藏夹,选择 IE 浏览器菜单栏中的"收藏夹"→"整理收藏夹"命令,即可打开"整理收藏夹"对话框,在其中选中某个收藏项目,可以单击下面的"移动"按钮将其移动到新的位置,单击"删除"按钮将不需要的收藏项目删除,单击"新建文件夹"按钮可以建立新的文件夹,如图 5-11 所示。

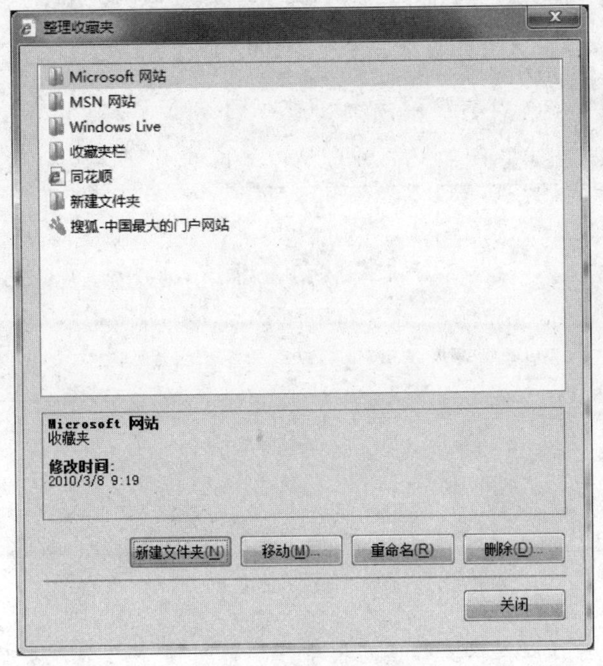

图 5-11　建立新的文件夹

视频教学演示

设置浏览器的详细步骤可参看本教材配套多媒体光盘\视频\5\02.swf视频文件中的操作演示。

任务3　使用搜索引擎

任务目标

使用搜索引擎搜索网页、音乐、图片等资料。

技能目标

掌握如何使用搜索引擎。

网络中的信息浩如烟海，涉及科技、教育、文化艺术等各个领域，是取之不尽的信息宝库，如何有效、快捷地在这个海量的数据中找到需要的信息，一般要使用网络检索工具"搜索引擎"。搜索引擎是为用户提供检索服务的系统，它能够在成千上万网页中搜寻分类，帮助网民快速寻找到所需要的信息。常见的搜索引擎很多，例如"百度"、Google等。下面以百度为例进行具体的介绍。

关键步骤提示

1. 打开IE浏览器，在地址栏中输入"www.baidu.com"，按Enter键，IE浏览器会打开百度首页，如图5-12所示。

图 5-12　百度首页

2. 百度搜索引擎可以提供多种信息搜索，如“新闻”、“网页”、“贴吧”、“图片”、“MP3”等，默认情况搜索的是“网页”。此时在搜索文本框中输入搜索关键词“计算机基础”，单击“百度一下”按钮或者按 Enter 键，百度会在互联网中搜索含有“计算机基础”关键词的网页，如图 5-13 所示。

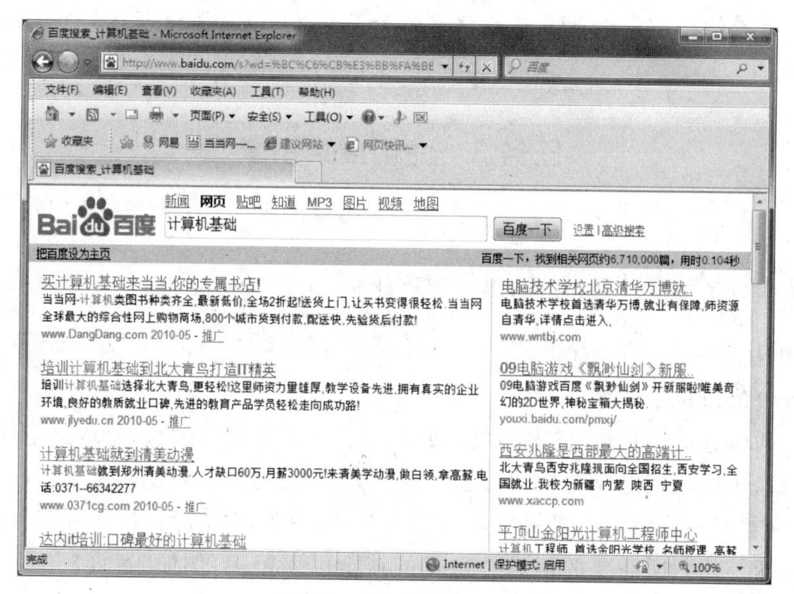

图 5-13　搜索到的网页

3. 通常这些信息中比较可靠和热门的排在前面，可以通过标题大致了解网页内容，单击标题即可转到目标网页，单击要访问网站的超链接，即可打开目标网页，如图 5-14 所示。

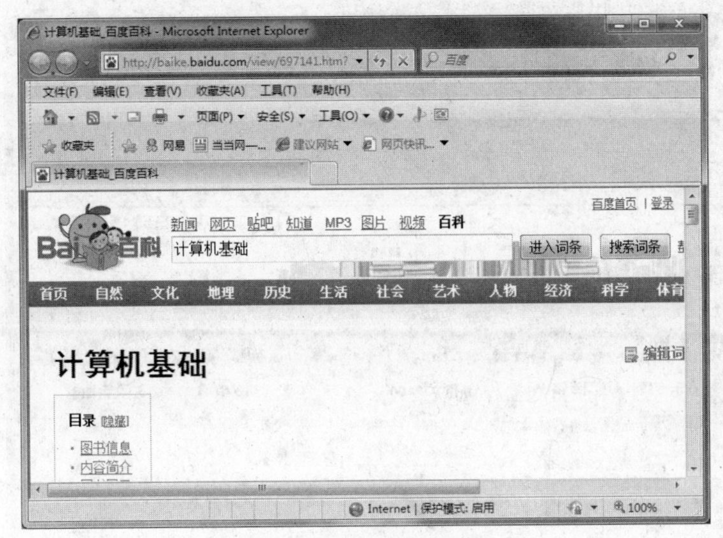

图 5-14　打开目标网页

4. 如果希望更准确地进行搜索，可以单击搜索文本框右侧的“高级”超链接，打开“高级搜索”页面，如图 5-15 所示。根据内容提示输入搜索关键词和其他限制条件，设置好各项参数后，单击“百度一下”按钮，即可开始搜索，在显示的搜索页面中单击要进入网站的超链接。

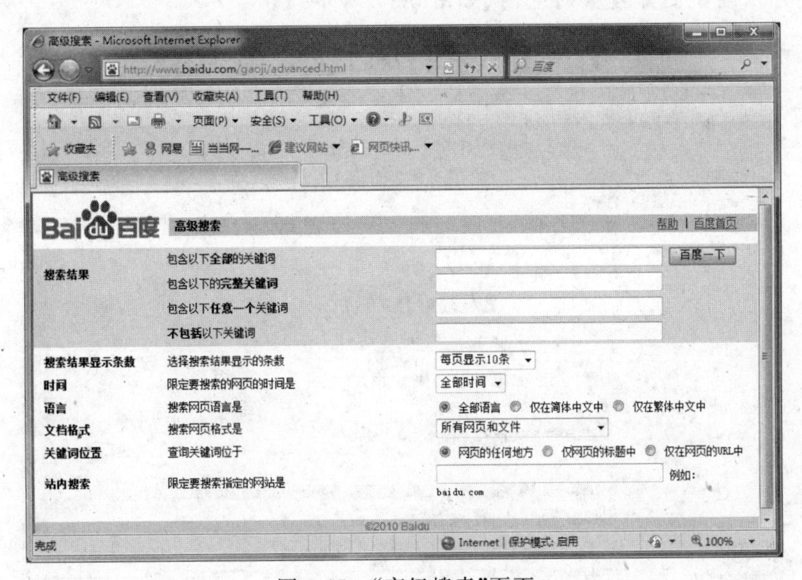

图 5-15　“高级搜索”页面

5. 如果要搜索 MP3，则可单击百度主页搜索文本框上面的 MP3 超链接，打开“百度 MP3”页面，在搜索文本框中输入搜索关键词，这里输入“童年”，如图 5-16 所示。单击“百度一下”按钮或者按 Enter 键，百度 MP3 会在网络中搜索含有“童年”关键词的歌曲。

6. 如果用户需要搜索图片，首先单击“图片”超链接，打开“百度图片”页面；然后在搜

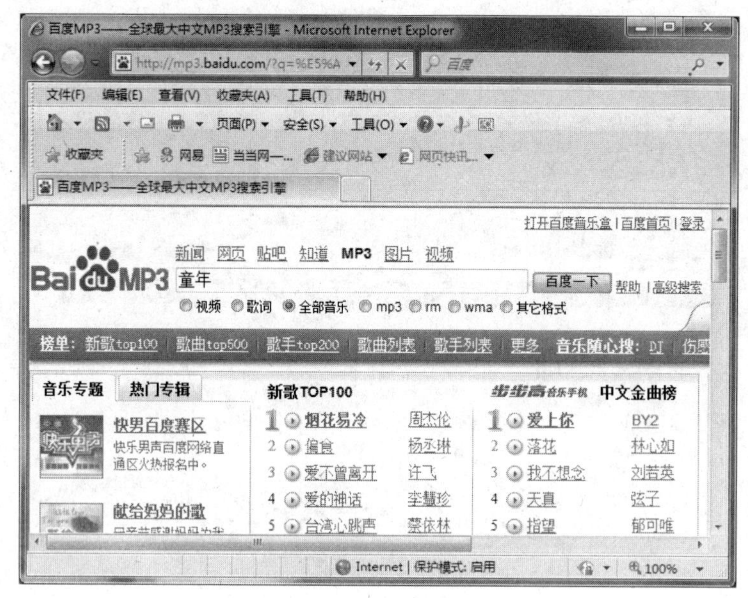

图 5-16　“百度 MP3”页面

索文本框中输入关键字，这里输入“鼠标”，并选中“全部图片”单选按钮，这样，搜索的图片是包含鼠标关键字的所有图片，也可以选中“新闻图片”、“壁纸”、“表情”和“头像”等单选按钮，这样可以缩小图片搜索的范围，如图 5-17 所示。

图 5-17　“百度图片”页面

7. 单击“百度一下”按钮，页面中就会显示多个与“鼠标”有关的图片，如图 5-18 所示。单击选中的图片，可以放大观看或收藏。

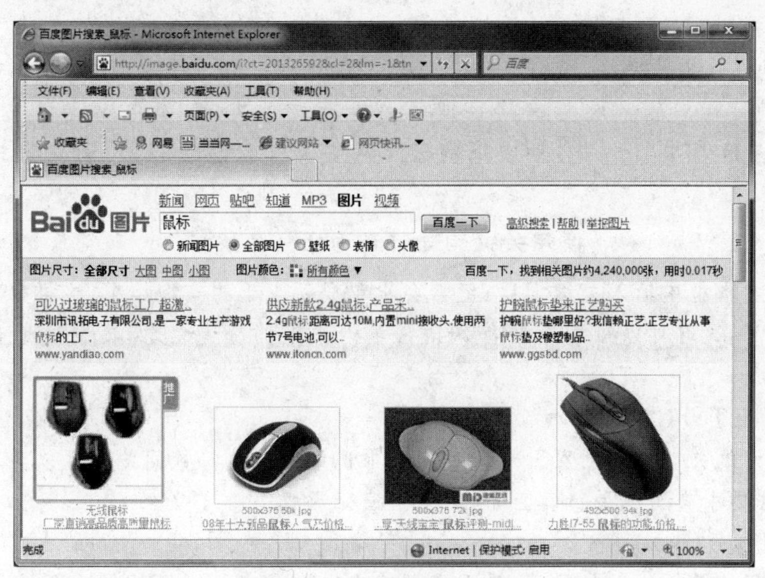

图 5-18 百度图片搜索结果

视频教学演示

使用搜索引擎的详细步骤可参看本教材配套多媒体光盘\视频\5\03.swf 视频文件中的操作演示。

课堂讨论和思考

1. 如何设置收藏夹？

2. 如何在网络中搜索需要的图片？

3. 如何在网络中搜索需要的音乐文件？

课后阅读

可根据自己的兴趣，课后选读以下小资料，了解相关的知识。

妙用 IE 地址栏

众所周知，在 IE 地址栏中输入网址可以访问各种网站，实际上，IE 地址栏还具有其他使用功能，了解这些功能的使用方法可以为使用计算机带来极大的方便，下面进行具体的介绍。

1. 快速打开“我的电脑”

在 IE 地址栏中输入“我的电脑”，按 Enter 键后即可打开“我的电脑”。但是在一部分以 IE 为内核的浏览器中，这种方法可能会失效。

2. 快速发送电子邮件

在 IE 地址栏中输入 mailto：电子邮件地址（注意冒号要英文半角），按 Enter 键后就可以立即启动系统默认的电子邮件程序来进行电子邮件的发送工作。

3. 快速设置“控制面板”

在 IE 地址栏中输入“控制面板”，按 Enter 键后即可进入“控制面板”设置窗口，用户可对所有的控制面板项目进行设置。

4. 快速打开文件夹

在IE地址栏中输入文件夹路径即可打开此文件夹,例如在地址栏中输入"D:\tool",即可将D盘中"tool"文件夹下的子文件夹及文件显示在IE浏览窗口中供用户使用。

使用关键词进行查询的一些技巧

在搜索文本框中输入关键词后,经常会出现成百上千的查询结果,这样很不容易找到所需要的信息,这时可以应用一些特殊语法输入更多的查询信息,更精确地查询需要的内容。

1. 使用双引号(" ")

给要查询的关键词加上双引号(半角,以下说到的其他符号同此),可以实现精确的查询,这种方法要求查询结果精确匹配,不包括演变形式。

2. 使用加号(+)

在关键词的前面使用加号,就等于告诉搜索引擎该单词必须出现在搜索结果中的网页上,例如,在搜索引擎中输入"网络商品+热门+服装"表示要查找的内容必须同时包含"网络商品、热门、服装"这3个关键词。

3. 使用减号(-)

学会使用减号"-"。搜索的时候有时会发现一些东西不是自己想要的。"-"的作用是为了去除无关的搜索结果,提高搜索结果的有效性。

4. 使用括号

当两个关键词用另外一种操作符连在一起,而又想把它们列为一组时,就可以将这两个词加上圆括号。

第2关 收发电子邮件

电子邮件是Internet最普遍最基本的应用之一,与传统的邮件形式相比,电子邮件有速度快、成本低、存储量大等优点。电子邮件的英文简称是E-mail (Electronic Mail),格式是:用户名@邮件服务器名。下面以网易电子邮件为例,介绍电子邮件的具体使用方法。

任务1 申请邮箱

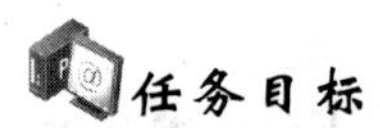

任务目标

通过申请一个新的网易电子邮箱,介绍申请电子邮箱的具体操作方法。

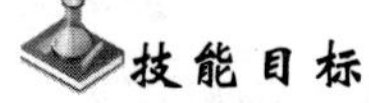

技能目标

掌握如何申请邮箱。

互联网上有许多网络服务商都提供免费的 E-mail 服务，使用这种免费邮箱可以非常方便地收发电子邮件。

关键步骤提示

1. 打开 IE 浏览器，在地址栏中输入“www.163.com”，按 Enter 键，在打开的网易页面中单击“注册免费邮箱”超链接，如图 5-19 所示。

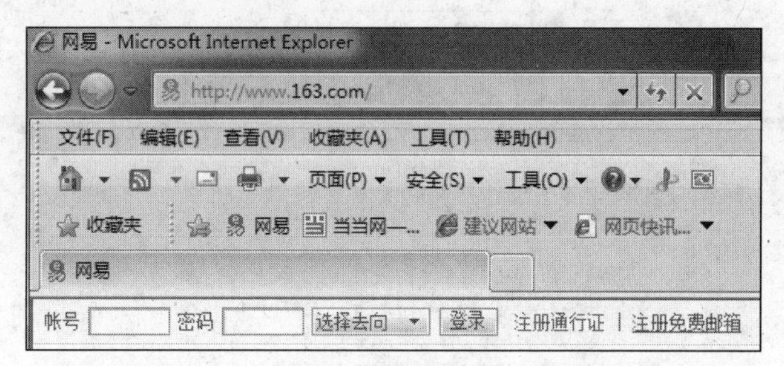

图 5-19　单击“注册免费邮箱”超链接

2. 打开“注册新用户”页面，在该页面的“用户名”文本框中输入要申请的用户名，并单击“检测”按钮，如果弹出“用户名已经存在”提示信息，就需要重新输入用户名，然后单击“检测”按钮；如果用户名没被注册过，则弹出“请选择您想要的邮箱账号”信息，如图 5-20 所示。根据提示，选中一个想要的邮箱账号，这里选择 163 邮箱。

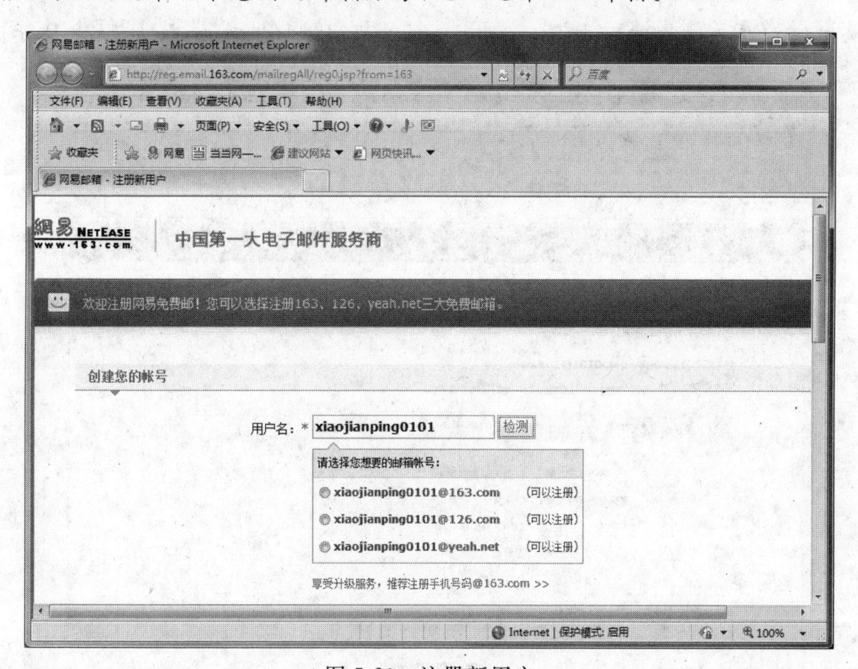

图 5-20　注册新用户

3. 设置邮箱密码以及一些必须填写的内容，如图 5-21 所示。带有红色“*”号的项目必须填写，密码提示问题要记清楚，以便在密码丢失时进行密码恢复。

4. 输入完注册信息后，单击注册信息下方的“创建账号”按钮，将打开一个“注册成

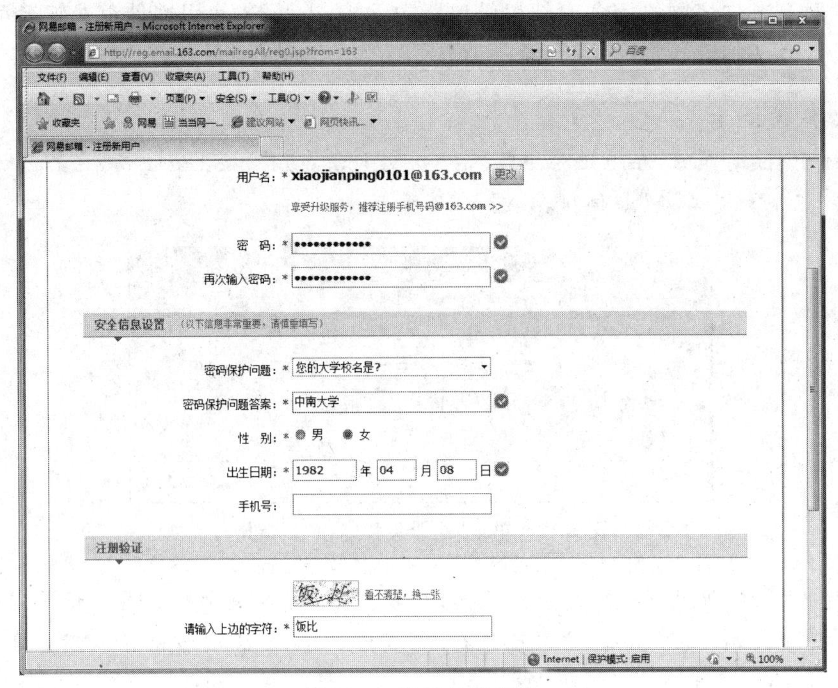

图 5-21　设置邮箱密码

功”窗口，就可以拥有一个电子邮箱：xiaojianping0101@163.com，如图 5-22 所示。

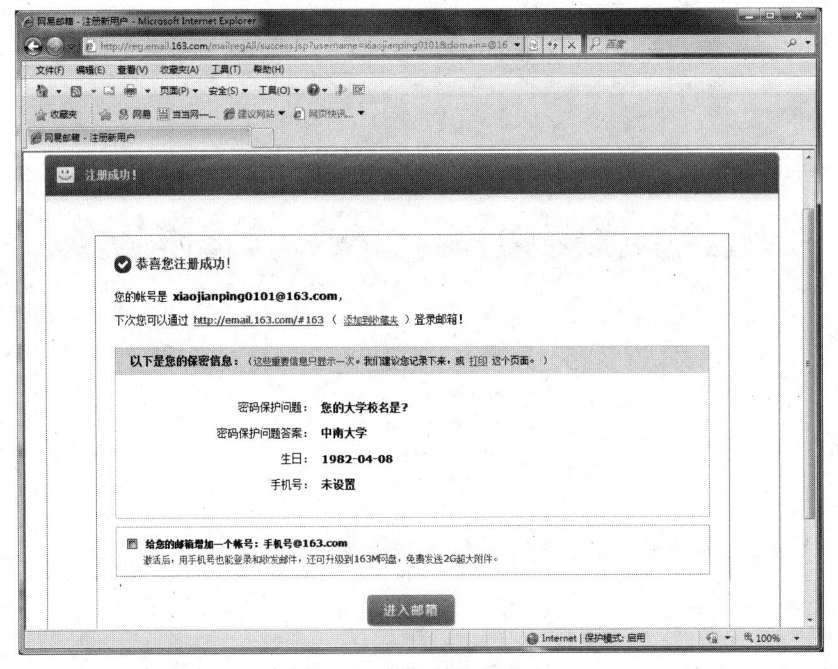

图 5-22　新邮箱注册成功

5. 单击“进入邮箱”按钮即可登录免费申请的邮箱。在邮箱管理界面里，左边的栏目主要是邮件管理和操作的文件夹，有收件箱、草稿箱等。右边主要是邮件的编辑操作区，可以阅读和编写邮件，如图 5-23 所示。

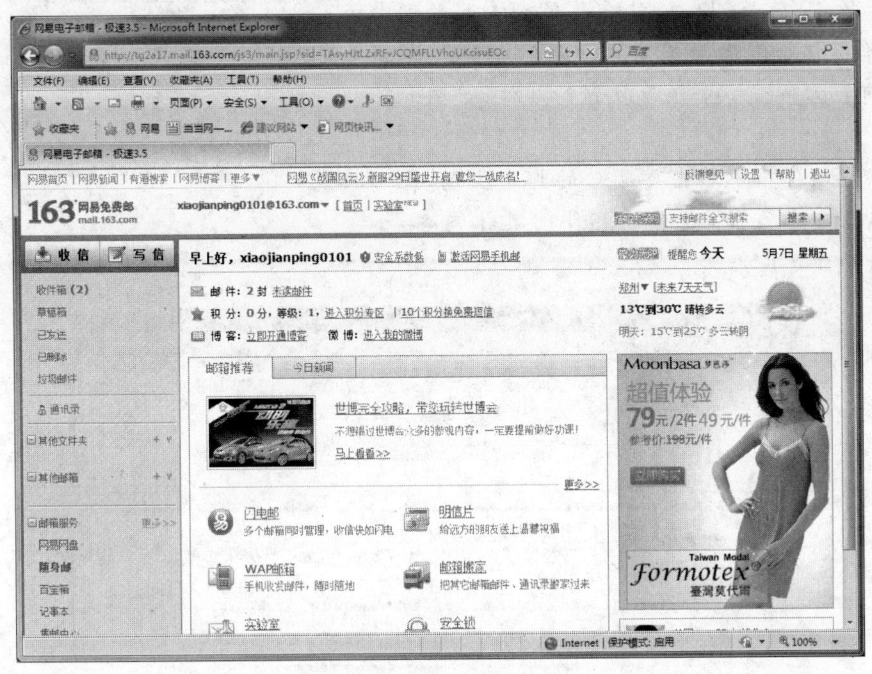

图 5-23　邮箱管理界面

视频教学演示

申请邮箱的详细步骤可参看本教材配套多媒体光盘\视频\5\04.swf 视频文件中的操作演示。

任务 2　收发邮件

任务目标

通过在网易电子邮箱中收发电子邮件，了解并掌握相关的知识。

技能目标

掌握如何收发电子邮件。

步骤 1　收电子邮件

免费邮箱申请完成之后，就可以使用该邮箱收发电子邮件了。下面以刚申请的网易邮箱为例介绍接收邮件的方法。

关键步骤提示

1. 打开网易首页，在左上角的“账号”和“密码”文本框中输入自己的邮箱账号和密码,单击其后的下三角按钮,在打开的下拉列表中选择“163 邮箱”选项,如图 5-24 所示。

图 5-24　输入账号和密码

2. 单击“登录”按钮,就会登录到自己的网易信箱,单击邮箱页面左侧窗格中的“收件箱”超链接,即可在右侧窗格中显示收到的邮件,如图 5-25 所示。

3. 在收件箱中单击要阅读的邮件主题,即可打开邮件内容页面,查看该邮件的具体内容,如图 5-26 所示。

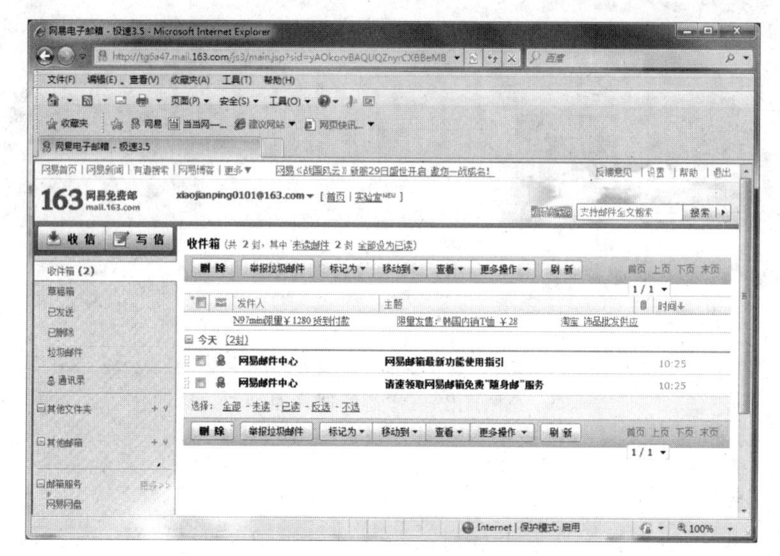

图 5-25　收件箱页面

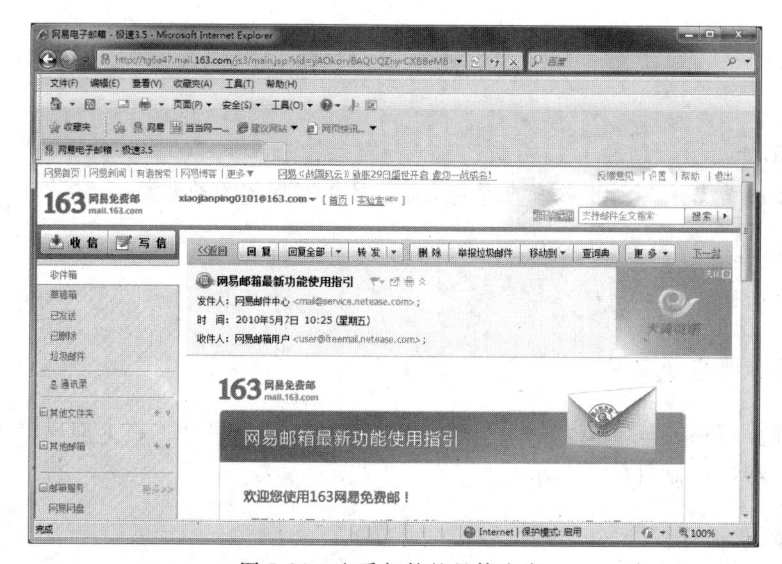

图 5-26　查看邮件的具体内容

步骤 2　发电子邮件

电子邮件不仅可以发送文字内容，还可以发送图片、音频、视频等文件，下面仍然以网易邮箱为例进行介绍。

关键步骤提示

1. 进入邮箱，在邮箱页面中单击“写信”按钮，即可进入撰写邮件页面，在该页面的“收件人”文本框中输入收件人邮箱地址，在“主题”文本框中输入邮件标题，然后在下方的“内容”文本框中输入邮件正文，如图 5-27 所示。

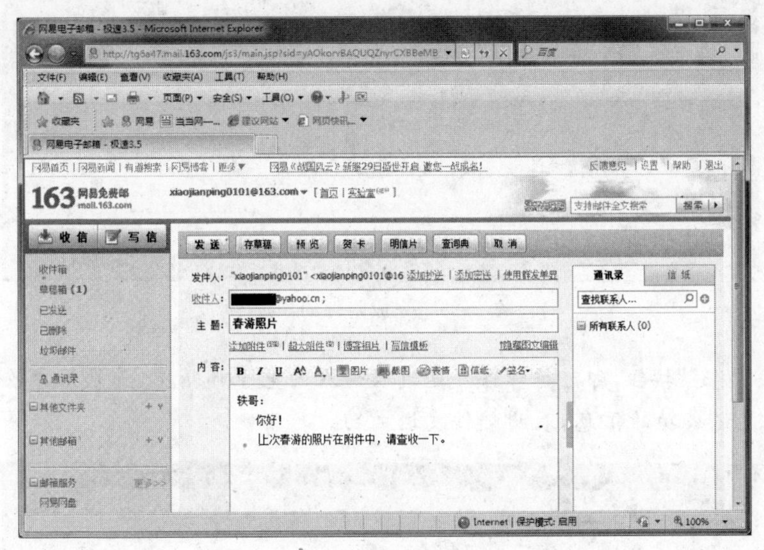

图 5-27　输入邮件内容

2. 如果要附带图片或者其他文件，可以单击“添加附件”超链接，弹出“选择要上载的文件自……”对话框，在该对话框中选择要上传的附件，如图 5-28 所示。

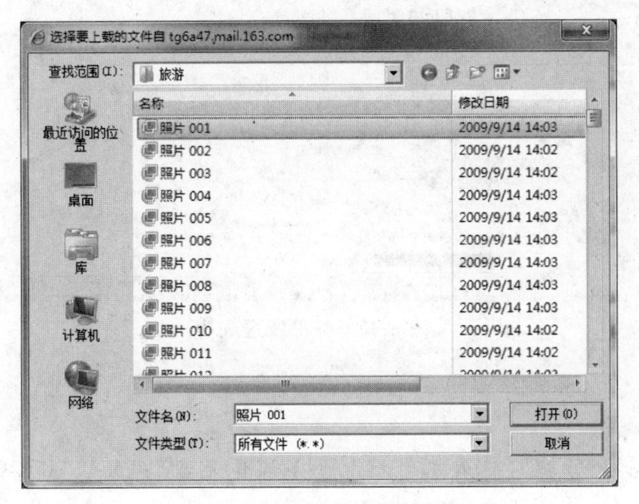

图 5-28　选择要上传的附件

3. 单击“打开”按钮,即可完成附件的添加,如图 5-29 所示。注意添加的文件或图片大小不能超过 20MB,否则需要使用超大附件。

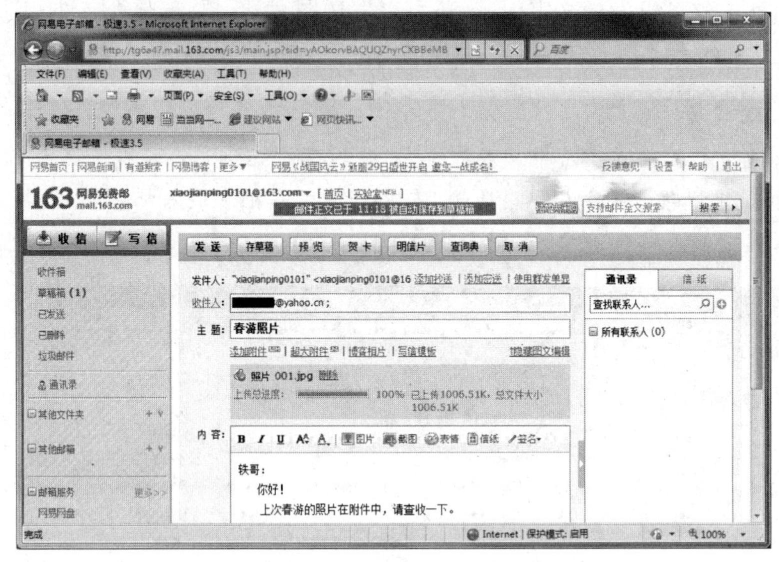

图 5-29 完成附件的添加

4. 单击“发送”按钮,即可将邮件发送到收件人的电子邮箱中,如果用户收到如图 5-30 所示的邮件发送成功的信息,表明邮件发送成功。

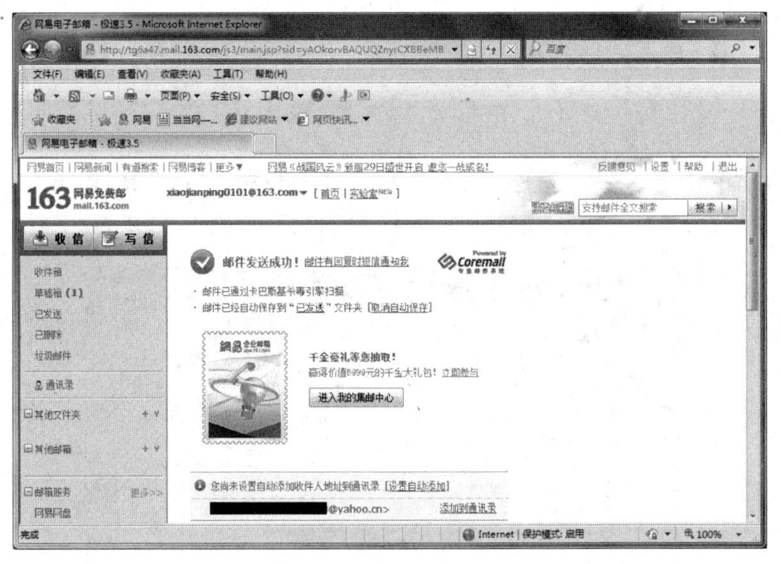

图 5-30 邮件发送成功

视频教学演示

收发邮件的详细步骤可参看本教材配套多媒体光盘\视频\5\05.swf 视频文件中的操作演示。

任务3　设置通讯录

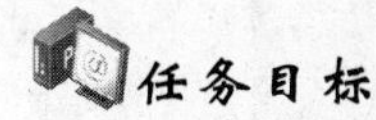

任务目标

通过对网易电子邮箱设置通讯录，了解其相关的操作方法。

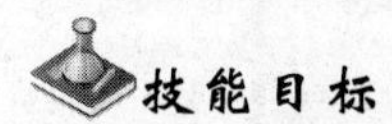

技能目标

掌握如何设置通讯录。

对于经常用电子邮件联系的亲朋好友、合作伙伴，可以将其邮箱地址添加到通讯录中，以后发送邮件时直接从通讯录中选取地址就可以了，在通讯录中添加联系人的具体方法如下。

关键步骤提示

1. 进入邮箱，在邮箱页面中单击“通讯录”超链接，即可进入通讯录页面，在该页面的左侧有“好友”、“亲人”等不同的联系组，可以分类存放邮箱地址，如图5-31所示。

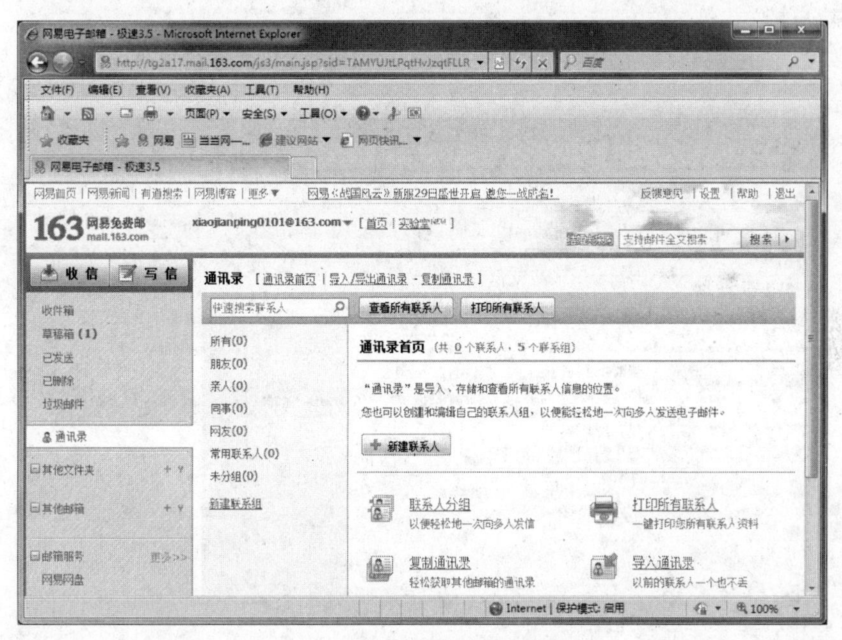

图5-31　通讯录页面

2. 单击“新建联系人”按钮，即可进入“联系人信息”页面，根据提示输入相应的内容，并选中“亲人”复选框，如图5-32所示。

3. 设置完成后，单击“保存”按钮，即可将该联系人信息保存在“亲人”文件夹中。如果要更改联系人的信息，可以单击“编辑联系人”按钮，打开联系人资料对话框，在其中进行修改，如果要删除联系人，单击下面的“删除联系人”按钮即可，如图5-33所示。

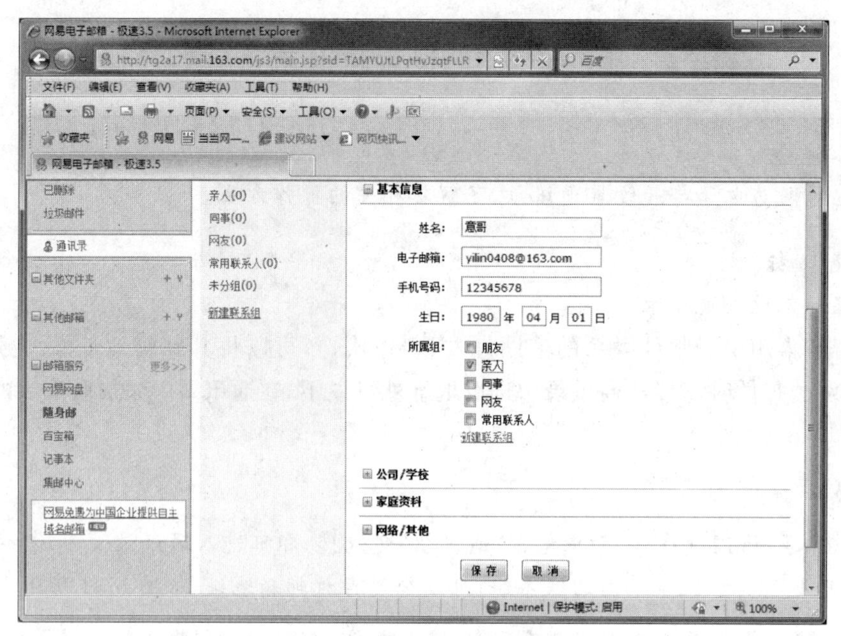

图 5-32 输入“联系人信息”

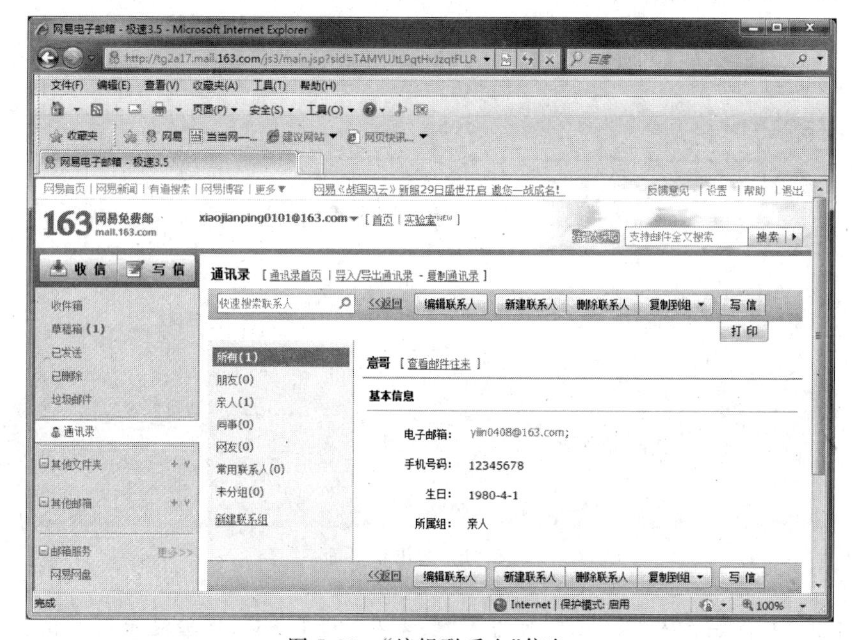

图 5-33 “编辑联系人”信息

视频教学演示

设置通讯录的详细步骤可参看本教材配套多媒体光盘\视频\5\06.swf视频文件中的操作演示。

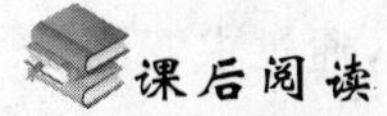

课堂讨论和思考

1. 如何申请自己的电子邮箱？

2. 如何给好朋友发送附件？

3. 如何将常用联系人添加到邮箱的通讯录中？

课后阅读

可根据自己的兴趣，课后选读以下小资料，了解相关的知识。

电子邮件商务礼仪

随着互联网使用者数量的增多，在网络用户群体中逐渐形成了一些"共识"，尽管没有法律约束力，但如果遵循这些"共识"，将有助于正确使用电子邮件。

1. 邮件主题

一般人在撰写电子邮件时，都不太注意邮件的主题问题，有时随便填一下，或者干脆省去，这在电子邮件的使用中可以被认为是一种失礼的行为。对于收件人而言，收到邮件后第一眼看到的就是邮件主题，通过邮件主题可以大概了解邮件的目的和内容，从而判断其重要程度。

2. 邮件内容

邮件的内容要行文流畅，不使用生僻字、异体字等晦涩的语言；对于回复的邮件，在一些必要的地方应引用原邮件内容，以防止对方看了邮件不知所云；对于引用的一些数据和事例，最好注明出处，以便收件人去核对。

3. 邮件签名要简洁

许多免费的邮件系统，都附有签名功能，使用签名功能发送的邮件，末尾可以加上体现个人特色的签名文件。签名最好简洁一点，以免引起收件人的反感。

4. 谨慎使用五颜六色的邮件

许多电子邮件都支持多种颜色、多种字体，这可以使电子邮件更具有个人色彩。但值得注意的是，用户需要慎重使用这些功能，因为有些收件人不一定喜欢看到花花绿绿的邮件，而且有的收件人的电子邮件软件不一定支持这些功能，那么他们收到的邮件将会是一堆乱码，或者显示不出颜色。

5. 不要通过 E-mail 发送机密邮件

免费的电子邮件系统保密性都比较差，只是在方便快捷、不浪费资源方面占有一定的优势，因此，电子邮件适合用来发送一些保密性要求不高，而时间性要求比较高的邮件。

什么是垃圾邮件

垃圾邮件，就是不经过对方同意而发送的带有宣传性质的广告邮件。一般都是由一些不自觉的商家发送出去的，也有部分个人网站站长利用发垃圾邮件来宣传网站。减少收到垃圾邮件的方法有：不要在网上到处粘贴你的邮箱地址；向你的邮箱服务商举报频繁发送的垃圾邮件信息，服务商可以屏蔽他们的邮件。

第3关 使用网络服务平台

科学在进步,时代在发展,随着生活节奏的日趋加快,人们开始通过腾讯QQ、MSN等即时通信软件进行交流,通过淘宝网、当当网等网络购物平台进行购物,通过求职网站找到满意的工作。网络服务为人们带来了极大便利。

任务1 使用即时聊天工具

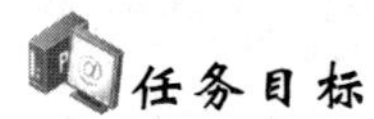

任务目标

通过介绍腾讯QQ的使用方法,了解相关网络即时通信软件的使用。

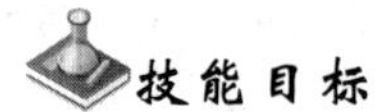

技能目标

掌握如何使用即时聊天工具。

随着网络技术的不断发展,网络即时通信在人们的日常生活中应用日益广泛,通过腾讯QQ、MSN等网络即时通信软件不仅可以聊天、视频,还可以方便快捷地传送文档、图片、影音资料等。下面就以腾讯QQ为例进行简单的介绍。

关键步骤提示

1. 在腾讯网站上申请QQ号,下载QQ软件并进行安装。安装成功后,双击桌面上的QQ快捷图标,即可打开QQ的登录窗口,在"账号"和"密码"文本框中分别输入自己的QQ号码和密码,如图5-34所示。

图5-34 "QQ用户登录"窗口

2. 单击"登录"按钮,即可登录QQ面板,其左侧有"QQ好友面板"、"通讯录"、"网络硬盘"、"腾讯旗下拍拍网"等切换按钮,面板下方有"手机生活"、"QQ游戏""QQ软件管理"等按钮,如图5-35所示,单击这些按钮,可以直接进入相关页面。

3. 单击面板下方的"菜单"按钮,即可弹出快捷菜单,由此可以执行"工具"、"系统设置"等相关功能,如图5-36所示。如果要对某一个好友进行相关操作,可以选中该好友的头像,右击,从弹出的快捷菜单中选择"删除好友"、"修改备注"等命令,如图5-37所示。

4. 发送信息。在QQ好友面板中双击要发送信息的QQ好友头像,即可进入到"聊天"对话框,在其中输入要发送的信息,单击"发送"按钮,即可完成信息的发送操作,如图5-38所示。

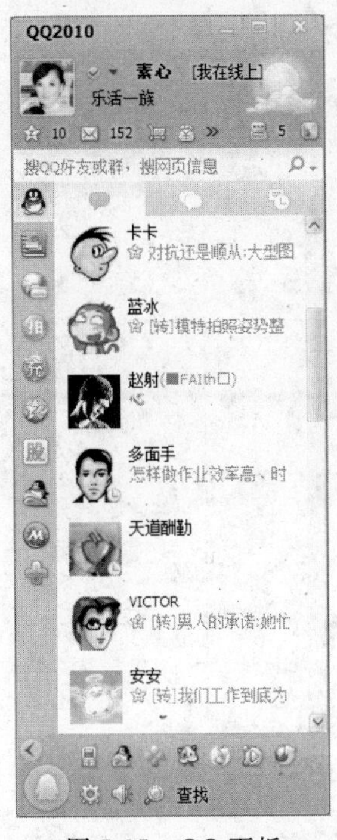

图 5-35　QQ 面板

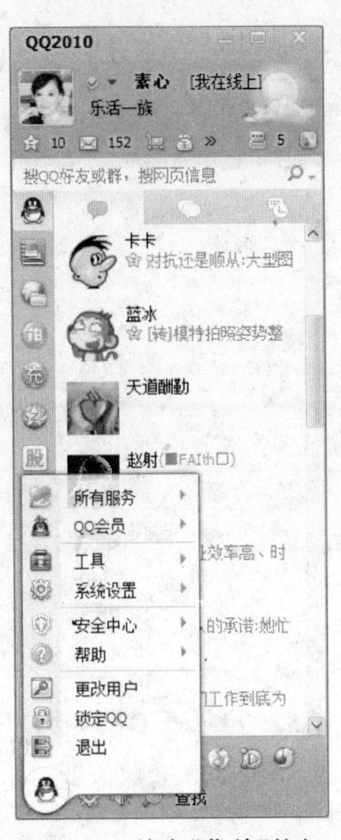

图 5-36　单击“菜单”按钮

图 5-37　右键快捷菜单

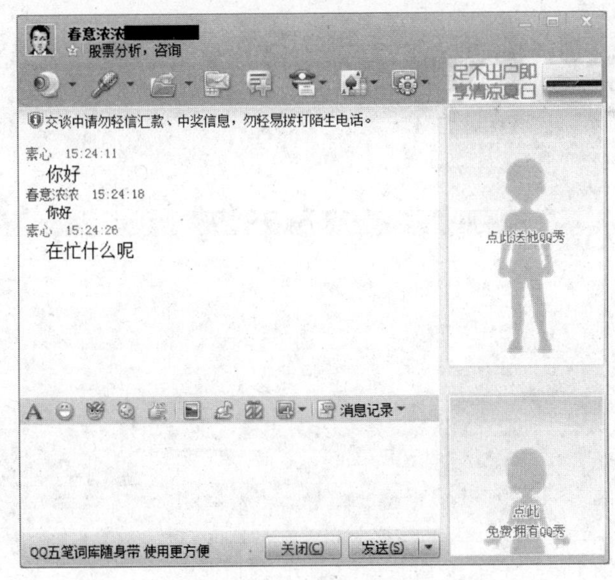

图 5-38　发送信息

5. 接收信息。好友发送过来的消息，如果 QQ 是打开的，可以及时收到；如果当时没有打开，则在以后 QQ 上线时收到。收到消息一般都会有声音提示，同时在系统通知区域会出现闪动的 QQ 头像，双击该头像，即可弹出“聊天”对话框来查看信息，如图 5-39 所示。

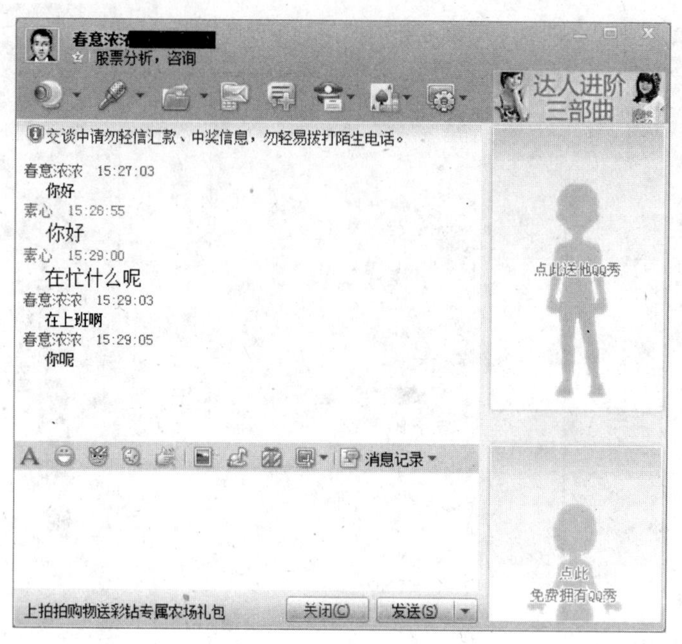

图 5-39 接收信息

6. 发送文件。在“聊天”对话框中单击“传送文件”按钮，即可打开“打开”对话框，在该对话框中选择要传送的文件，如图 5-40 所示。

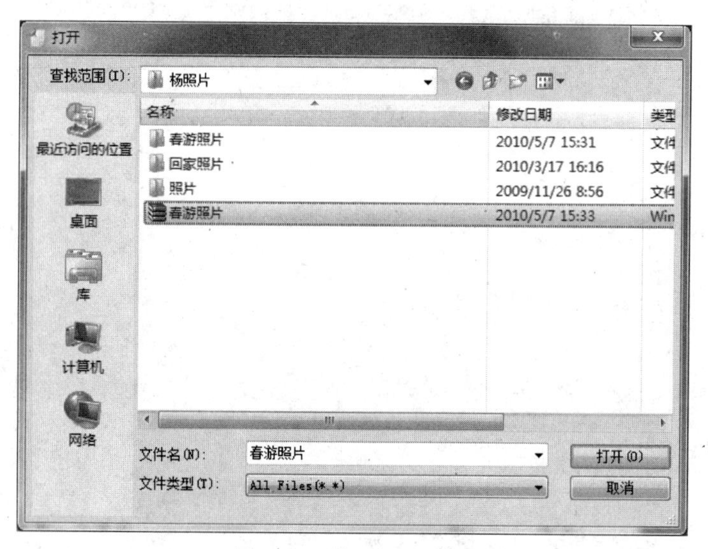

图 5-40 “打开”对话框

7. 单击“打开”按钮，即可将文件传送出去，对方如果同意接收文件，即可自动进行传送并显示相应的传送进度，如图 5-41 所示。

8. 接收文件。好友发送过来的文件，只要单击“接收”超链接即可将其保存在默认位置，如果想保存在其他位置，可以单击“另存为”超链接，在打开的对话框中选择合适的位

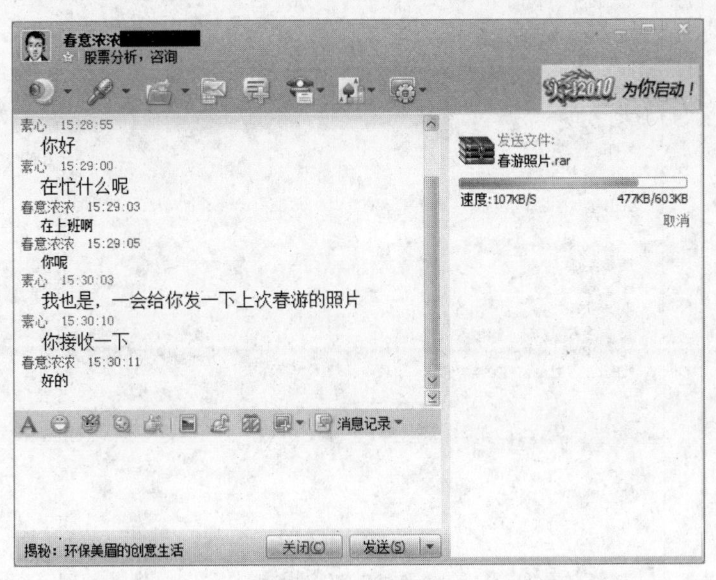

图 5-41　发送文件

置，然后就可以自动进行传送并显示相应的传送进度，如图 5-42 所示。

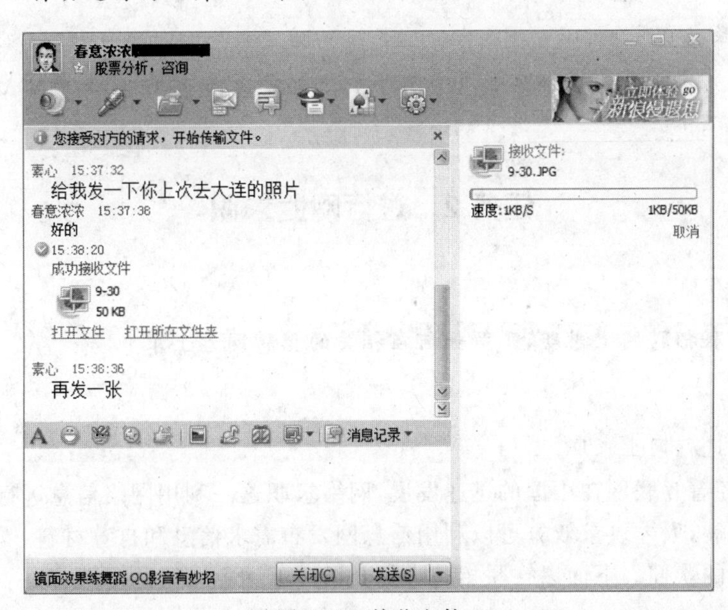

图 5-42　接收文件

9. 语音聊天。在双方都安装了声卡及其驱动程序，并配备音箱或者耳机、话筒的情况下，才可以进行语音聊天。在“聊天”对话框中单击“语音聊天”按钮，即可向对方发送语音聊天请求，如果对方同意语音聊天，即提示已经和对方建立了连接，如图 5-43 所示。此时即可根据需要调节音箱和话筒的音量，以便达到更好的语音聊天效果，如果要结束语音对话，单击“挂断”按钮，即可实现结束操作。

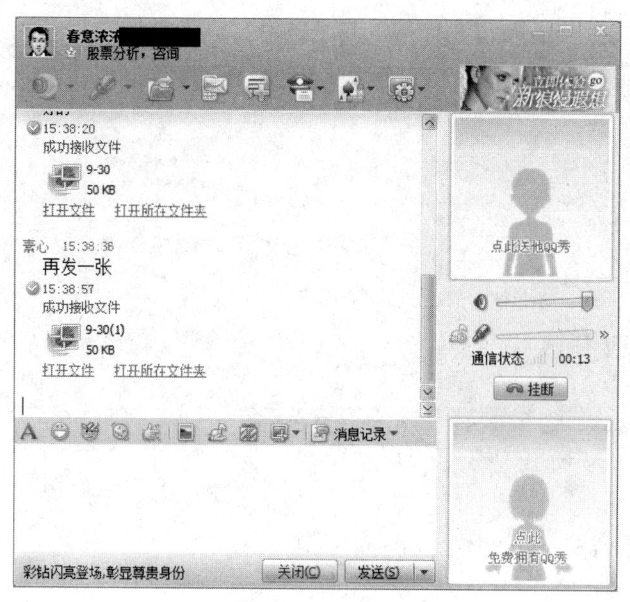

图 5-43 语音聊天

视频教学演示

使用即时聊天工具的详细步骤可参看本教材配套多媒体光盘\视频\5\07.swf视频文件中的操作演示。

任务2 进行网上求职

任务目标

通过在智联招聘网上求职，了解如何在相关的招聘网站上求职。

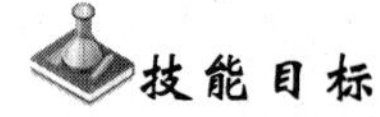

技能目标

掌握如何进行网上求职。

近年来，随着互联网在中国的迅速发展，网络求职这一利用网络信息进行择业的方式得到了迅速发展，人才供求双方可以利用信息网发布需求信息和自荐材料，受到广大用人单位和求职者的欢迎。下面以智联招聘为例介绍一下网上求职的步骤。

关键步骤提示

1. 在IE浏览器的“地址栏”中输入“www.zhaopin.com”并按Enter键，稍等一会儿就可以打开“智联招聘”的主页，如图5-44所示。

2. 单击位于智联招聘网主页左上方的“新用户注册”超链接，即可打开“新用户注册”页面，在E-mail文本框中输入自己想要注册的账号，单击“检测E-mail是否已被注册”按钮，如果没有被注册，即可出现“可以注册”的提示信息，然后在“密码”文本框中设置密码，如图5-45所示。

图 5-44 “智联招聘”主页

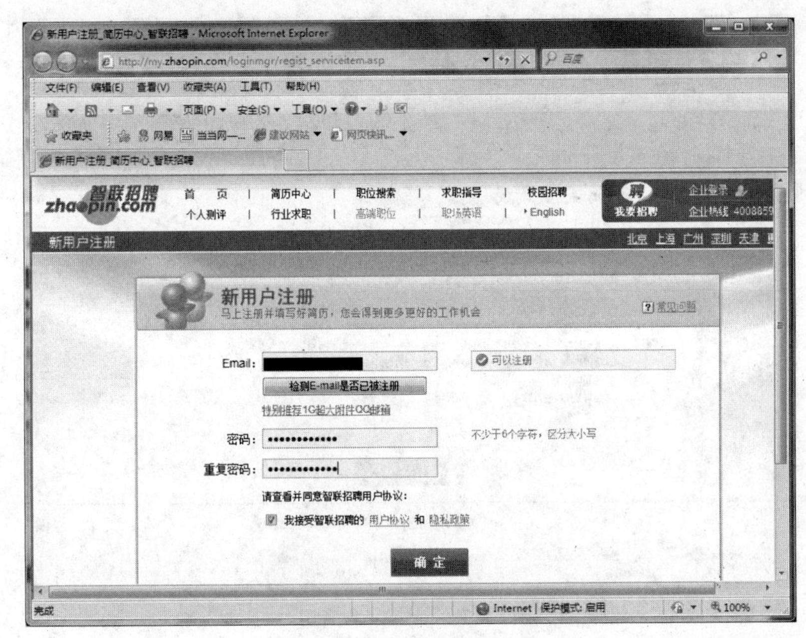

图 5-45 注册新用户

3. 单击“确定”按钮，即可打开简历向导页面，在该页面中可以选择一个向导创建一份简历，以供用人单位查看，如图 5-46 所示。

4. 单击“创建标准简历”按钮，在打开的简历管理页面中根据提示输入相关的个人信息，并选择期望从事的职业、期望从事的行业、期望的月薪等，如图 5-47 所示。

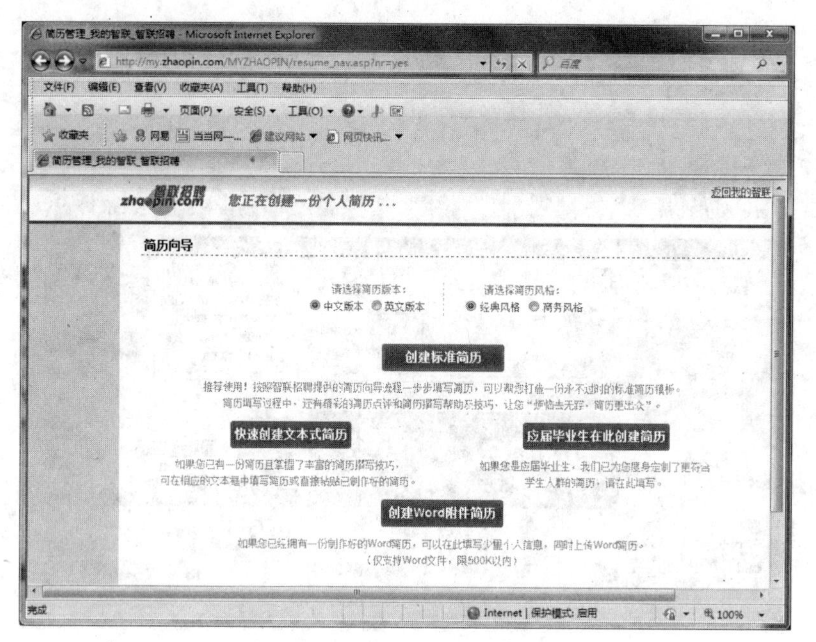

图 5-46 选择简历向导

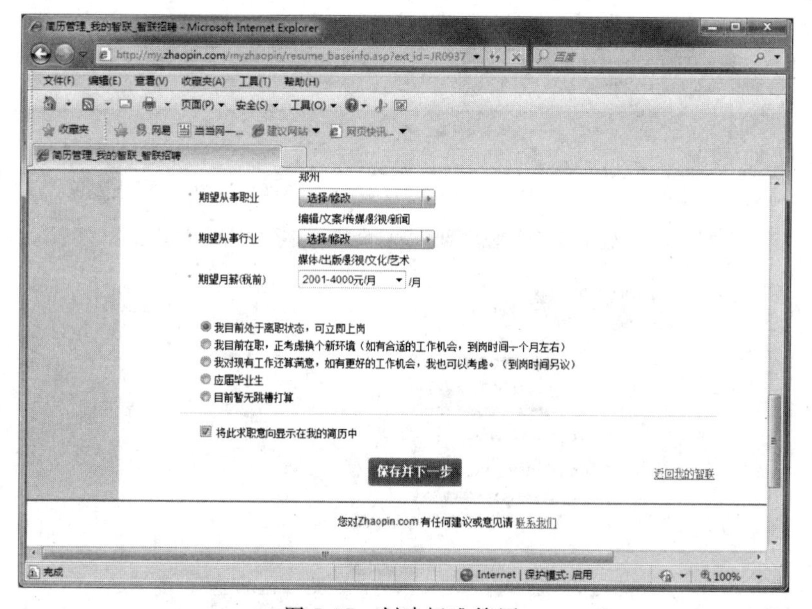

图 5-47 创建标准简历

5. 单击“保存并下一步”按钮，在打开的页面中根据提示输入毕业院校、所学专业、学历以及相关的工作经验等信息，如图 5-48 所示。

6. 单击“保存并完成”按钮，即可弹出如图 5-49 所示的提示信息，可以根据自己的具体情况进行设置，单击“暂不增加，直接完成”按钮，即可完成简历的制作，弹出简历填写成功的提示信息，如图 5-50 所示。

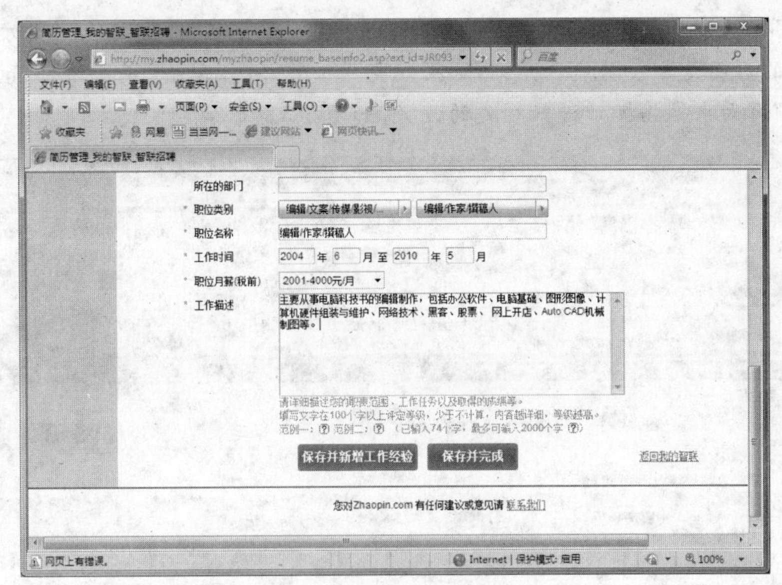

图 5-48　输入相关信息

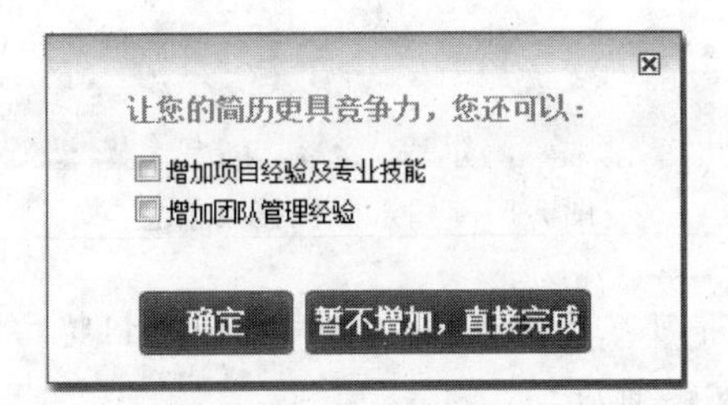

图 5-49　提示信息

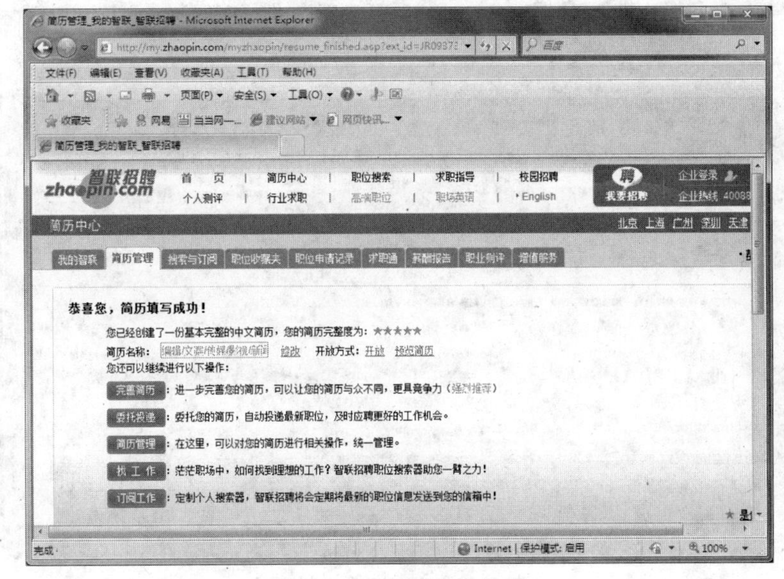

图 5-50　简历填写成功

7. 在页面的左侧有“完善简历”、“委托投递”、“简历管理”、“找工作”和“订阅工作”等按钮,按钮的后面是相关功能的介绍,如果想要找工作,可以单击“找工作”按钮,在打开的“职位搜索”页面中根据提示进行相关的设置,如图5-51所示。

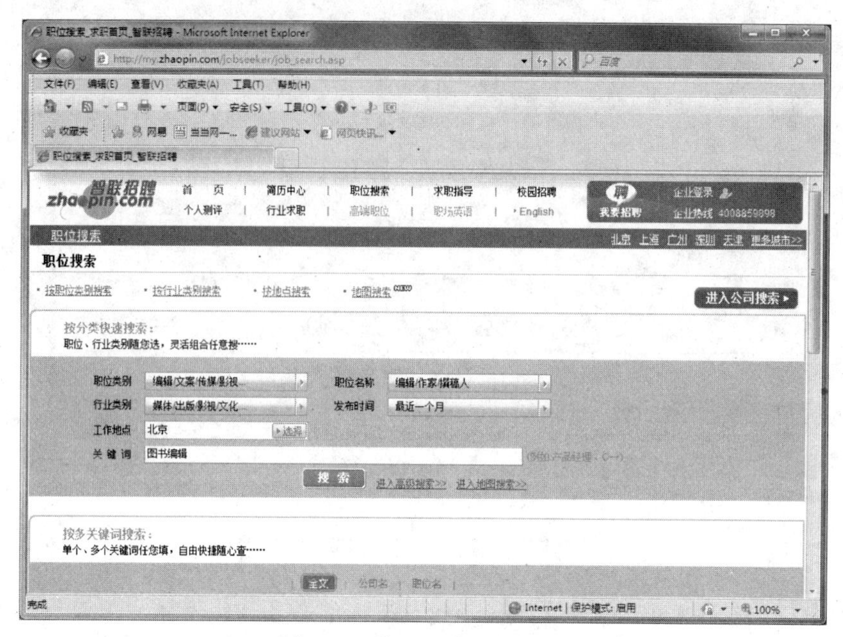

图5-51　输入职位搜索信息

8. 单击“搜索”按钮,即可显示符合输入条件的相关招聘信息,如图5-52所示。选择满意的招聘信息,并向其发送简历。

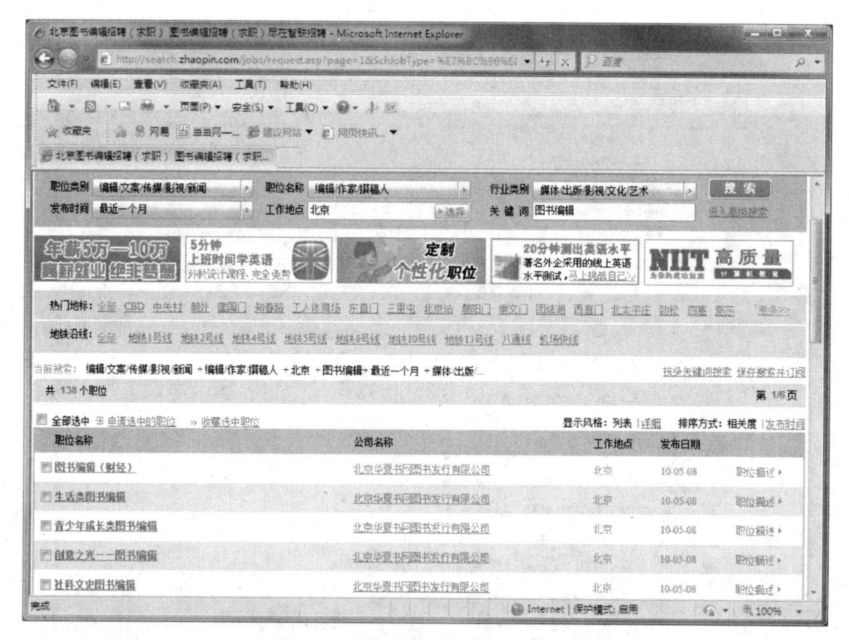

图5-52　符合条件的招聘信息

视频教学演示

进行网上求职的详细步骤可参看本教材配套多媒体光盘\视频\5\08.swf视频文件中的操作演示。

任务3 进行网上购物

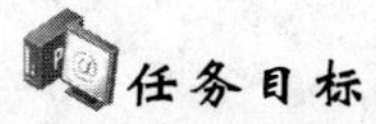

任务目标

通过在当当网上进行购物,了解如何在类似的购物网站购买自己心仪的物品。

技能目标

掌握如何进行网上购物。

只要轻轻点击鼠标就可购买到自己满意的商品,既方便又快捷,而且还经常能遇到在身边买不到的好东西,随着网上购物的规范化和安全性的加强,参与网上购物的人也越来越多。下面以当当网为例介绍网上购物的步骤。

关键步骤提示

1. 在IE浏览器的"地址栏"中输入"www.dangdang.com"并按Enter键,稍等一会儿就可以打开"当当网"的主页,如图5-53所示。

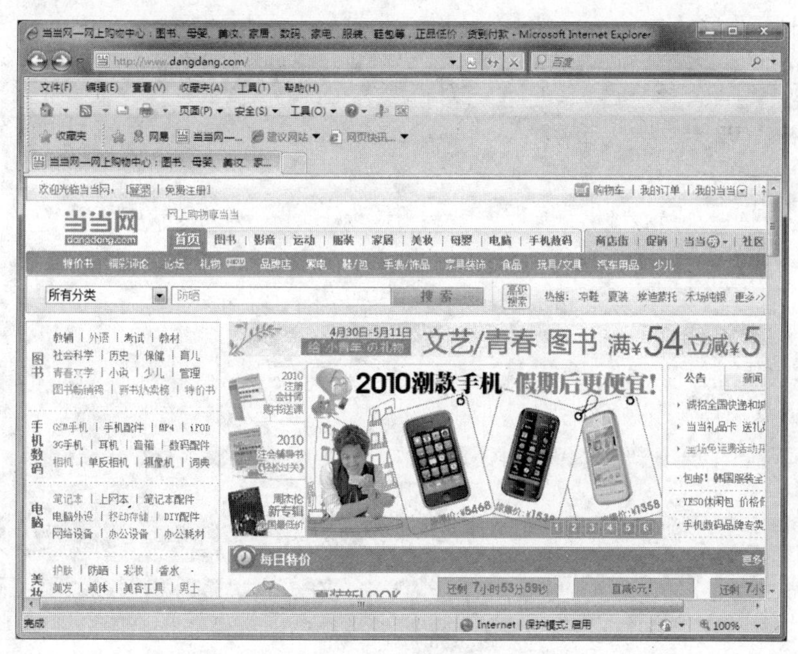

图5-53 "当当网"主页

2. 在该网站注册成为会员,然后单击位于"当当网"主页左上方的"登录"超链接,即可打开"登录"页面,在"E-mail地址或昵称"和"密码"文本框中输入自己的账号和密码,单击"登录"按钮即可成功登录当当网,如图5-54所示。

图 5-54 登录“当当网”

3. 登录之后,选择自己需要的物品,单击商品下面的“购买”按钮,即可将其放入“购物车”,如图 5-55 所示。

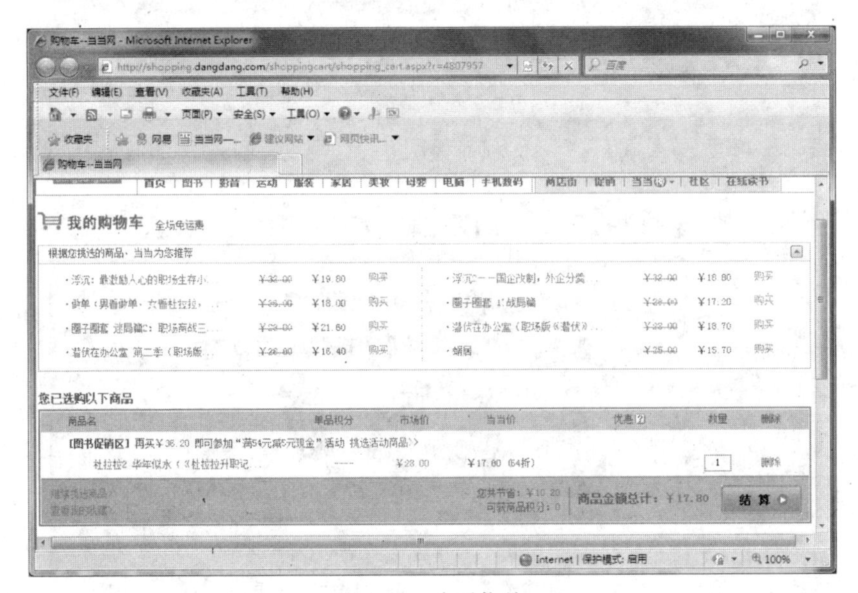

图 5-55 购买物品

4. 在“购物车”页面,单击“结算”按钮,即可打开“订单结算”页面,在该页面中根据提示输入收货人信息,如图 5-56 所示。

5. 单击下方的“确认收货人信息”按钮,即可弹出收货人个人信息页面,在该页面检

订单结算--当当网 - Microsoft Internet Explorer
http://checkout.dangdang.com/checkout.aspx?s
文件(F) 编辑(E) 查看(V) 收藏夹(A) 工具(T) 帮助(H)
页面(P) 安全(S) 工具(O)
收藏夹 网易 当当网—... 建议网站 网页快讯...
订单结算--当当网
dangdang.com 网上购物享当当
结算步骤：1.登录注册 >> 2.选择订单 >> 3.填写核对订单信息 >> 4.成功提交订单
收货人信息
收货人：
国家：中国 省份/直辖市：河南 市：郑州市 县/区：金水区 *
带"*"标记的市/区/县提供货到付款服务，能否得到该项服务还取决于该地区的具体覆盖范围。了解详情
详细地址：中国，河南，郑州市，金水区，文化路
邮政编码：450002
请务必正确填写您的邮编，以确保订单顺利送达。
移动电话： 固定电话：
确认收货人信息
Internet | 保护模式：启用 100%

图 5-56　输入收货人信息

查相关信息，并仔细阅读当前购物的交易规则和附加条款，确认正确后，选择合适的付款方式进行付款，如图 5-57 所示。

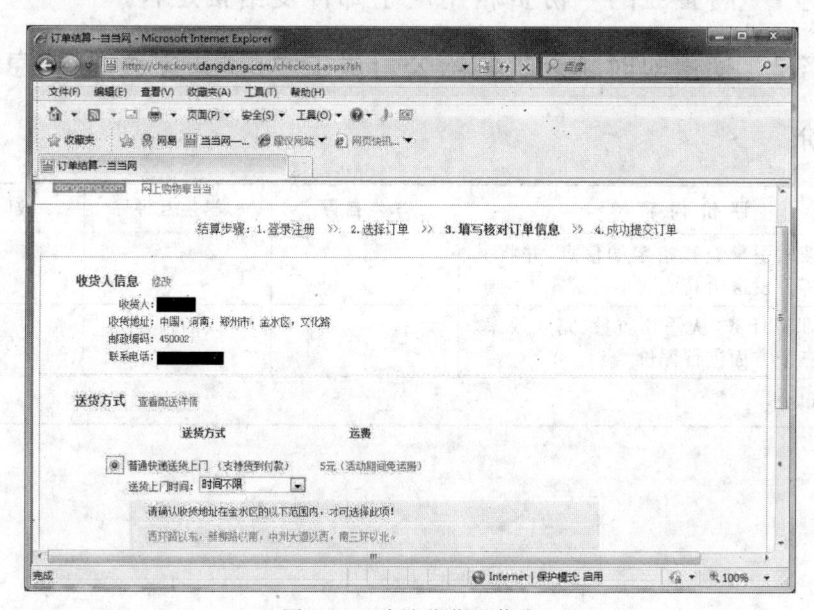

图 5-57　确认收货人信息

6. 商家收到货款或确认订单后即会发货，用户在收到货物时要先确认再签收。

视频教学演示

进行网上购物的详细步骤可参看本教材配套多媒体光盘\视频\5\09.swf 视频文件中的操作演示。

课堂讨论和思考

1. 如何使用QQ发送文件?
2. 如何在招聘网站上发布简历和查找职位?
3. 如何进行网络购物?

课后阅读

可根据自己的兴趣,课后选读以下小资料,了解相关的知识。

如何将QQ中的好友进行分组管理

如果同学们QQ中的好友很多,使用起来不太方便的话,可以将其按照与自己的关系进行分组归类,分组的具体方法为:在QQ面板的空白处右击,从弹出的快捷菜单中选择“添加组”命令,在QQ面板中即可出现一个空白文本框,在该空白文本框中输入要新添加的组名之后,将QQ好友直接拖进该组即可完成分组。

功能强大的QQ群

QQ群是QQ用户中拥有共性的小群体建立的一个即时通信平台,如“读书交流会”、“老乡会”等群,每个群内的成员如同大家庭中的兄弟姐妹一样可以直接进行沟通。加入一些有价值的QQ群,可以扩大自己的交际圈,并对个人成长有很大的好处。

职业任务1 将企业的一份资料用电子邮件发给指定客户

职业任务2 使用即时聊天工具给公司员工发送“开会通知”信息

竞赛评价

评价内容	学生自评	学生互评	教师评价
学生使用搜索引擎查找指定的信息,并将其通过电子邮件发送给其他同学			
任选一个职业任务,从任务质量、完成效率、职业水准三个方面进行评价			
竞赛5总得分:			

竞赛 6

统计常用数据

在日常生活中，通常会需要以表格的形式简单明了地记录一些信息，并对表格中的数据进行统计分析，这时，Excel 2010 将会成为你得力的助手，下面就通过制作好友通讯录和家庭账务明细表来介绍 Excel 在日常生活中的具体应用。

竞赛要求

使用 Excel 2010 制作好友通讯录和家庭账务明细表，熟悉 Excel 在家庭生活中的具体应用。

评比条件

下一竞赛上课前，同学间互相评价，按总得分排名。

第 1 关　制作好友通讯录

Excel 2010 是一个集数据统计、数据分析和图表制作等功能于一身的专业电子表格制作软件，Excel 中不仅提供了丰富的分析工具，而且操作简便，使用户能够以更快的速度获得更好的工作效果。下面就来介绍如何使用 Excel 2010 制作好友通讯录。

任务 1　创建工作簿

任务目标

通过创建好友通讯录，了解如何在 Excel 2010 中创建工作簿。

技能目标

掌握如何在 Excel 2010 中创建工作簿。

工作簿就是在 Excel 环境中用来存储和处理数据的文件。一个 Excel 工作簿就是一个 Excel 文件，启动 Excel 应用程序，就会自动生成了一个名称为“book1”的 Excel 工作簿。每一个工作簿可以拥有许多不同的工作表，最多可建立 255 个工作表。由于操作和处理数据都是在工作簿和工作表中进行的，因此首先需要新建工作簿，并对创建的工作簿进行保存，以便日后使用。具体的操作步骤如下。

关键步骤提示

1. 选择“开始”→“所有程序”→“Microsoft Office”→“Microsoft Office Excel 2010”命令,打开一个新的工作簿,如图 6-1 所示。

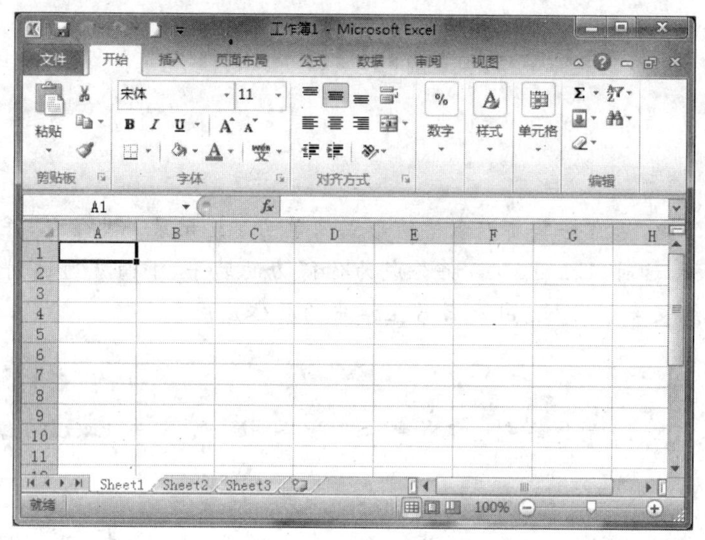

图 6-1 新建工作簿

2. 切换至“页面布局”选项卡,在“页面设置”选项组中单击“页边距”按钮,在下拉菜单中选择“自定义页边距”命令,打开“页面设置”对话框。选中“居中方式”选项组中的“水平”和“垂直”复选框,如图 6-2 所示,使表格在页面水平、垂直居中放置。

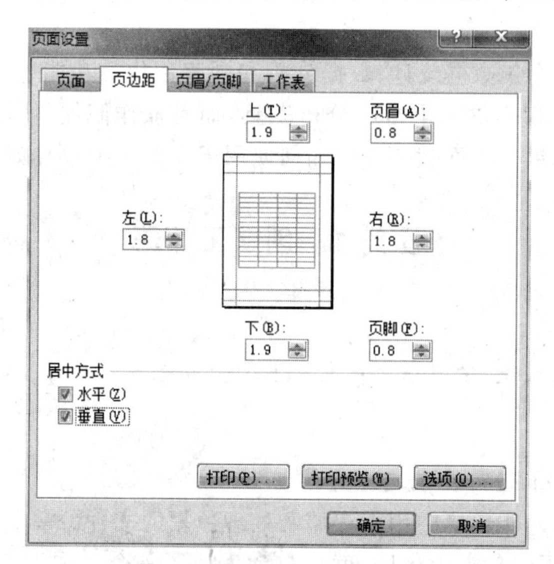

图 6-2 “页面设置”对话框

3. 保存该工作簿。单击“保存”按钮,即可打开“另存为”对话框,如图 6-3 所示。在“文件名”文本框中输入“好友通讯录”,选择相应的保存地址并单击“保存”按钮,即可完成对工作簿的保存。

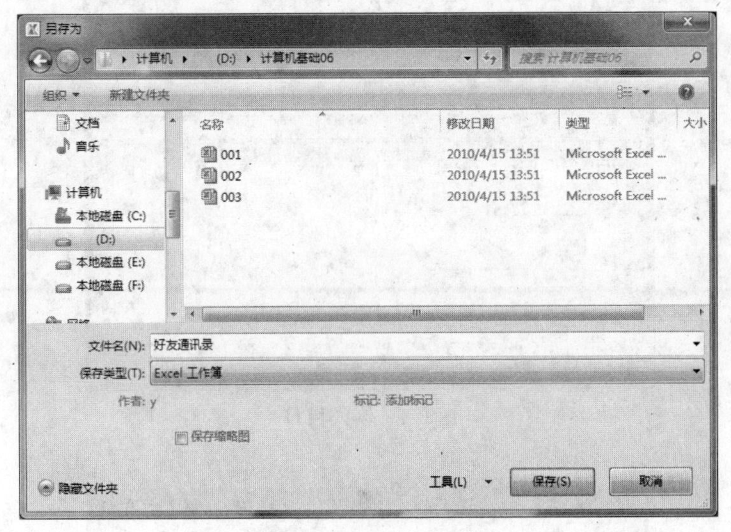

图 6-3 “另存为”对话框

视频教学演示

创建工作簿的详细步骤可参看本教材配套多媒体光盘\视频\6\01.swf视频文件中的操作演示。

任务2 输入表格内容

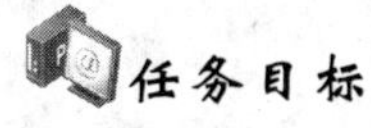

任务目标

通过在好友通讯录中输入具体的内容，了解如何在Excel 2010中输入不同的数据。

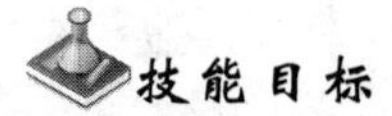

技能目标

掌握如何在Excel 2010中输入具体的内容。

输入表格数据是表格编辑的基础，也是整个表格编辑工作中非常重要的一个环节，为了使用户能够高效地输入数据，系统提供了许多辅助输入方法。

输入好友通讯录具体内容的操作步骤如下。

关键步骤提示

1. 输入栏目。选定单元格，即可开始输入文字，输入的内容同时显示在公式编辑栏中，这里输入好友通讯录中第1行的内容，如图6-4所示。

2. 输入编号。选中单元格A2，输入数字1，并把光标移到单元格的右下角，此时光标出现一个“+”标记，单击并拖动鼠标直到需要的位置，这样所经过的单元格下方就会显示出该单元格将被填充的内容，释放鼠标，该列数据即被录入到相应的单元格中，如图6-5所示。单击最后一个单元格右下角的“自动填充选项”图标，即可出现一个菜单，如图6-6所示。选中“填充序列”单选按钮即可。

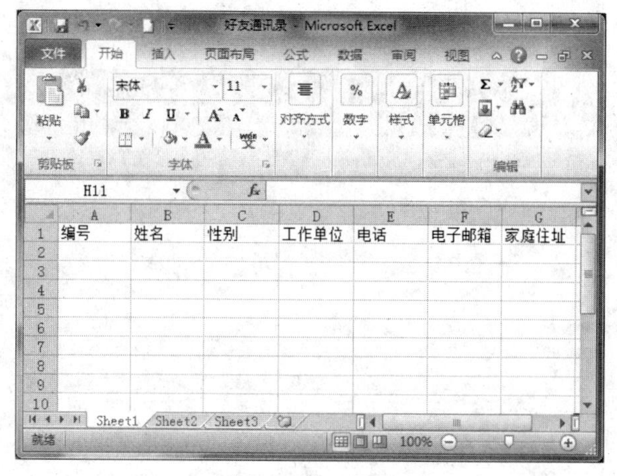

图 6-4 输入栏目

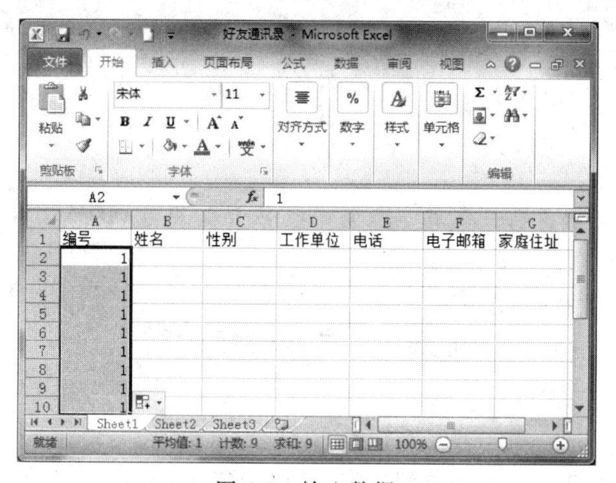

图 6-5 输入数据

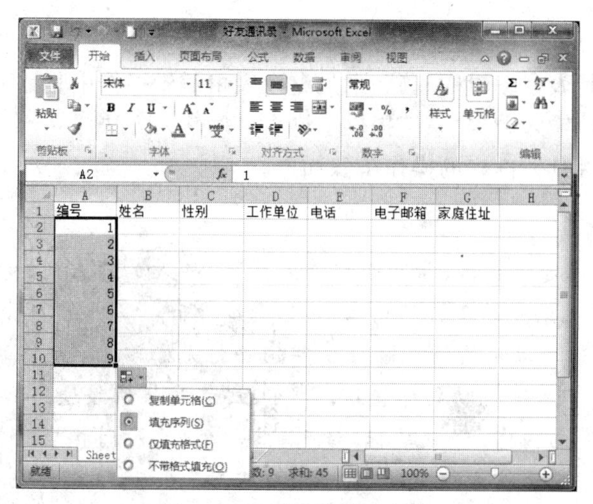

图 6-6 选择自动填充方式

3. 输入姓名。选中单元格 B2 输入对应编号为 1 的好友姓名，按 Enter 键完成输入，并自动激活单元格 B3 使其处于选中状态，按照同样的方法输入全部姓名，如图 6-7 所示。

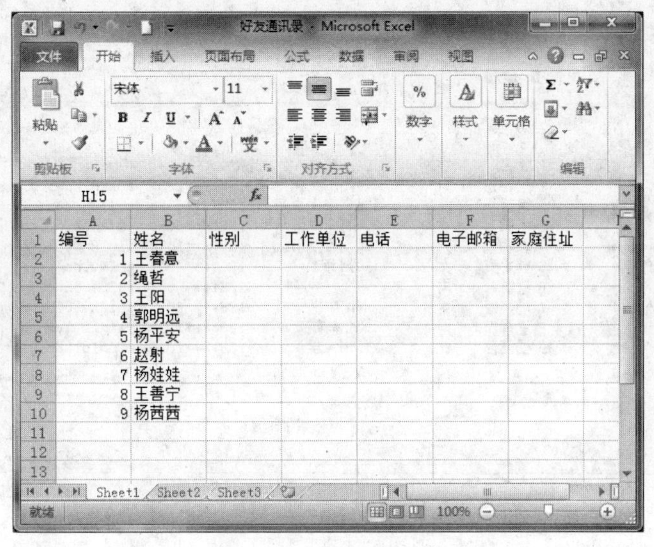

图 6-7　输入姓名

4. 输入性别。在单元格 C2 中输入对应编号为 1 的好友性别，在单元格 C3 中输入对应编号为 2 的好友性别，然后在本列其他单元格上右击，在弹出的快捷菜单中选择“从下拉列表中选择”命令，即可从选中的单元格下方弹出一个下拉列表，从中选择要添加的性别信息，如图 6-8 所示。

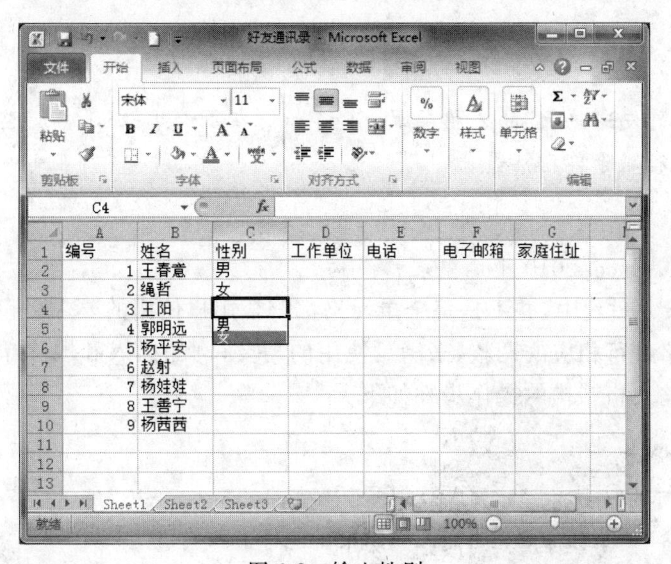

图 6-8　输入性别

5. 按照上述输入表格内容的方法，完善表格内容，效果如图 6-9 所示。

	A	B	C	D	E	F
1	编号	姓名	性别	工作单位	电话	电子邮箱
2	1	王春意	男	郑州市文化厅	135****1234	suxin123@163.
3	2	绳哲	女	郑州市人事局	138****6993	wy@163.com
4	3	王阳	女	河南人民医院	130****6020	sux123@163.co
5	4	郭明远	男	郑州科技市场	138****1095	xin123@163.co
6	5	杨平安	女	郑州师专	130****6996	s23@yahoo.com
7	6	赵射	男	河南财经学院	138****0097	su23@sohu.com
8	7	杨娃娃	女	河南中医学院	138****6098	sh123@163.com
9	8	王善宁	男	郑州航院	135****1221	yang123@yahoo
10	9	杨茜茜	女	郑州大学	138****7000	niuniu123@163

图 6-9 完善表格

视频教学演示

输入表格内容的详细步骤可参看本教材配套多媒体光盘\视频\6\02.swf 视频文件中的操作演示。

任务 3 调整表格结构

任务目标

通过调整"好友通讯录"的表格结构，了解如何在 Excel 2010 中调整表格的列宽，合并单元格，插入和删除单元格等。

技能目标

掌握如何在 Excel 2010 中调整表格结构。

在 Excel 录入过程中，并不是每个单元格都符合用户使用的要求，所以就需要根据实际情况对单元格进行相应的调整，来满足使用的需要，例如插入和删除单元格，调整列宽和行高等。调整表格结构的操作步骤如下。

关键步骤提示

1. 插入标题行。选中要插入标题行的位置，切换至"开始"选项卡，在"单元格"选项组中单击"插入"按钮右边的下三角按钮，从中选择"插入单元格"选项即可打开"插入"对话框，选中"整行"单选按钮，如图 6-10 所示。单击"确定"按钮，即可完成标题行的插入，如图 6-11 所示。

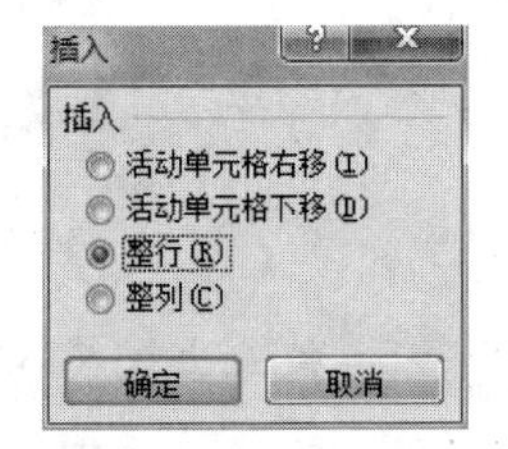

图 6-10 "插入"对话框

2. 合并单元格，输入标题"好友通讯录"，然后选中 A1：G1 单

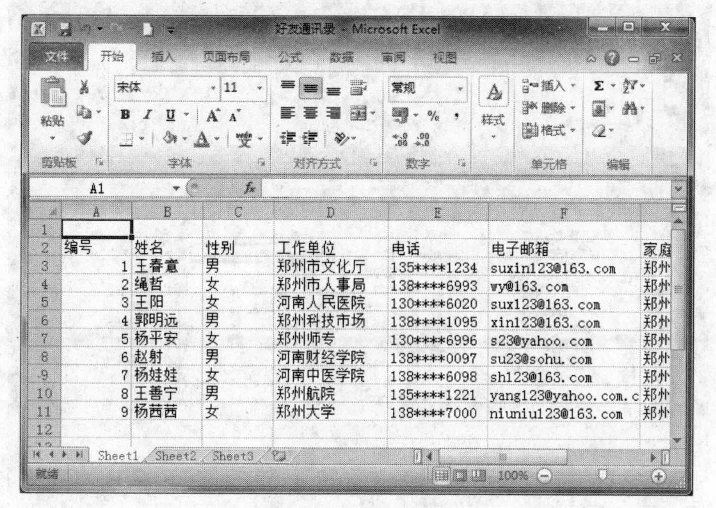

图 6-11　插入标题行

元格区域，切换至“开始”选项卡，在“对齐方式”选项组中单击“合并后居中”按钮，可以看到 A1:G1 单元格区域被合并为一个单元格，表格标题“好友通讯录”位于合并后的单元格的中间位置，如图 6-12 所示。

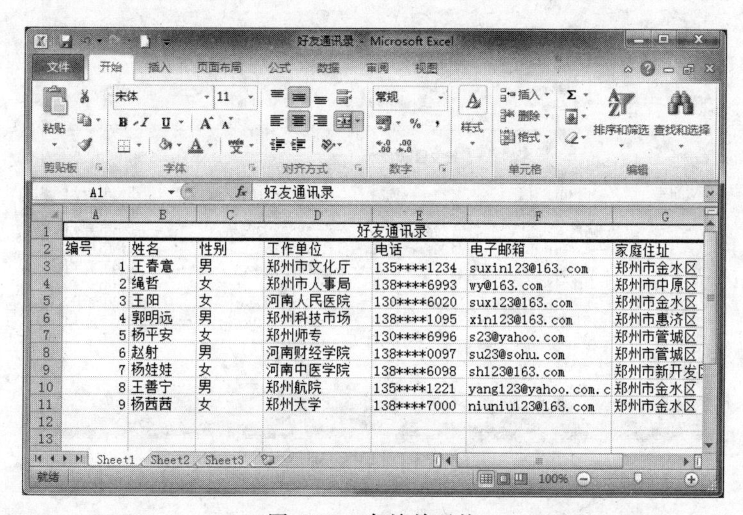

图 6-12　合并单元格

3. 调整列宽。在输入电子邮箱地址时，由于列宽的原因被遮去一部分无法显示，这时可以通过调整列宽的方法使字符串完全显示出来。将鼠标指针置于需要调整列顶部的列标上，使之出现一个双向的箭头，如图 6-13 所示。按住鼠标左键拖动即可改变列宽，直至调整到适合的位置，则所有的内容会显现出来，如图 6-14 所示。

视频教学演示

调整表格结构的详细步骤可参看本教材配套多媒体光盘\视频\6\03.swf 视频文件中的操作演示。

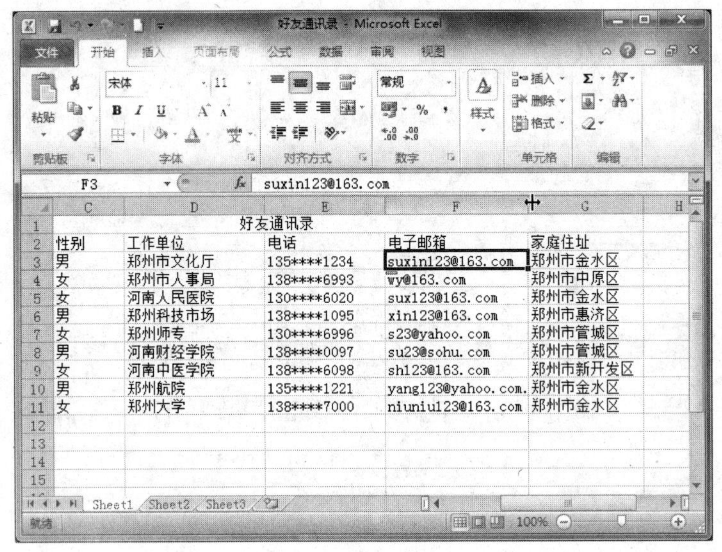

	C	D	E	F	G
1			好友通讯录		
2	性别	工作单位	电话	电子邮箱	家庭住址
3	男	郑州市文化厅	135****1234	suxin123@163.com	郑州市金水区
4	女	郑州市人事局	138****6993	wy@163.com	郑州市中原区
5	女	河南人民医院	130****6020	sux123@163.com	郑州市金水区
6	男	郑州科技市场	138****1095	xin123@163.com	郑州市惠济区
7	女	郑州师专	130****6996	s23@yahoo.com	郑州市管城区
8	男	河南财经学院	138****0097	su23@sohu.com	郑州市管城区
9	女	河南中医学院	138****6098	sh123@163.com	郑州市新开发区
10	男	郑州航院	135****1221	yang123@yahoo.com.	郑州市金水区
11	女	郑州大学	138****7000	niuniu123@163.com	郑州市金水区

图 6-13　出现双向箭头

	C	D	E	F	G
1			好友通讯录		
2	性别	工作单位	电话	电子邮箱	家庭住址
3	男	郑州市文化厅	135****1234	suxin123@163.com	郑州市金水[
4	女	郑州市人事局	138****6993	wy@163.com	郑州市中原[
5	女	河南人民医院	130****6020	sux123@163.com	郑州市金水[
6	男	郑州科技市场	138****1095	xin123@163.com	郑州市惠济[
7	女	郑州师专	130****6996	s23@yahoo.com	郑州市管城[
8	男	河南财经学院	138****0097	su23@sohu.com	郑州市管城[
9	女	河南中医学院	138****6098	sh123@163.com	郑州市新开
10	男	郑州航院	135****1221	yang123@yahoo.com.cn	郑州市金水[
11	女	郑州大学	138****7000	niuniu123@163.com	郑州市金水[

图 6-14　调整列宽

任务 4　美化工作表

任务目标

通过设置“好友通讯录”中单元格的格式，了解如何为工作表填充背景颜色，添加边框，套用格式，从而达到美化工作表的效果。

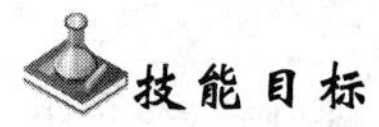

技能目标

掌握如何在 Excel 2010 中美化工作表。

为了使工作表更加清晰醒目,可以对输入的数据进行格式设置,并为不同的单元格填充不同颜色的底纹,添加边框等,也可以直接套用单元格样式或者表格样式,以提高工作效率。美化工作表的操作步骤如下。

关键步骤提示

1. 设置标题。选中标题所在的单元格,切换至“开始”选项卡,在“字体”选项组的“字体”下拉列表中选择“华文楷体”选项,在“字号”下拉列表中选择“20”,并单击“加粗”按钮设置加粗效果等,设置完毕后,效果如图 6-15 所示。

图 6-15　设置标题

2. 填充标题背景色。右击标题所在的单元格,从弹出的快捷菜单中选择“设置单元格格式”命令,即可弹出“设置单元格格式”对话框,切换至“填充”选项卡,在“背景色”选项组中选择“蓝色”选项,然后在“图案样式”下拉列表中选择“50%灰色”选项,如图 6-16 所示。单击“确定”按钮,效果如图 6-17 所示。

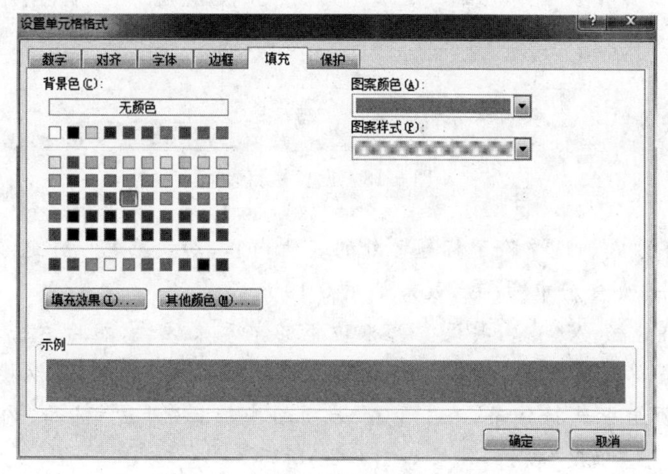

图 6-16　“设置单元格格式”对话框

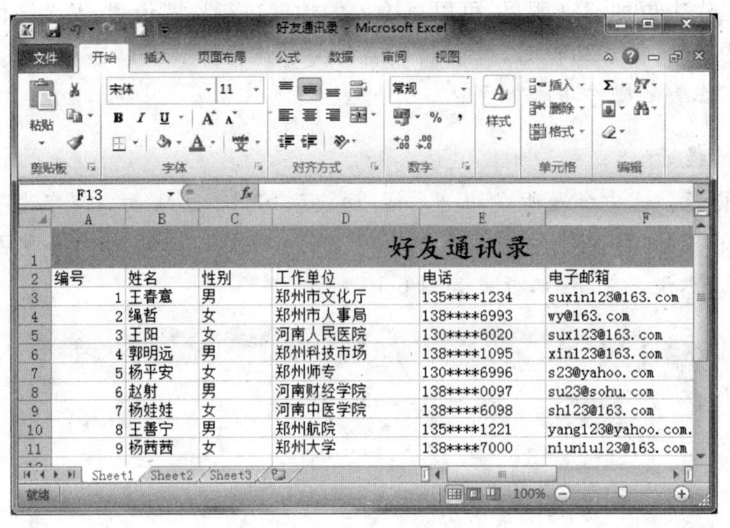

图 6-17　填充标题背景色

3. 设置栏目。选中栏目所在的单元格,切换至“开始”选项卡,在“字体”选项组的“字号”下拉列表中选择“18”,并单击“加粗”按钮设置加粗效果等,设置完毕后,效果如图 6-18 所示。

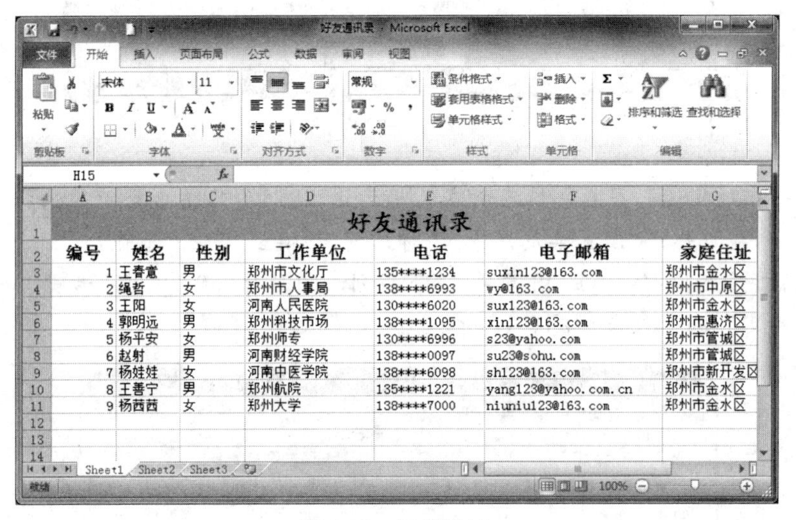

图 6-18　设置栏目

4. 设置对齐方式。选中除了标题之外的其他内容,切换至“开始”选项卡,在“对齐方式”选项组中单击“垂直居中”按钮,效果如图 6-19 所示。

5. 设置表格边框。选中需要设置表格边框的单元格区域,然后右击,从弹出的快捷菜单中选择“设置单元格格式”命令,打开“设置单元格格式”对话框,切换至“边框”选项卡,在“样式”选项组中选择线条,在“预置”选项组中选择“外边框”和“内边框”选项,如图 6-20 所示。单击“确定”按钮,效果如图 6-21 所示。

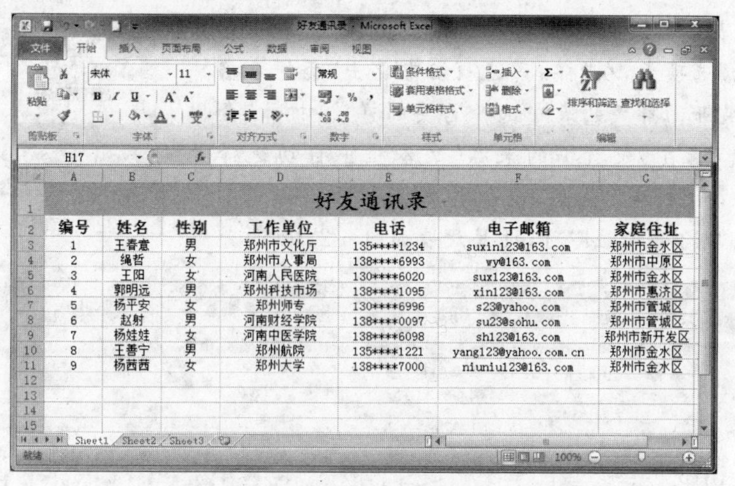

编号	姓名	性别	工作单位	电话	电子邮箱	家庭住址
1	王春意	男	郑州市文化厅	135****1234	suxin123@163.com	郑州市金水区
2	绳哲	女	郑州市人事局	138****6993	wy@163.com	郑州市中原区
3	王阳	女	河南人民医院	130****6020	sux123@163.com	郑州市金水区
4	郭明远	男	郑州科技市场	138****1095	xin123@163.com	郑州市惠济区
5	杨平安	女	郑州师专	130****6996	s23@yahoo.com	郑州市管城区
6	赵射	男	河南财经学院	138****0097	su23@sohu.com	郑州市管城区
7	杨娃娃	女	河南中医学院	138****6098	sh123@163.com	郑州市新开发区
8	王善宁	男	郑州航院	135****1221	yang123@yahoo.com.cn	郑州市金水区
9	杨西西	女	郑州大学	138****7000	niuniu123@163.com	郑州市金水区

图 6-19　设置“对齐方式”

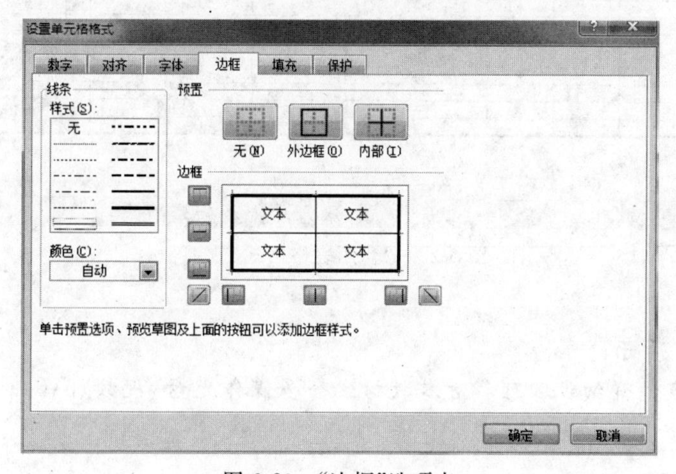

图 6-20　“边框”选项卡

编号	姓名	性别	工作单位	电话	电子邮箱	家庭住址
1	王春意	男	郑州市文化厅	135****1234	suxin123@163.com	郑州市金水区
2	绳哲	女	郑州市人事局	138****6993	wy@163.com	郑州市中原区
3	王阳	女	河南人民医院	130****6020	sux123@163.com	郑州市金水区
4	郭明远	男	郑州科技市场	138****1095	xin123@163.com	郑州市惠济区
5	杨平安	女	郑州师专	130****6996	s23@yahoo.com	郑州市管城区
6	赵射	男	河南财经学院	138****0097	su23@sohu.com	郑州市管城区
7	杨娃娃	女	河南中医学院	138****6098	sh123@163.com	郑州市新开发区
8	王善宁	男	郑州航院	135****1221	yang123@yahoo.com.cn	郑州市金水区
9	杨西西	女	郑州大学	138****7000	niuniu123@163.com	郑州市金水区

图 6-21　设置表格边框

6. 套用表格格式。选中需要套用表格格式的单元格，切换至“开始”选项卡，在“样式”选项组中单击“套用表格样式”按钮，从展开的样式列表中选择需要的样式，打开“套用表格式”对话框，在“表数据的来源”文本框中自动选择了A2：G11单元格区域，如图6-22所示。如果不需要更改，单击“确定”按钮即可，设置效果如图6-23所示。

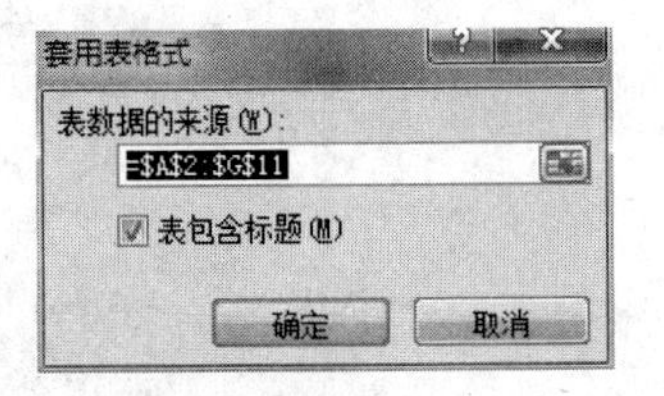

图6-22 “套用表格式”对话框

好友通讯录						
编号	姓名	性别	工作单位	电话	电子邮箱	家庭住址
1	王春意	男	郑州市文化厅	135****1234	suxin123@163.com	郑州市金水区
2	绳哲	女	郑州市人事局	138****6993	wy@163.com	郑州市中原区
3	王阳	女	河南人民医院	130****6020	sux123@163.com	郑州市金水区
4	郭明远	男	郑州科技市场	138****1095	xin123@163.com	郑州市惠济区
5	杨平安	女	郑州师专	130****6996	s23@yahoo.com	郑州市管城区
6	赵射	男	河南财经学院	138****0097	su23@sohu.com	郑州市管城区
7	杨娃娃	女	河南中医学院	138****6098	sh123@163.com	郑州市新开发区
8	王善宁	男	郑州航院	135****1221	yang123@yahoo.com.cn	郑州市金水区
9	杨茜茜	女	郑州大学	138****7000	niuniu123@163.com	郑州市金水区

图6-23 “套用表格格式”效果

视频教学演示

美化工作表的详细步骤可参看本教材配套多媒体光盘\视频\6\04.swf视频文件中的操作演示。

任务5 保护工作表

任务目标

通过对好友通讯录进行设置，防止上面的数据信息被更改，了解如何保护工作表。

技能目标

掌握如何保护工作表和撤销工作表保护。

在编辑工作表的过程中，为了防止一些信息被修改，通常会用到保护工作表的操作，下面就来具体地介绍一下如何保护工作表和撤销工作表保护。

关键步骤提示

1. 切换至“审阅”选项卡，单击“更改”选项组中的“保护工作表”按钮，即可弹出“保护工作表”对话框，选中“保护工作表及锁定的单元格内容”复选框，然后在“取消工作表保护时使用的密码”文本框中输入密码，并选中“允许此工作表的所有用户进行”列表中的“选定锁定单元格”和“选定未锁定的单元格”复选框，如图 6-24 所示。

2. 设置完毕单击“确定”按钮，弹出“确认密码”对话框，在“重新输入密码”文本框中输入刚刚设置的密码，如图 6-25 所示，然后单击“确定”按钮即可。

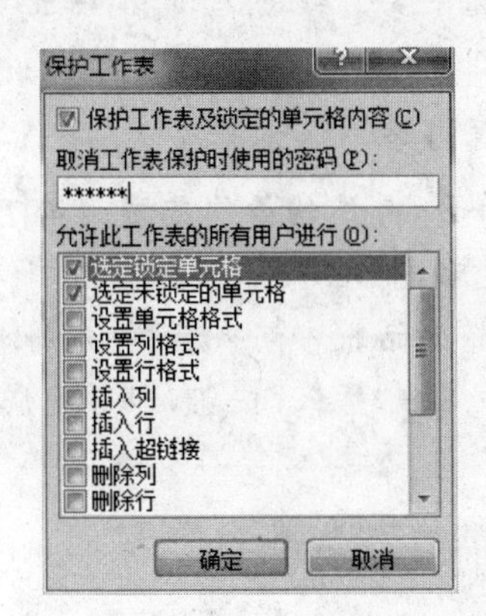

图 6-24 “保护工作表”对话框

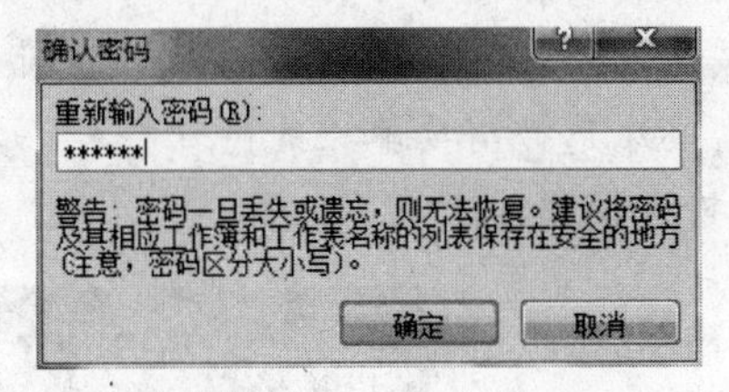

图 6-25 “确认密码”对话框

3. 当需要编辑该工作表时，系统会弹出如图 6-26 所示的提示对话框，单击“确定”按钮关闭该对话框。

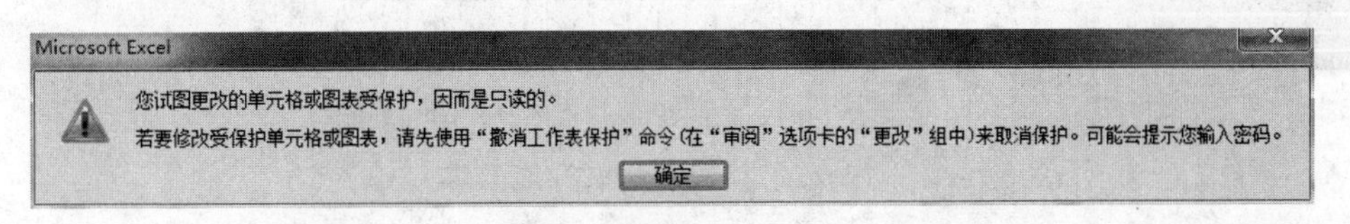

图 6-26 提示对话框

4. 单击“更改”选项组中的“撤销工作表保护”按钮，弹出“撤销工作表保护”对话框，在“密码”文本框中输入密码，单击“确定”按钮即可编辑该工作表，如图 6-27 所示。

图 6-27 “撤销工作表保护”对话框

视频教学演示

保护工作表的详细步骤可参看本教材配套多媒体光盘\视频\6\05.swf 视频文件中的操作演示。

课堂讨论和思考

1. 如何在工作表中填充序列编号？
2. 如何在工作表中插入和删除单元格？
3. 如何套用表格格式？
4. 如何保护工作表？

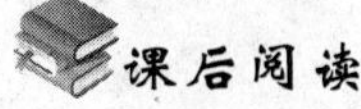

课后阅读

可根据自己的兴趣，课后选读以下小资料，了解相关的知识。

轻松隐藏工作表

在编辑工作表的过程中，如果不想让别人看到某个工作表，可以将其隐藏起来，等需要查看的时候，再将其显示出来。具体的操作方法是选中要隐藏的工作表，右击，从弹出的快捷菜单中选择“隐藏”命令，即可将其隐藏起来。

在 Excel 2010 中输入特殊符号

在 Excel 的应用过程中，有时需要输入一些特殊符号，具体的操作方法为：打开工作表，选中需要输入特殊符号的单元格，切换至“插入”选项卡，在“符号”选项组中单击“符号”按钮，即可弹出“符号”对话框，如图 6-28 所示。在该对话框中切换至“特殊符号”选项卡，在其中选择需要输入的特殊符号，如图 6-29 所示。单击“插入”按钮，即可完成特殊符号的输入操作。

图 6-28 “符号”对话框

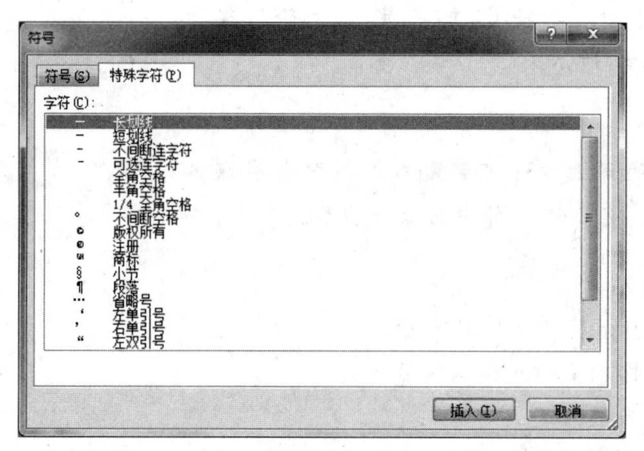

图 6-29 “特殊符号”选项卡

取消工作表中的网格线

有时为了使工作表看起来更加清晰、美观，想要取消工作表中的网格线，其方法很简单，只需单击“工作表选项”按钮，从弹出的下拉列表中取消“网格线”下方的“查看”复选框即可。

第2关 制作家庭账务明细表

家庭账务明细表是用来记录某段时间家庭具体收入和支出情况的表格，坚持记录家庭账务明细表，可以达到更好的理财效果。

任务1 创建家庭账务明细表

任务目标

通过创建家庭账务明细表，了解工作簿和工作表的区别，如何新建工作表，更改工作表的名称等内容。

技能目标

掌握如何在 Excel 2010 中新建工作表。

工作簿中的每一张表格称为工作表。工作簿如同活页夹，工作表如同其中的一张张活页纸。工作表是指由行和列组成的一个表格。每一个新建的 Excel 工作簿，软件会自动建立3个工作表 Sheet1、Sheet2、Sheet3。

关键步骤提示

1. 选择“开始”→“程序”→“Microsoft Office”→“Microsoft Office Excel 2010”命令，打开一个新的工作簿，如图6-30所示。

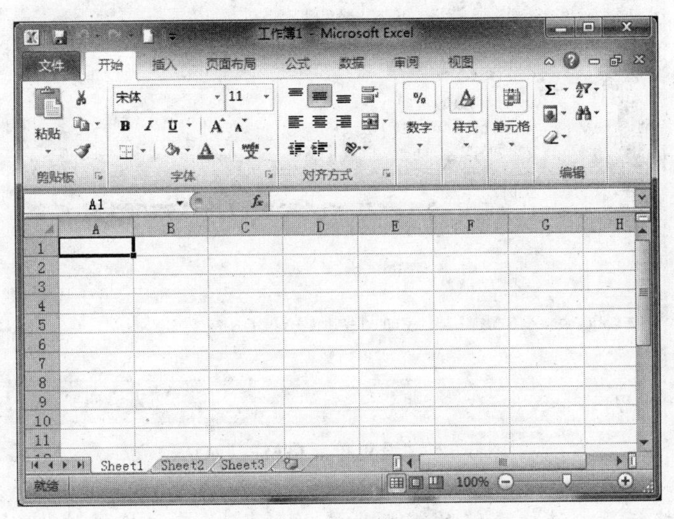

图6-30 新建工作簿

2. 选定A1单元格,输入表格标题“家庭账务明细表”,输入的内容同时显示在公式编辑栏中,按Enter键确认输入,系统自动激活并选择下一个相邻的单元格,使用同样的方法输入家庭账务明细表的各个项目,如图6-31所示。

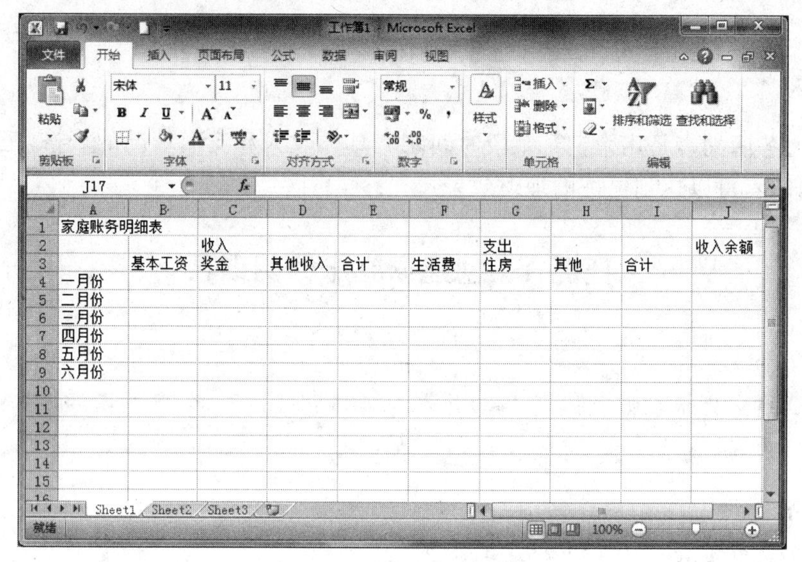

图6-31 输入标题和项目

3. 输入具体的收入和支出金额,然后选中B4:J9单元格区域,切换至“开始”选项卡,单击“数字”选项组中的对话框启动器,即可打开“设置单元格格式”对话框,切换至“数字”选项卡,在“分类”列表框中选择“货币”选项,然后在“小数位数”文本框中输入需要保留的小数位数,这里采用默认设置“2”,如图6-32所示,单击“确定”按钮,效果如图6-33所示。

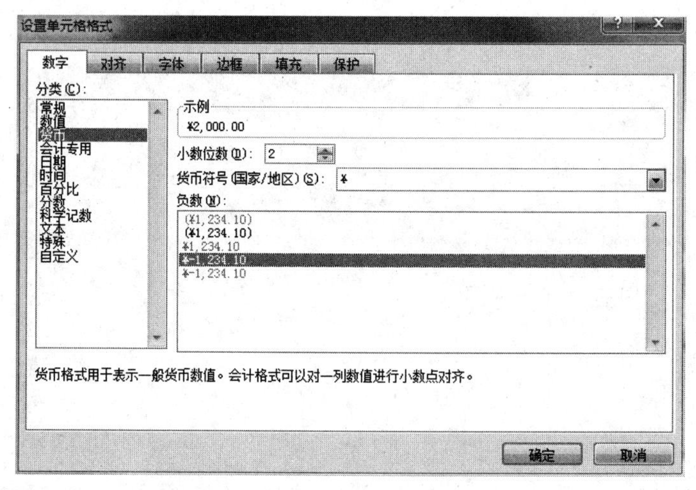

图6-32 “设置单元格格式”对话框

4. 设置表格标题。选中表格的标题所在的A1:J1单元格区域,切换至“开始”选项卡,单击“对齐方式”选项组中的“合并后居中”按钮,并设置字体为“华文楷体”,字号为

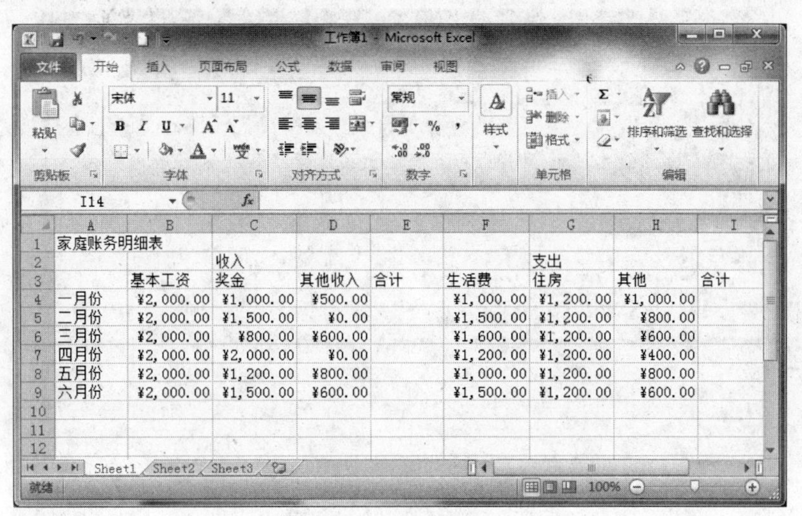

	A	B	C	D	E	F	G	H	I
1	家庭账务明细表								
2			收入				支出		
3		基本工资	奖金	其他收入	合计	生活费	住房	其他	合计
4	一月份	¥2,000.00	¥1,000.00	¥500.00		¥1,000.00	¥1,200.00	¥1,000.00	
5	二月份	¥2,000.00	¥1,500.00	¥0.00		¥1,500.00	¥1,200.00	¥800.00	
6	三月份	¥2,000.00	¥800.00	¥600.00		¥1,600.00	¥1,200.00	¥600.00	
7	四月份	¥2,000.00	¥2,000.00	¥0.00		¥1,200.00	¥1,200.00	¥400.00	
8	五月份	¥2,000.00	¥1,200.00	¥800.00		¥1,000.00	¥1,200.00	¥800.00	
9	六月份	¥2,000.00	¥1,500.00	¥600.00		¥1,500.00	¥1,200.00	¥600.00	

图 6-33 输入效果

"24",加粗效果等,设置完毕后,效果如图 6-34 所示。

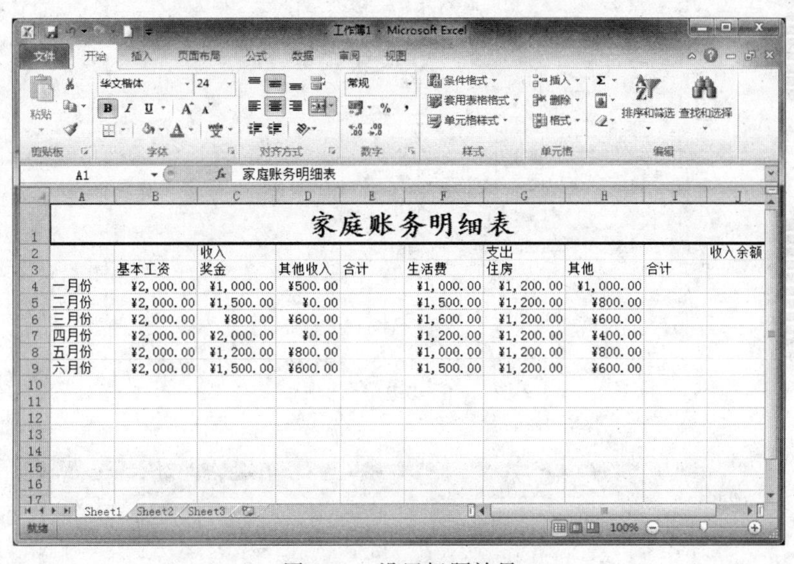

	A	B	C	D	E	F	G	H	I	J
1	家庭账务明细表									
2			收入				支出			收入余额
3		基本工资	奖金	其他收入	合计	生活费	住房	其他	合计	
4	一月份	¥2,000.00	¥1,000.00	¥500.00		¥1,000.00	¥1,200.00	¥1,000.00		
5	二月份	¥2,000.00	¥1,500.00	¥0.00		¥1,500.00	¥1,200.00	¥800.00		
6	三月份	¥2,000.00	¥800.00	¥600.00		¥1,600.00	¥1,200.00	¥600.00		
7	四月份	¥2,000.00	¥2,000.00	¥0.00		¥1,200.00	¥1,200.00	¥400.00		
8	五月份	¥2,000.00	¥1,200.00	¥800.00		¥1,000.00	¥1,200.00	¥800.00		
9	六月份	¥2,000.00	¥1,500.00	¥600.00		¥1,500.00	¥1,200.00	¥600.00		

图 6-34 设置标题效果

5. 设置其他内容格式,首先选中"收入"、"支出"和"收入余额"所在的单元格,设置字号为"16";然后选中除标题外的所有内容,切换至"开始"选项卡,在"对齐方式"选项组中单击"垂直居中"按钮,效果如图 6-35 所示。

6. 设置表格的边框。选中需要设置表格边框的单元格区域,然后右击,从弹出的快捷菜单中选择"设置单元格格式"命令,即可打开"设置单元格格式"对话框。切换至"边框"选项卡,根据实际情况选择相应的线条样式、颜色以及边框的范围,如图 6-36 所示。单击"确定"按钮,即可看到设置表格的边框效果,如图 6-37 所示。

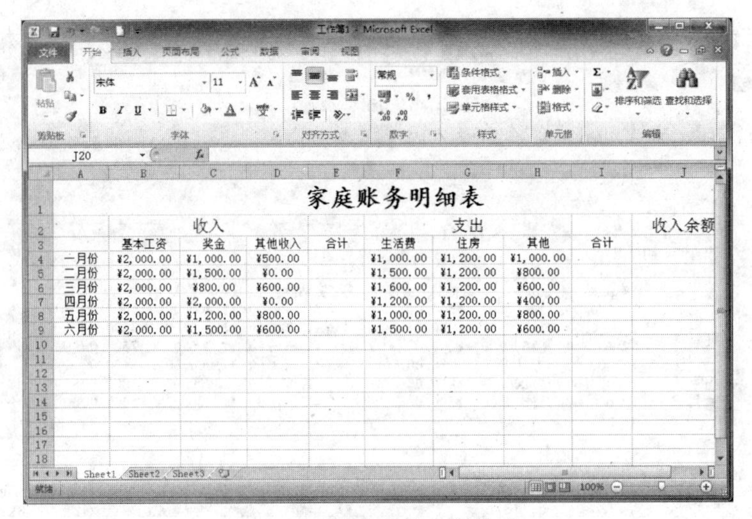

图 6-35　设置其他内容格式

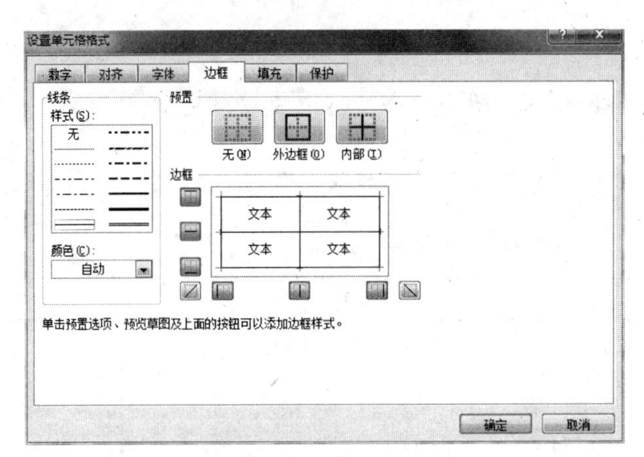

图 6-36　“边框”选项卡

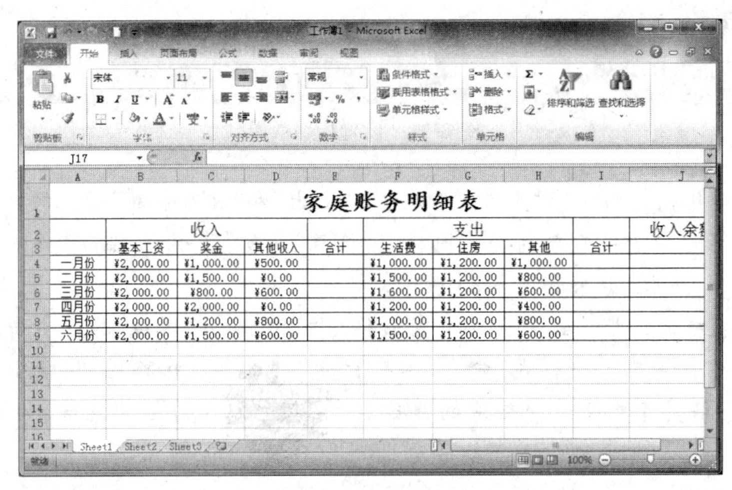

图 6-37　设置表格边框

7. 单击"保存"按钮，即可打开"另存为"对话框，如图6-38所示。在"文件名"文本框中输入"家庭账务明细表"，即可为新创建的工作簿赋予一个名称。

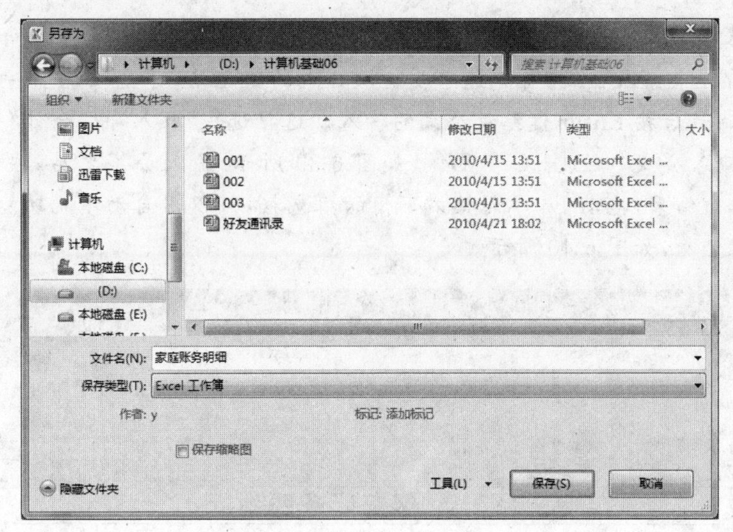

图 6-38 "另存为"对话框

视频教学演示

创建家庭账务明细表的详细步骤可参看本教材配套多媒体光盘\视频\6\06.swf视频文件中的操作演示。

任务2 使用公式和函数

任务目标

通过计算家庭账务明细表中的收入、支出和收入余额，了解在Excel 2010中如何使用公式和函数。

技能目标

掌握如何在Excel 2010中使用公式和函数。

众所周知，Excel以数据处理、计算功能见长，从简单的四则运算到复杂的财务计算、统计分析，这一系列的操作都是通过公式及相应的函数完成的。所以要想熟练运用Excel，必须掌握公式和函数的知识。

Excel中的公式是指在单元格中执行计算功能的各式各样的方程式。其中，公式中元素的结构和次序决定了最终的计算结果。在Excel中，运用的公式一般都遵循特定的语法或次序，在输入过程中先输入等号(=)，再输入参与计算的元素(运算数)。每个运算数可以是改变或不改变的数值、单元格或引用单元格区域、标志、名称或工作函数等，这些参与计算的运算数都是通过运算符隔开的。Excel会将输入单元格中以等号开头的数据自动认为公式。函数的结构通常以函数名称开始，后面是左圆括号、以逗号分隔的参数和右圆括号。如果函数以公式形式出现,则还需要在函数名称前面加上等号。

下面具体介绍如何计算家庭账务明细表中的收入、支出和收入余额。

关键步骤提示

1. 在 Excel 中输入公式,首先选中要输入公式的单元格,并输入等号(=);再输入相应的公式内容;最后按 Enter 键结束公式的输入。这里选中“收入”中“合计”一列的 E4 单元格,在其中输入公式“=B4+C4+D4”,如图 6-39 所示,输入公式之后,按 Enter 键,系统将自动计算出结果,拖动 E4 单元格右下角的填充柄,可以用自动填充功能计算出上半年各月的收入金额,如图 6-40 所示。

家庭账务明细表

	收入				支出			
	基本工资	奖金	其他收入	合计	生活费	住房	其他	合计
一月份	¥2,000.00	¥1,000.00	¥500.00	.+C4+D4	¥1,000.00	¥1,200.00	¥1,000.00	
二月份	¥2,000.00	¥1,500.00	¥0.00		¥1,500.00	¥1,200.00	¥800.00	
三月份	¥2,000.00	¥800.00	¥600.00		¥1,600.00	¥1,200.00	¥600.00	
四月份	¥2,000.00	¥2,000.00	¥0.00		¥1,200.00	¥1,200.00	¥400.00	
五月份	¥2,000.00	¥1,200.00	¥800.00		¥1,000.00	¥1,200.00	¥800.00	
六月份	¥2,000.00	¥1,500.00	¥600.00		¥1,500.00	¥1,200.00	¥600.00	

图 6-39 输入公式

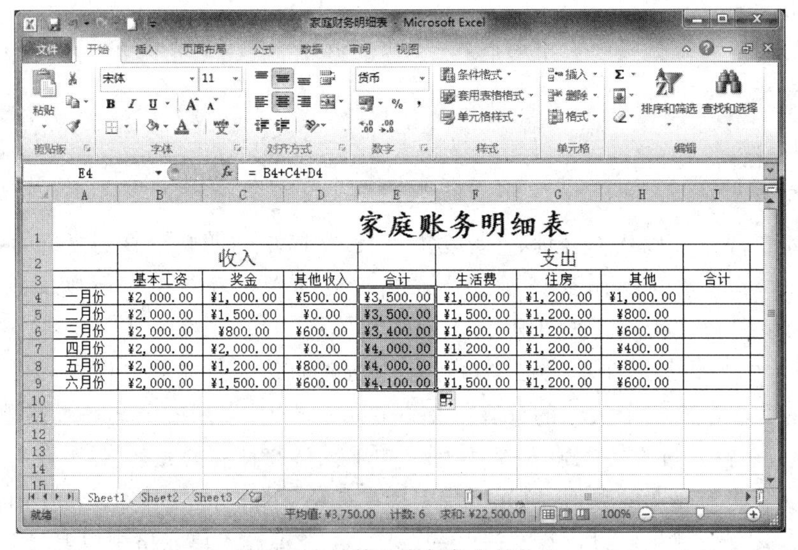

家庭账务明细表

	收入				支出			
	基本工资	奖金	其他收入	合计	生活费	住房	其他	合计
一月份	¥2,000.00	¥1,000.00	¥500.00	¥3,500.00	¥1,000.00	¥1,200.00	¥1,000.00	
二月份	¥2,000.00	¥1,500.00	¥0.00	¥3,500.00	¥1,500.00	¥1,200.00	¥800.00	
三月份	¥2,000.00	¥800.00	¥600.00	¥3,400.00	¥1,600.00	¥1,200.00	¥600.00	
四月份	¥2,000.00	¥2,000.00	¥0.00	¥4,000.00	¥1,200.00	¥1,200.00	¥400.00	
五月份	¥2,000.00	¥1,200.00	¥800.00	¥4,000.00	¥1,000.00	¥1,200.00	¥800.00	
六月份	¥2,000.00	¥1,500.00	¥600.00	¥4,100.00	¥1,500.00	¥1,200.00	¥600.00	

图 6-40 计算上半年各月的收入

2. 下面使用函数计算支出中的合计金额，选中“支出”中“合计”一列的 I4 单元格，在其中输入函数“=SUM(F4: H4)”，如图 6-41 所示。按 Enter 键后，Excel 自动计算出结果，拖动 I4 单元格右下角的填充柄，可以用自动填充功能计算出上半年各月的支出金额，如图 6-42 所示。

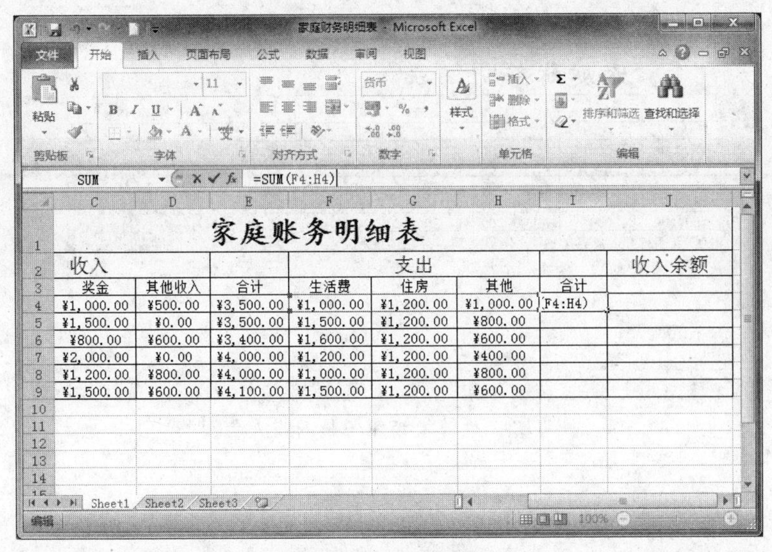

	家庭账务明细表							
	C	D	E	F	G	H	I	J
2	收入			支出				收入余额
3	奖金	其他收入	合计	生活费	住房	其他	合计	
4	¥1,000.00	¥500.00	¥3,500.00	¥1,000.00	¥1,200.00	¥1,000.00	F4:H4)	
5	¥1,500.00	¥0.00	¥3,500.00	¥1,500.00	¥1,200.00	¥800.00		
6	¥800.00	¥600.00	¥3,400.00	¥1,600.00	¥1,200.00	¥600.00		
7	¥2,000.00	¥0.00	¥4,000.00	¥1,200.00	¥1,200.00	¥400.00		
8	¥1,200.00	¥800.00	¥4,000.00	¥1,000.00	¥1,200.00	¥800.00		
9	¥1,500.00	¥600.00	¥4,100.00	¥1,500.00	¥1,200.00	¥600.00		

图 6-41　输入函数

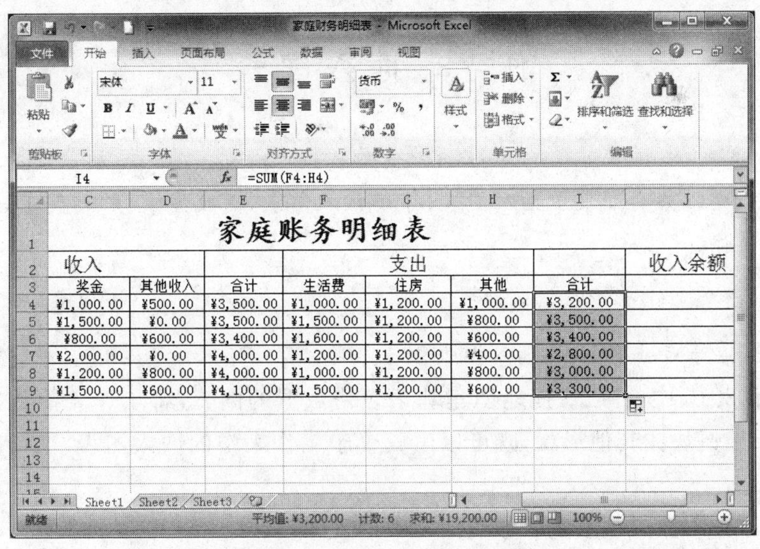

	家庭账务明细表							
	C	D	E	F	G	H	I	J
2	收入			支出				收入余额
3	奖金	其他收入	合计	生活费	住房	其他	合计	
4	¥1,000.00	¥500.00	¥3,500.00	¥1,000.00	¥1,200.00	¥1,000.00	¥3,200.00	
5	¥1,500.00	¥0.00	¥3,500.00	¥1,500.00	¥1,200.00	¥800.00	¥3,500.00	
6	¥800.00	¥600.00	¥3,400.00	¥1,600.00	¥1,200.00	¥600.00	¥3,400.00	
7	¥2,000.00	¥0.00	¥4,000.00	¥1,200.00	¥1,200.00	¥400.00	¥2,800.00	
8	¥1,200.00	¥800.00	¥4,000.00	¥1,000.00	¥1,200.00	¥800.00	¥3,000.00	
9	¥1,500.00	¥600.00	¥4,100.00	¥1,500.00	¥1,200.00	¥600.00	¥3,300.00	

图 6-42　计算上半年各月的支出

3. 计算收入余额，选中“收入余额”一列的 J4 单元格，在其中输入公式“=E4-I4”，输入公式之后，按 Enter 键，系统将自动计算出结果，拖动 J4 单元格右下角的填充柄，可以用自动填充功能计算出上半年各月的收入余额，如图 6-43 所示。

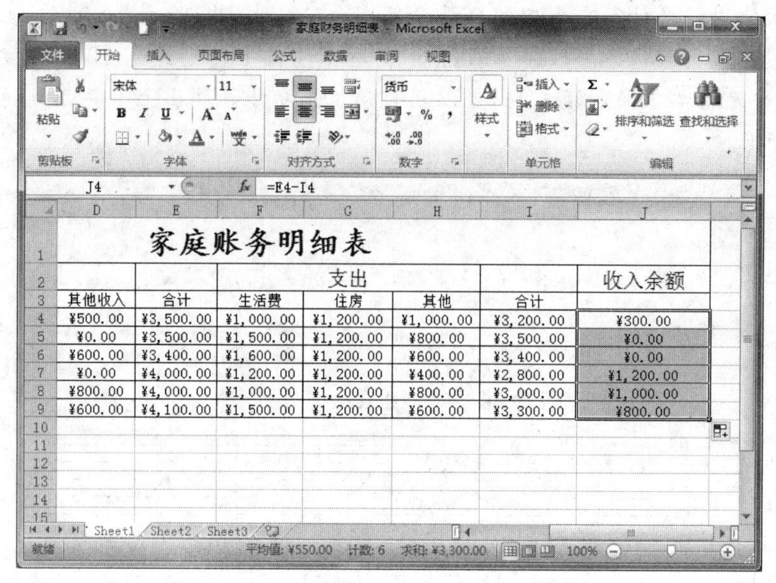

家庭账务明细表

	D	E	F	G	H	I	J
2			支出				收入余额
3	其他收入	合计	生活费	住房	其他	合计	
4	¥500.00	¥3,500.00	¥1,000.00	¥1,200.00	¥1,000.00	¥3,200.00	¥300.00
5	¥0.00	¥3,500.00	¥1,500.00	¥1,200.00	¥800.00	¥3,500.00	¥0.00
6	¥600.00	¥3,400.00	¥1,600.00	¥1,200.00	¥600.00	¥3,400.00	¥0.00
7	¥0.00	¥4,000.00	¥1,200.00	¥1,200.00	¥400.00	¥2,800.00	¥1,200.00
8	¥800.00	¥4,000.00	¥1,000.00	¥1,200.00	¥800.00	¥3,000.00	¥1,000.00
9	¥600.00	¥4,100.00	¥1,500.00	¥1,200.00	¥600.00	¥3,300.00	¥800.00

图 6-43 计算上半年各月的收入余额

视频教学演示

使用公式和函数的详细步骤可参看本教材配套多媒体光盘\视频\6\07.swf 视频文件中的操作演示。

任务 3 插入图表

任务目标

通过在家庭账务明细表中插入图表,了解插入图表,更改图表,移动图表,修改数据等图表的相关操作。

技能目标

掌握如何在 Excel 2010 中插入图表。

在 Excel 2010 中,可以快捷地创建基于表格数据的图表,将工作表中数据显示为条形、折线、柱形、饼块或其他形状,既可以生成置于工作表中的嵌入图表,也可以生成独立的图表工作表。

下面具体介绍如何在家庭账务明细表中插入图表。

关键步骤提示

1. 首先在“家庭账务明细表”工作表中选择创建图表需要的单元格区域 A3:E9,切换至“插入”选项卡,在“图表”选项组中单击“柱形图”按钮,在弹出的下拉列表中选择“三维簇状柱形图”选项,即可建立相应的图表,如图 6-44 所示。

图 6-44　插入图表

2. 创建的图表类型不是固定不变的，如希望更改创建的图表类型，右击图表的图表区，从弹出的快捷菜单中选择“更改图表类型”命令，即可打开“更改图表类型”对话框，如图 6-45 所示。选择需要更改的图表类型，这里选择“堆积圆柱图”选项，单击“确定”按钮，即可完成图表类型的更改，如图 6-46 所示。

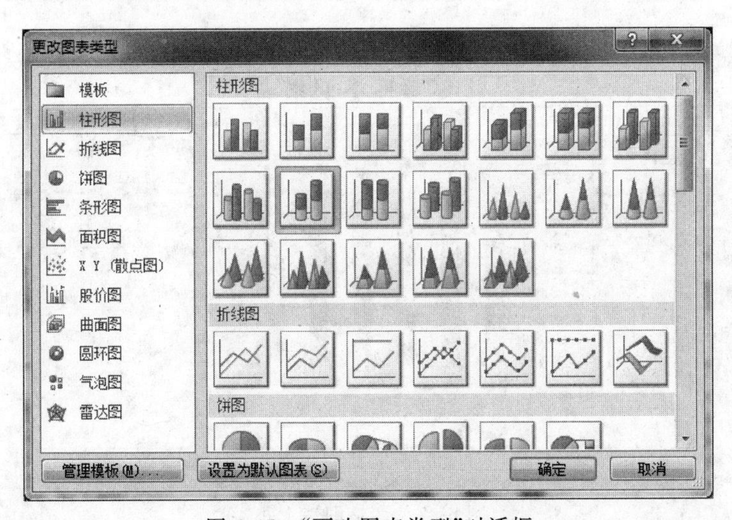

图 6-45　“更改图表类型”对话框

3. 调整图表的大小。根据需要可以很方便地调整图表的大小，将鼠标移动到图表区

图 6-46 更改图表类型

的四周，当指针变成双向箭头形状时，如图 6-47 所示，拖动鼠标可以调整图表的大小。

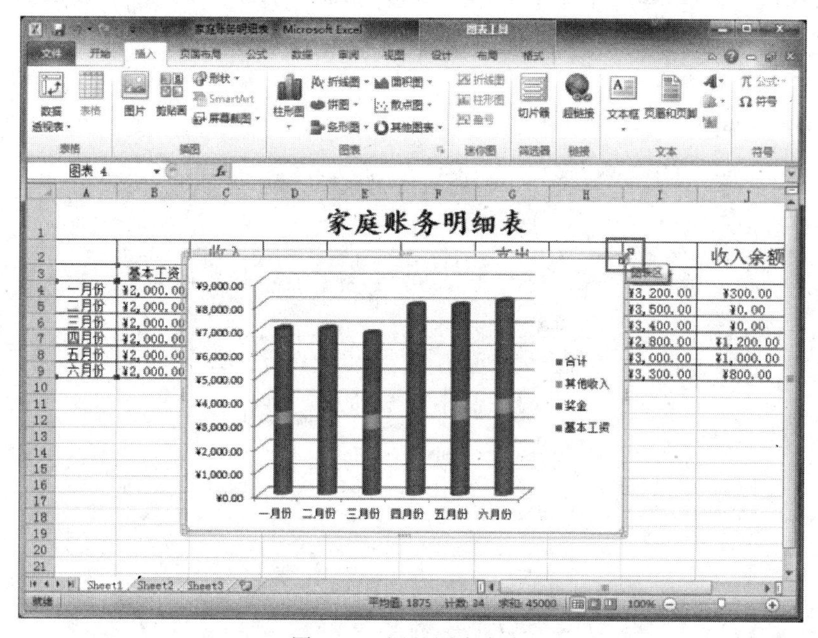

图 6-47 调整图表大小

4. 移动图表的位置。将鼠标移动到图表区的边缘处，当指针变成十字箭头形状时，如图 6-48 所示，拖动鼠标可以调整图表的位置。

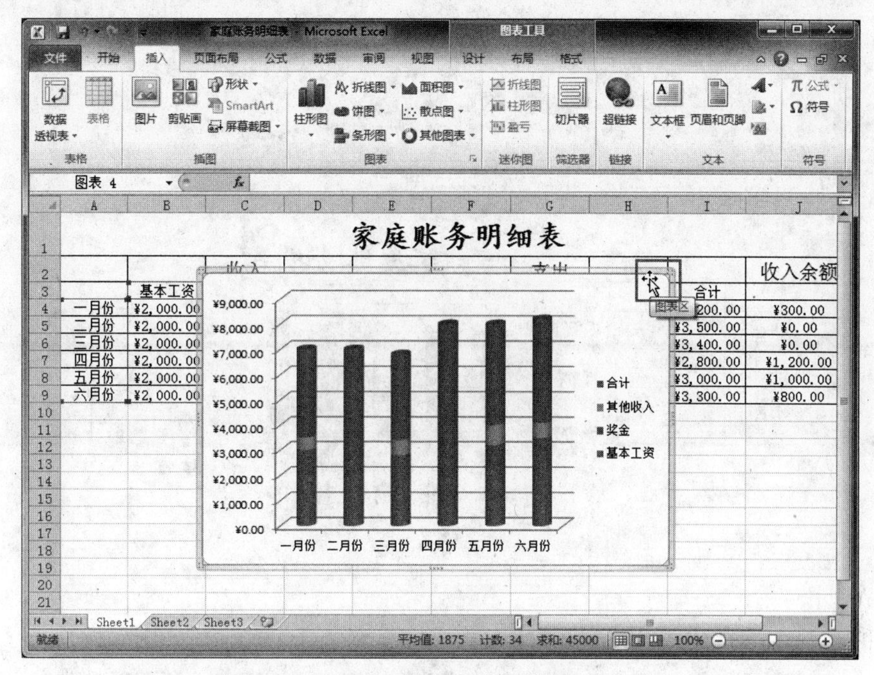

图 6-48　移动图表的位置

5. 更改图表源数据。对于创建好的图表，其源数据可以根据需要进行添加与删除操作，右击图表中的图表区，从快捷菜单中选择“选择数据”命令，即可打开“选择数据源”对话框，如图 6-49 所示。单击“折叠”按钮，返回 Excel 工作表重新选择数据源区域，在折叠的“选择数据源”对话框中显示重新选择后的单元格区域，单击“确定”按钮，即可根据新的数据源显示图表，如图 6-50 所示。

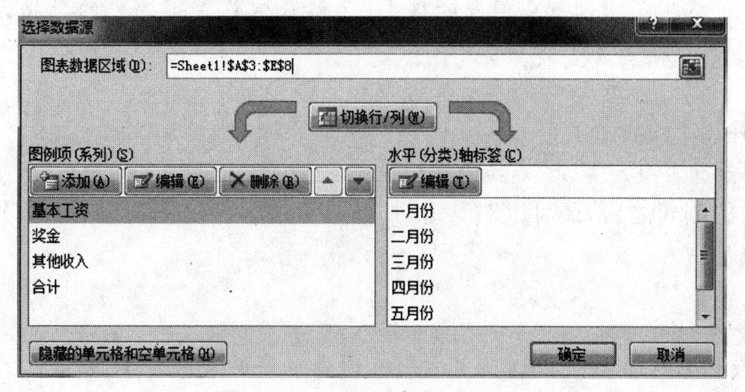

图 6-49　“选择数据源”对话框

视频教学演示

插入图表的详细步骤可参看本教材配套多媒体光盘\视频\6\08.swf 视频文件中的操作演示。

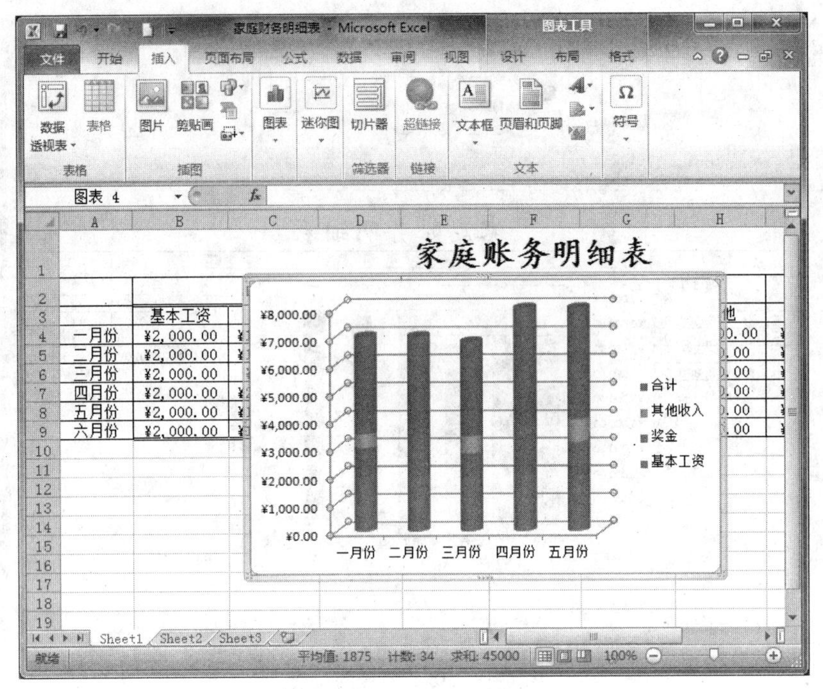

图 6-50　更改数据后的图表

任务 4　设置图表格式

任务目标

通过设置家庭账务明细表中图表的格式，了解如何设置图表中的数据系列、绘图区、图例等，使图表看起来更加美观。

技能目标

掌握如何在 Excel 2010 中设置图表格式。

完成图表的创建之后，还可以对其进行具体的设置，使之更加美观。设置图表格式的具体操作步骤如下。

关键步骤提示

1. 设置数据系列格式。数据系列是图表中最重要的组成元素，对其进行格式设置的具体操作步骤为：在某一数据系列上右击，从弹出的快捷菜单中选择“设置数据系列格式”命令，即可打开“设置数据系列格式”对话框，切换至“形状”选项卡，在“预设”下拉列表中选中“方框”单选按钮，如图 6-51 所示。设置完毕之后，单击“关闭”按钮，效果如图 6-52 所示。

2. 设置图表区格式。在图表的空白区域右击，从弹出的快捷菜单中选择“设置图表区域格式”命令，即可打开“设置图表区格式”对话框，在“填充”选项卡中选中“渐变填充”

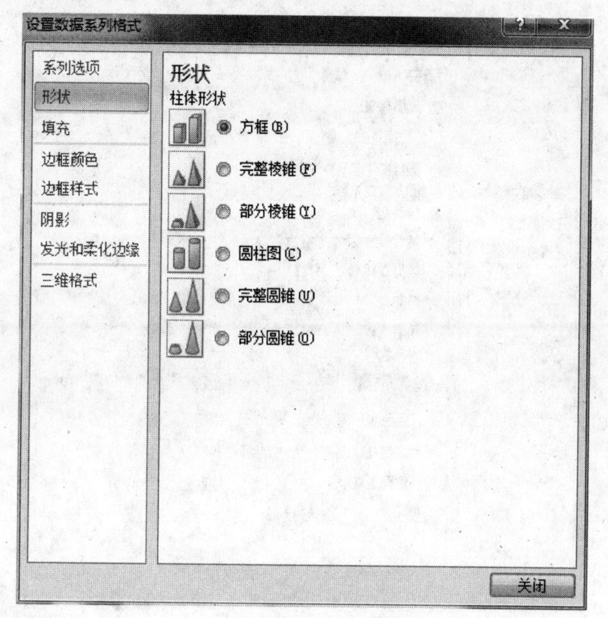

图 6-51 “形状”选项卡

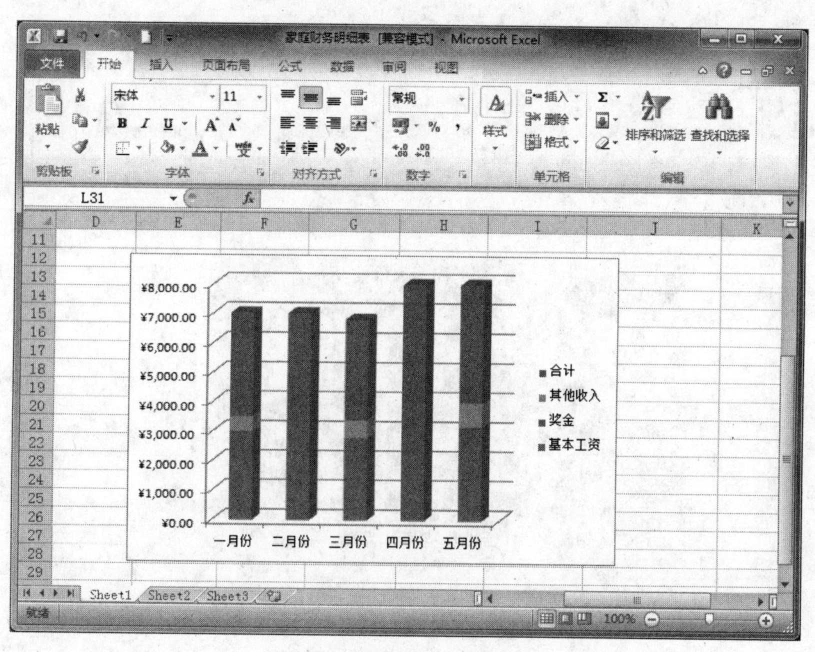

图 6-52 设置数据系列格式

单选按钮，选择“类型”下拉列表中的“线性”选项，单击“颜色”按钮右侧的下三角按钮，选择需要的线条颜色，如图 6-53 所示。单击“关闭”按钮，效果如图 6-54 所示。

3. 设置图例格式。在图表中选择图例区域，右击，从弹出的快捷菜单中选择“设置图例格式”命令，即可打开“设置图例格式”对话框，在“图例选项”选项卡中选中“靠上”单选

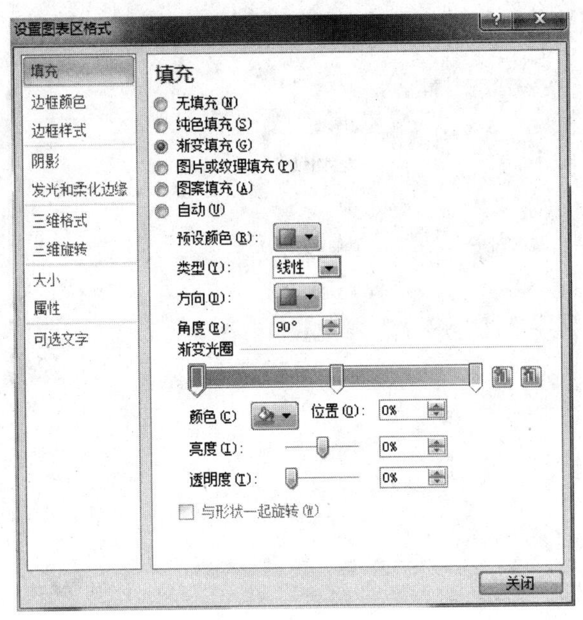

图 6-53 “填充”选项卡

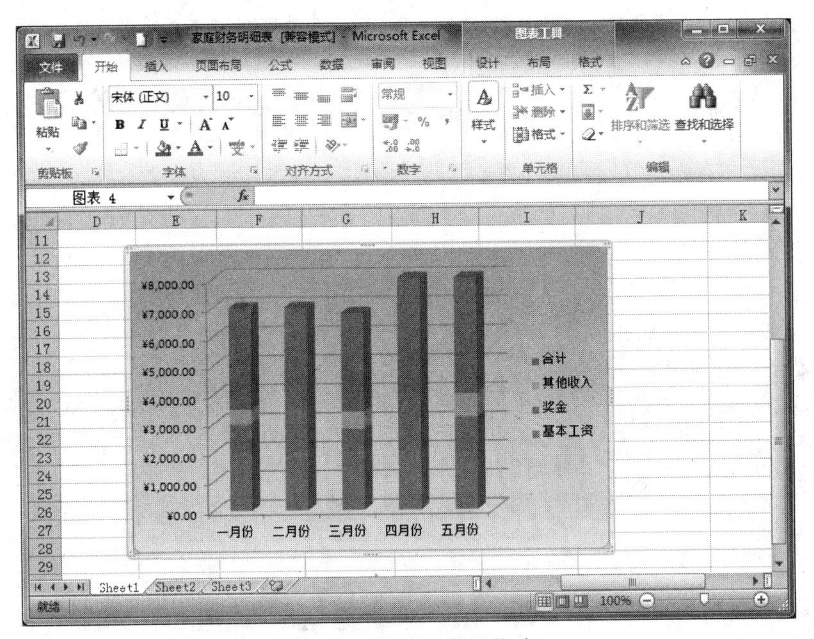

图 6-54 设置图表区格式

按钮，如图 6-55 所示。单击“关闭”按钮，效果如图 6-56 所示。

视频教学演示

设置图表格式的详细步骤可参看本教材配套多媒体光盘\视频\6\09.swf 视频文件中的操作演示。

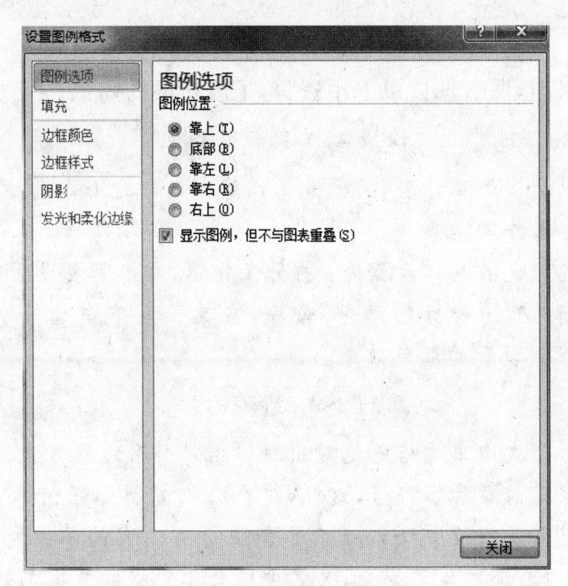

图 6-55 “设置图例格式”对话框

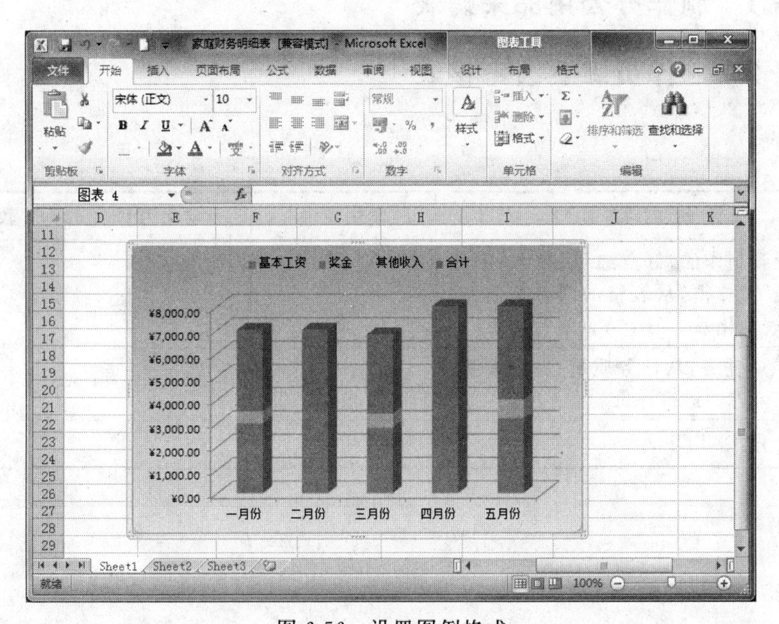

图 6-56 设置图例格式

课堂讨论和思考

1. 如何在 Excel 2010 中使用公式?
2. 如何在 Excel 2010 中使用函数?
3. 如何在表格中插入图表?
4. 如何更改插入的图表类型?
5. 如何设置图表的绘图区和图例?

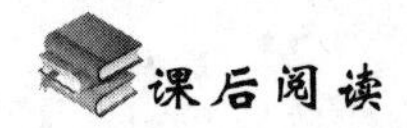
课后阅读

可根据自己的兴趣,课后选读以下小资料,了解相关的知识。

设置工作表标签颜色

一个工作簿可包含多个工作表,为区分工作簿中包含的工作表,可以通过设置工作表标签颜色来区分这些工作表。

设置工作表标签颜色的具体步骤为:打开工作簿,右击需要设置颜色的工作表标签,从弹出的菜单中选择“工作表标签颜色”命令,在其子菜单中选择所需的颜色,返回到Excel工作表,即可看到设置的颜色效果。

复制公式的两种方式

复制公式时包括公式中单元格的绝对引用和相对引用两种方式。绝对引用是指在公式中单元格的行列坐标前添加$符号,这样,这个公式复制到任何地方,这个单元格的值都绝对不变。相对引用是指在把Excel工作表中含有公式的单元格复制到其他单元格时,由于目标单元格的地址发生了变化,公式中所含单元格的值也相对改变。

职业任务1　制作办公用品采购表

职业任务2　制作员工业绩考核表

竞赛评价

评价内容	学生自评	学生互评	教师评价
学生相互观看制作的“好友通讯录”和“家庭账务明细表”工作簿,从表格的内容特色、功能运用、图表美化效果三个方面进行评价			
任选一个职业任务,从任务质量、完成效率、职业水准三个方面进行评价			
竞赛6总得分:			

第3篇

促进学习

飞速发展的网络带来了大量信息，人们的生活学习方式发生了巨大变化，越来越多的人习惯使用网络来获取自己所需要的各种资源，如图像、视频、音频和软件等。人们可以通过网络浏览电视节目，聆听音乐，进行互动游戏，翻看百科全书，下载优秀的教学资源等。总之，在网络上学习，变得非常方便。

对于网上下载到的大量学习资源，如果毫无规律地存放，到使用时查找将会非常麻烦。Windows 7 提供了非常方便的文件管理策略，同时拥有优秀的播放软件可以将音频、视频资源播放出来，使学习不再枯燥，变得轻松愉快效率又高。

Part 3

竞赛 7

获取网络学习资源

利用网络学习已成为一种时尚，通过访问专业论坛，观看教学视频和下载学习资源，可以极大地丰富人们的学习生活。

竞赛要求

一是利用论坛解决学习中遇到的问题；二是使用下载工具下载学习资源；三是阅读电子图书。

评比条件

能否顺利实现上述三个任务。

第 1 关　查找网络学习资源

在工作学习中可能会遇到一些技术问题无法解决，这就需要利用专业性的技术论坛来帮忙，比如寻找英语学习资料，下载考试资料和解决计算机使用中的难题。如何找到这些专业论坛呢？

任务 1　访问学习网站论坛

任务目标

收集英语学习、自学考试和计算机技术等方面的论坛，掌握查找论坛的方法。

技能目标

掌握查找相关论坛的方法。

在网上查找学习资源，除了利用搜索引擎有针对性的检索外，更多的是通过访问论坛(BBS)的方式。在论坛中发布求助、经验心得和资源信息等帖子，积极进行网络互动，在与网友的交流中解决自己和他人的问题。

关键步骤提示

1. 搜索学习网站论坛。大多数论坛和社区等互动交流网站的 URL 中都至少包含 bbs、forum 和 club 等单词中的一个。所以在利用百度检索时，使用 inurl 语法进行查询，格式为“搜索内容 inurl：bbs/forum/club”。比如希望让 Windows 7 的任务栏恢复成 XP 的样式，可以在百度输入“Windows7 传统任务栏 inurl：bbs”进行检索，如图 7-1 所示。发现检索结果的 URL 中，都包含 bbs 单词，在第二条结果就找到想要的论坛了。用同样的办法可以搜索与英语、考试相关的论坛。

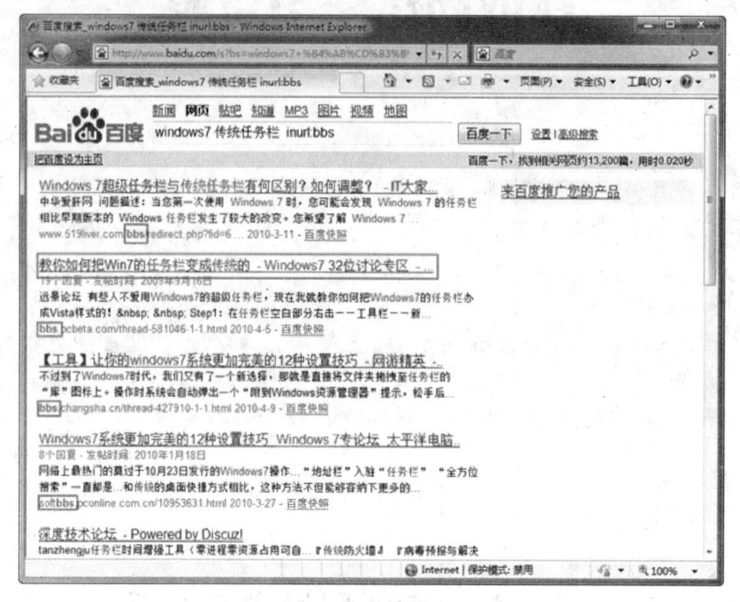

图 7-1　搜索论坛

2. 访问检索到的论坛。在检索结果中，依次打开提供解决办法的论坛，看一下页面内容提供的办法是否可行。现在很多论坛为了提高人气，拒绝未注册用户访问或下载论坛附件，所以要查看这些论坛必须先注册，如图 7-2 所示。

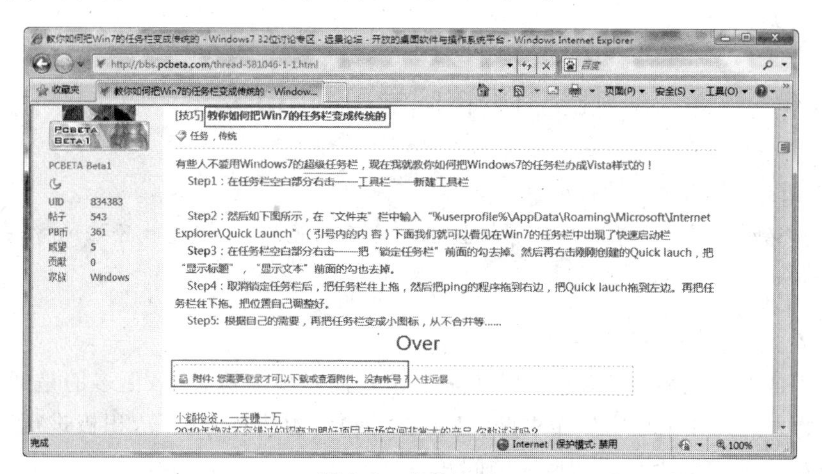

图 7-2　查看论坛

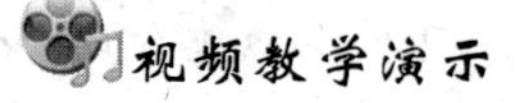

视频教学演示

访问学习网站论坛的详细步骤可参看本教材配套多媒体光盘\视频\7\01. swf 视频

文件中的操作演示。

任务2 进行网络互动

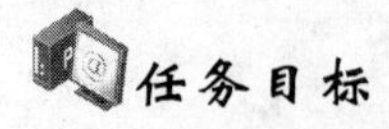

任务目标

通过注册论坛成员和建立博客,了解如何在网络上与他人交流经验和知识。

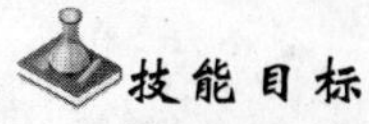

技能目标

掌握博客和论坛的操作方法。

在论坛和博客中,可以说出自己感兴趣的事情,对别人提出的建议进行回复,说明如何改进等。在交流中,自己的经验和知识会越来越丰富,解决问题的能力也越来越强。

步骤1 使用论坛

下面以使用解决 Excel 技术问题的 ExcelHome 论坛为例,介绍如何申请论坛账号,访问论坛,并在论坛中和网友互动。

关键步骤提示

1. 访问论坛。在浏览器的地址栏中输入 http://club.excelhome.net/,打开 Excel-Home 论坛,如图7-3所示。看到论坛由很多分区组成,每个分区下面又有很多技术版块。

图7-3 访问论坛

2. 注册用户。这个论坛需要注册会员才能下载附件。在论坛上面单击"免费注册"超链接,同意论坛协议后进入注册页面,按照要求依次输入注册信息。如果想公开自己的信息,可以继续选中"显示高级用户设置选项"复选框,按照提示输入信息。所有信息输入完毕后，单击“提交”按钮，如图 7-4 所示。

Excel Home论坛 » 免费注册

免费注册

基本信息（*为必填项）

验证码	如果您无法识别验证码，请点图片更换 c3fq
验证问答	Excel Home成立于哪一年？（答案：1999） 1999
用户名 *	boyivy
密码 *	••••••
确认密码 *	••••••
Email *	ivyboy@126.com
邀请码	不填写邀请码也可以注册
职业 *	教育工作者
行业 *	教育
高级选项	显示高级用户设置选项

提交

图 7-4　注册用户

3. 修改用户头像。使用论坛默认头像总给人千篇一律的感觉，为了加深他人对自己的印象，一定要改一下自己的头像，让网友一眼就能记住自己。登录论坛后，单击论坛右上角“控制面板”超链接，打开“个人管理”页面，单击“编辑个人资料”超链接，在打开的页面中切换至“上传头像”选项卡，单击“选择图片”按钮，在本地计算机中选择需要上传的头像，调整后单击“保存头像”按钮即可，如图 7-5 所示。

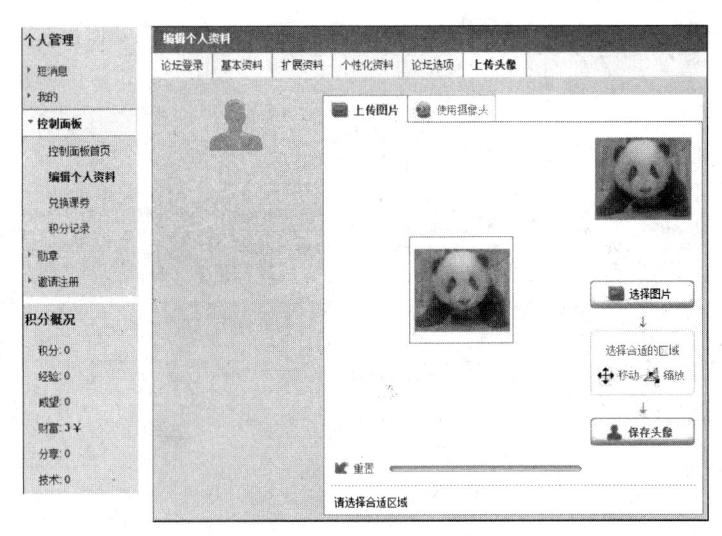

图 7-5　修改用户头像

4. 发布新帖。在论坛发表新话题一般都须登录论坛。在本论坛登录后选择相关版块单击进入，在版块右上角单击“新帖”按钮打开“发新话题”页面，根据提示输入标题和内容。如果需要发布图片和附件，单击上传附件下面的“浏览”按钮，选中本地计算机中的文件后，单击“发表话题”按钮即可。如果想美化帖子内容，可单击左侧的表情插入到帖子中，还可以利用如同 Word 里面的编辑工具栏来美化帖子，如图 7-6 所示。

图 7-6　发新话题

5. 回帖。帖子发表之后，自己就为楼主，接下来就等网友来回答了。回帖有两种方式：第一种方法直接在页面最下面的“快速回复主题”区域内回复，此种方式不能使用编辑器编辑，如图 7-7 所示；第二种方法是单击快速回复框上面的“回复”按钮，这个界面和发帖的界面一样，回帖的效果如图 7-8 所示。

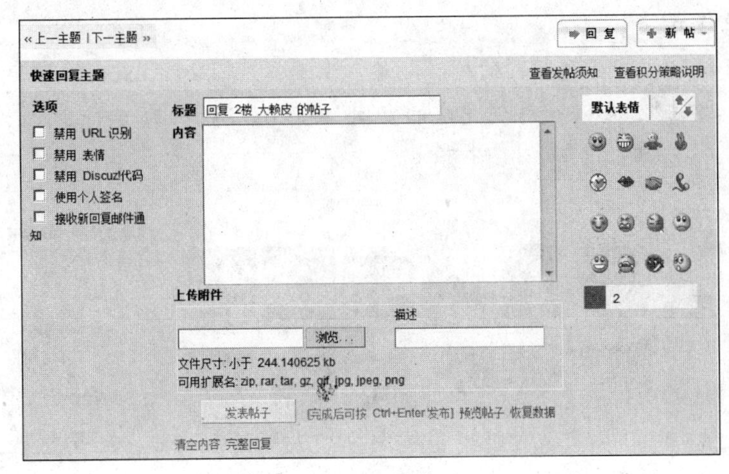

图 7-7　回帖

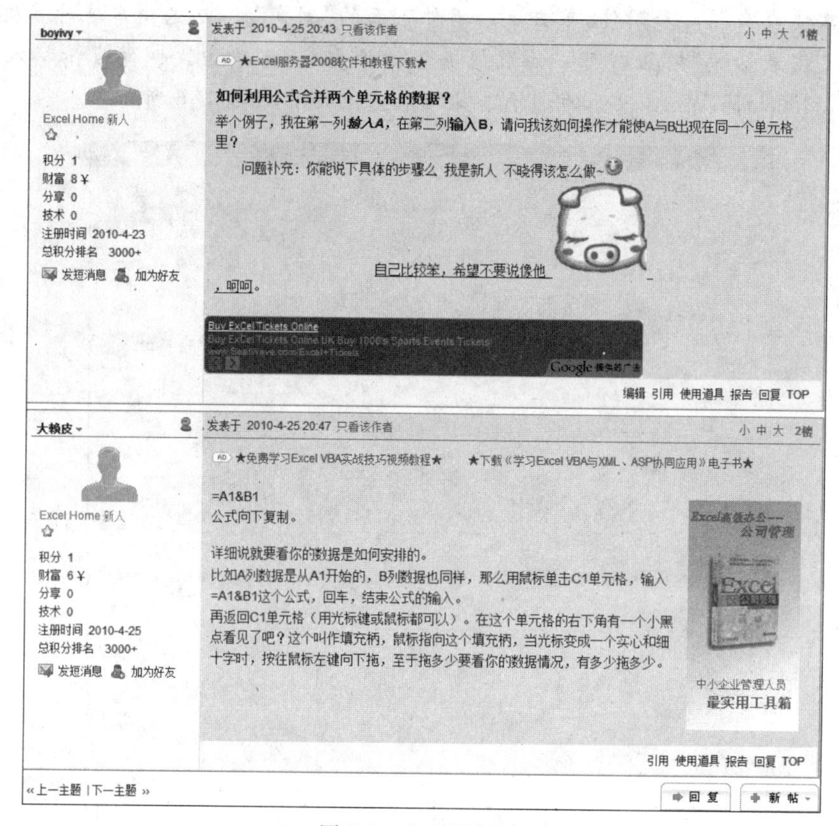

图 7-8 查看回复帖

步骤 2 建立博客

下面以在百度空间(http://hi.baidu.com/)中建立博客为例介绍如何申请博客,并使用博客实现网络互动。

关键步骤提示

1. 访问百度空间。在浏览器的地址栏输入 http://hi.baidu.com/打开百度空间,在百度空间首页,单击"立即注册并创建我的空间"按钮,如图 7-9 所示。

图 7-9 百度空间首页

2. 注册用户。在打开的"注册"页面中输入完注册信息后,单击"同意以下协议,立即注册"按钮,如图 7-10 所示。在新页面选择适合自己的空间类型,单击"完成注册 立即完善个人信息"按钮,如图 7-11 所示。之后上传自己的照片,如图 7-12 所示。单击"保存,下一步"按钮,填写个人资料,如图 7-13 所示。

1. 注册登录账号　2. 选择空间类型

用 户 名 : studyblog2010　不超过7个汉字,或14个字节(数字,字母和下划线)

空间网址 : http://hi.baidu.com/studyblog2010　仅限汉字、字母、数字和下划线。

设置密码 : ●●●●●●　密码长度6~14位,字母区分大小写。

确认密码 : ●●●●●●

性　别 : ◉男 ◎女

电子邮件 :　请输入有效的邮件地址,当密码遗失时凭此领取

验 证 码 : 42ra　A2RA　看不清?

同意以下协议,立即注册

一、总则

1.1 用户应当同意本协议的条款并按照页面上的提示完成全部的注册程序。用户在进

图 7-10　注册账号

图 7-11　选择空间类型

图 7-12 上传头像

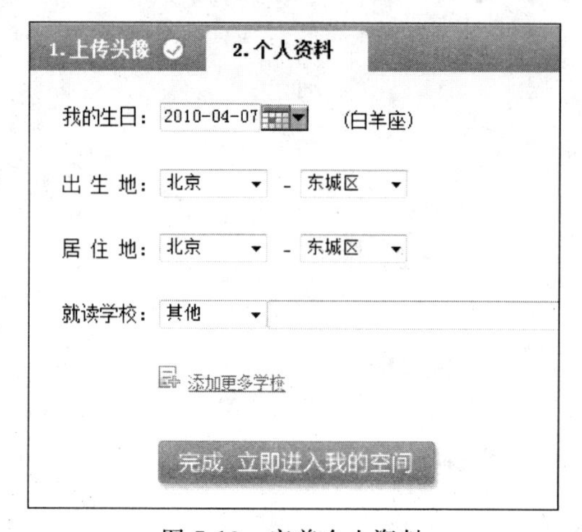

图 7-13 完善个人资料

3. 单击"完成 立即进入我的空间"按钮后，页面自动转到空间首页，如图 7-14 所示。

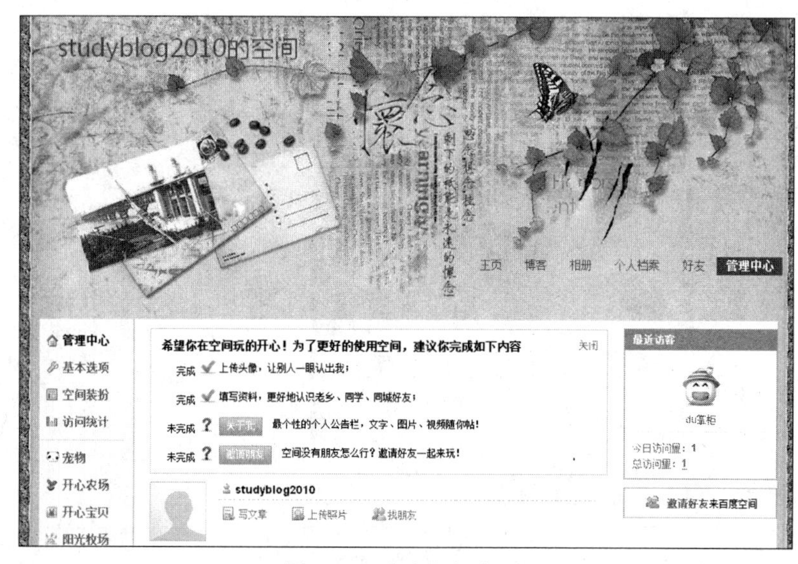

图 7-14 个人空间主页

4. 写日志。在个人空间首页单击“写文章”超链接，进入“创建新的文章”页面，如图 7-15 所示。在这里就可以发表自己的日志，与他人一起分享了。建议对日志分类，以方便日后管理。如果属于保密日志，可以在“状态”下拉列表中选择“私有”选项。

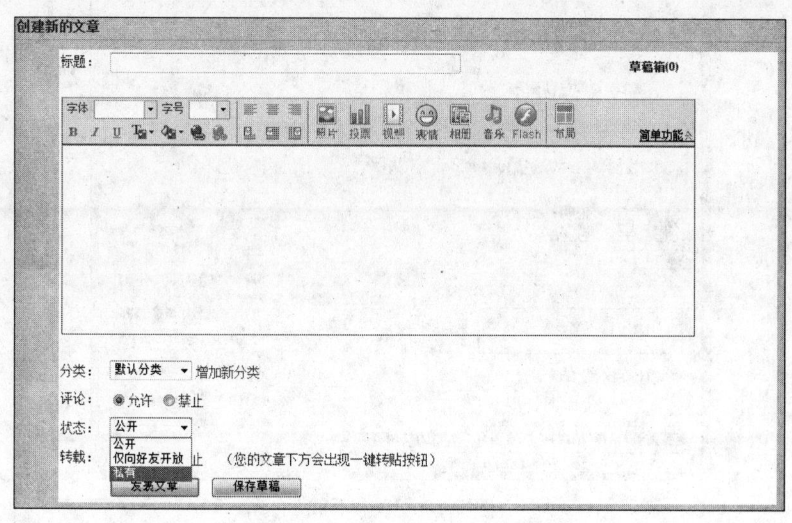

图 7-15 “创建新的文章”页面

视频教学演示

进行网络互动的详细步骤可参看本教材配套多媒体光盘\视频\7\02.swf 视频文件中的操作演示。

任务 3　下载学习资料

任务目标

通过下载网络资源，了解如何在网络上获取学习资料。

技能目标

掌握利用 IE、下载软件和 FTP 下载资源的方法。

面对网上丰富的学习资源，要选用合适的下载工具，才能更加方便、快速、准确地将网上有用的信息资源下载下来。一般情况下，用 IE 8.0 就可以直接下载网上资源，但对于特殊的网站和协议就必须使用专用的下载软件。下面用三个例子介绍如何下载学习资源。

步骤 1　利用 IE 8.0 直接下载

关键步骤提示

1. 找到资源下载链接。在浏览器中打开要下载资源所在的网页，单击下载链接，如图 7-16 所示。对于文本超链接还可以右击该链接，在弹出的快捷菜单中选择“目标另存为”命令，如图 7-17 所示。

图 7-16 单击下载

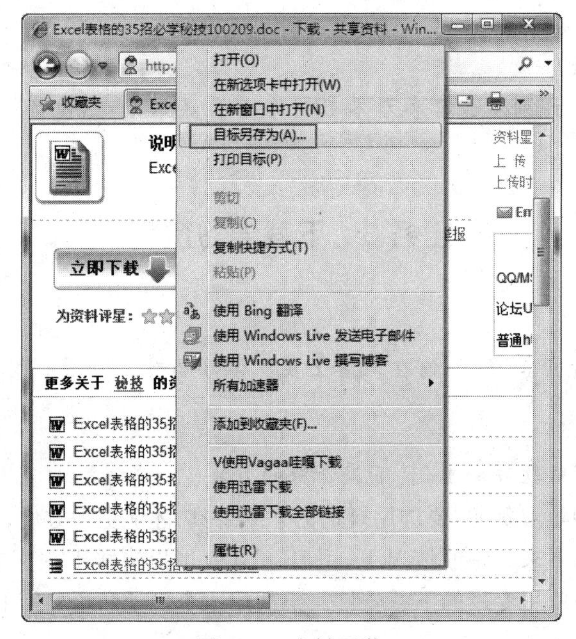

图 7-17 右键下载

2. 保存资源。在弹出的“文件下载”对话框中，单击“保存”按钮，如图 7-18 所示。在弹出的“另存为”对话框中选择下载资源的存储位置，如图 7-19 所示。如果是用选择右键菜单“另存为”命令的方式，这里将直接出现“另存为”对话框。

3. 完成下载。在“另存为”对话框中单击“保存”按钮后，就开始下载资源了。下载完成后，即可弹出“下载完毕”对话框，如图 7-20 所示。

图 7-18 “文件下载”对话框

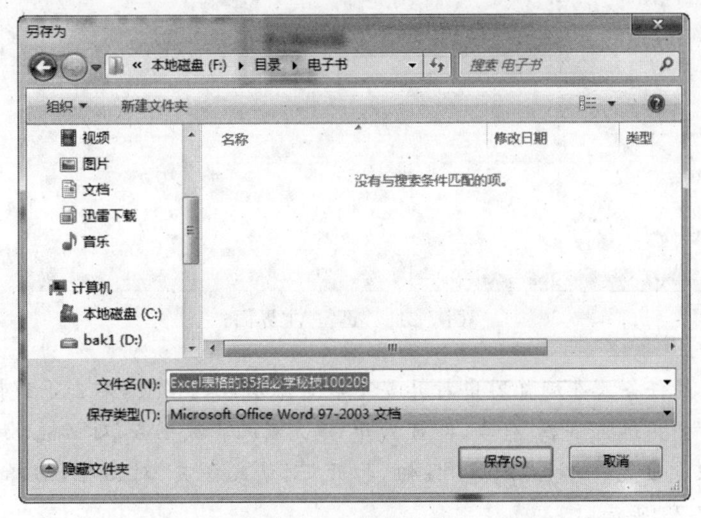

图 7-19 保存文件

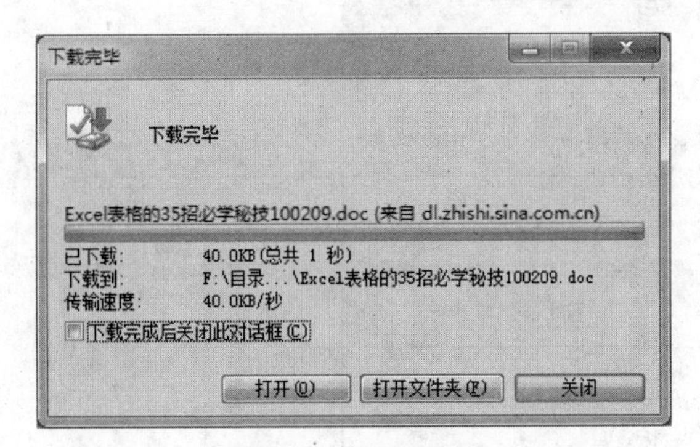

图 7-20 下载完成

步骤 2 使用迅雷下载资源

使用 IE 8.0 下载资源虽然方便，但速度较慢，而且不支持断点续传。如果要经常下载资源，最好使用迅雷、支持 BT 下载的比特精灵、电驴(eMule) 等下载软件。其中迅雷是目前很优秀的一款下载软件，支持目前大多数下载协议，如 FTP、BT、eMule 等。下面以下载“WPS Office 2010 个人版”为例进行具体的介绍。

关键步骤提示

1. 双击桌面上的迅雷快捷图标，即可启动迅雷，其主界面如图 7-21 所示。

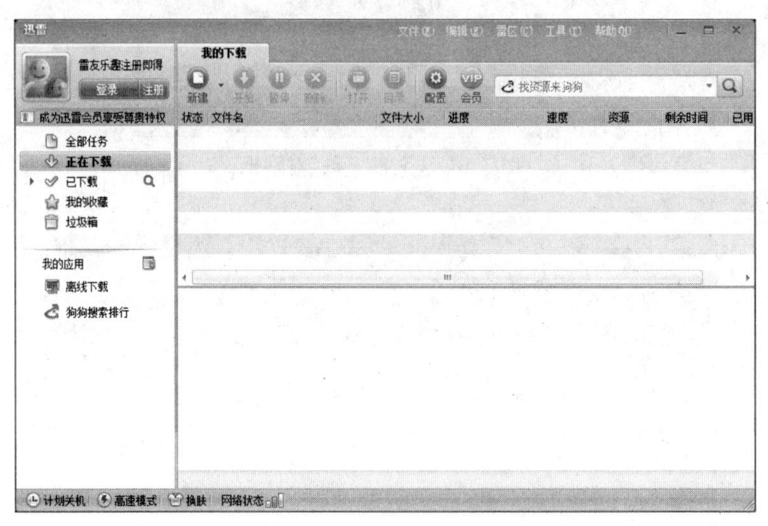

图 7-21 “迅雷”主界面

2. 建立下载任务。在浏览器中打开要下载资源所在的网页，右击下载链接，从弹出快捷菜单中选择“使用迅雷下载”命令，即可打开“建立新的下载任务”对话框，如图 7-22 所示。

3. 选择保存位置。单击“浏览”按钮，打开“浏览文件夹”对话框，选择下载资源存放的位置，如图 7-23 所示。

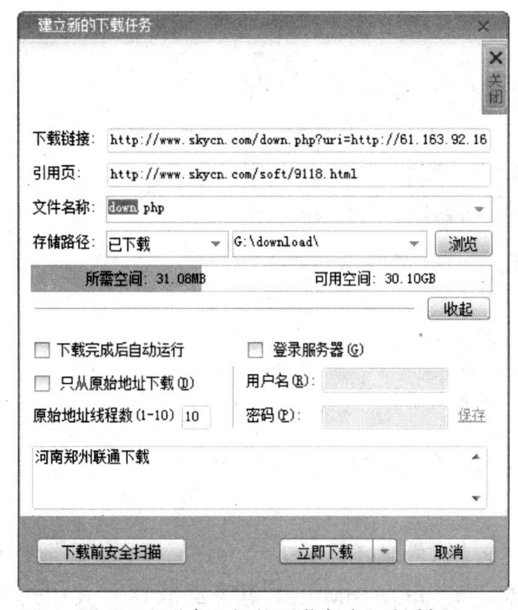

图 7-22 “建立新的下载任务”对话框

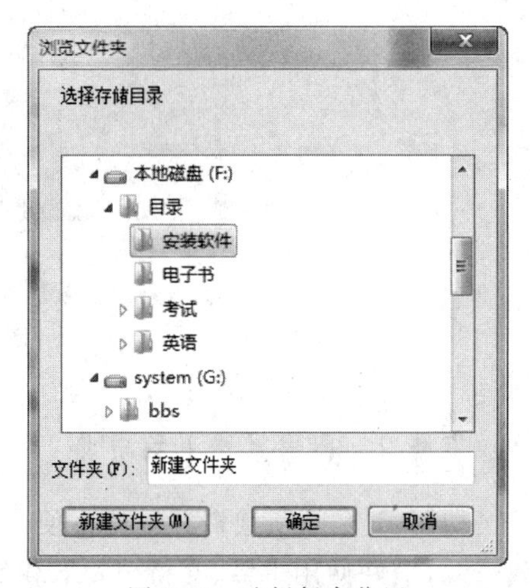

图 7-23 选择保存位置

4. 单击“确定”按钮，返回“建立新的下载任务”对话框，单击“立即下载”按钮，如图7-24所示。

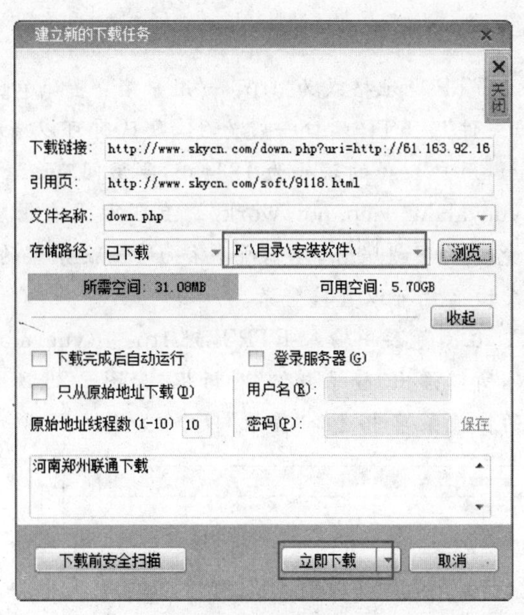

图7-24　开始下载

5. 查看下载资源。在下载过程中，桌面右上角的悬浮窗中会显示下载进度。下载完成后，在“已下载”窗格，可以看到WPS的安装文件，如图7-25所示。

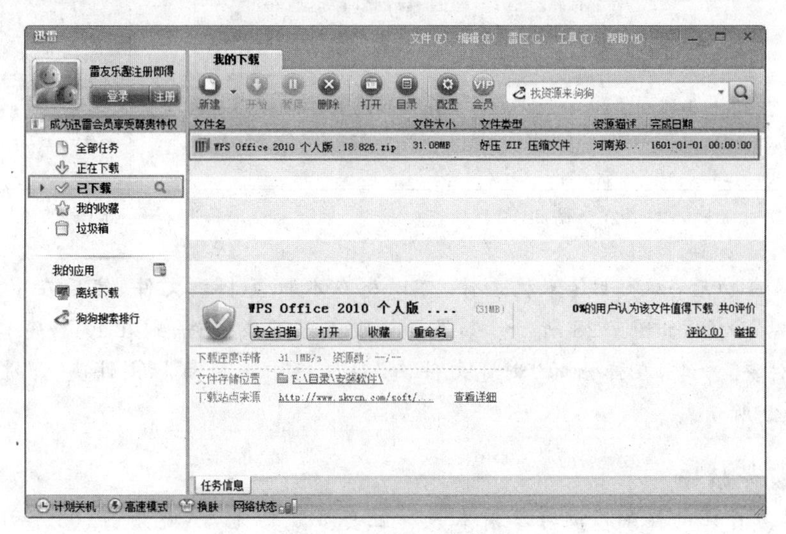

图7-25　查看下载资源

步骤3　使用FTP下载资源

FTP能够在不同计算机之间传输文件以及提供文件共享，是Internet上使用最频繁的功能之一。通过FTP可以将远程主机上的文件下载到本地计算机中,也可以把本机中的文件上传到远程主机上。FTP在管理Web站点的时候用得最多。

关键步骤提示

1. 了解FTP地址。FTP地址格式为“ftp://用户名:密码@FTP服务器IP地址或域名:FTP端口/路径/文件”。FTP端口一般为21,默认时可以省略。例如FTP服务域名为yueyalake.vicp.net,用户test的密码为123456,要访问“work”目录,则FTP地址为ftp://test:123456@yueyalake.vicp.net/work/。互联网上有很多FTP服务器提供匿名服务,它向公众提供免费的下载服务,不需要获得FTP服务器的授权,这类FTP服务器使用服务器IP地址或域名就可以直接登录。

2. 访问FTP站点。在浏览器中输入FTP地址ftp://yueyalake.vicp.net/work,因为这个服务器需要授权,所以弹出“登录身份”对话框,如图7-26所示。也可以在FTP窗口空白处右击,在弹出的快捷菜单中选择“登录”命令,如图7-27所示。

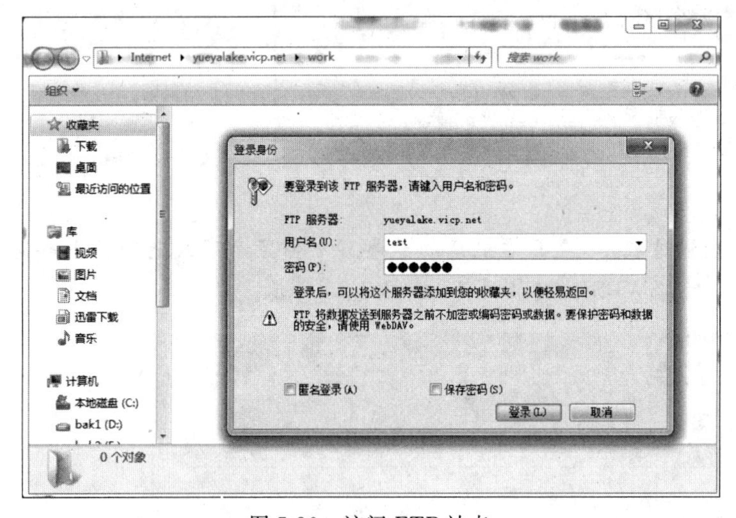

图7-26 访问FTP站点

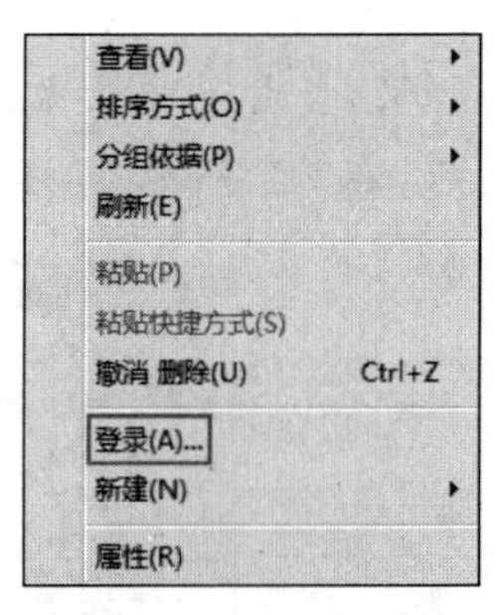

图7-27 右键登录

3. 登录成功后,如果上传本机文件,可以先在本机复制该文件,然后在FTP窗口右击选择“粘贴”命令,如图7-28所示。如果是从服务器下载文件,则在FTP窗口右击选择“复制到文件夹”命令,在弹出的“浏览文件夹”对话框中选择目标文件夹,单击“确定”按钮,如图7-29所示。

视频教学演示

下载学习资料的详细步骤可参看本教材配套多媒体光盘\视频\7\03.swf视频文件中的操作演示。

课堂讨论和思考

1. 如何查找专业性论坛?
2. 如何注册论坛,并进行发帖和回帖?

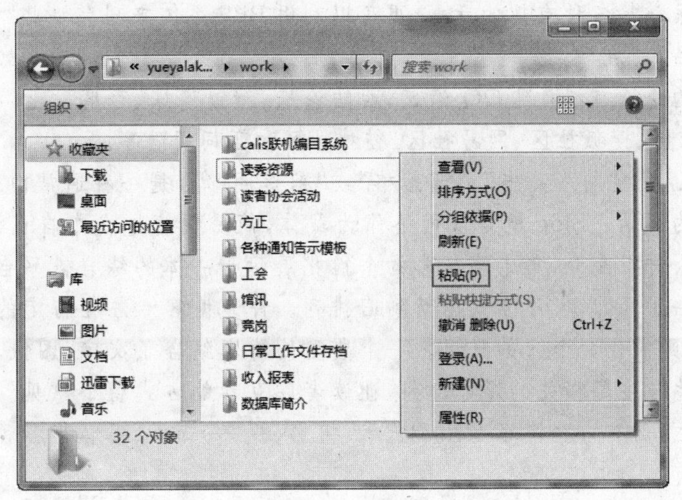

图 7-28 上传文件

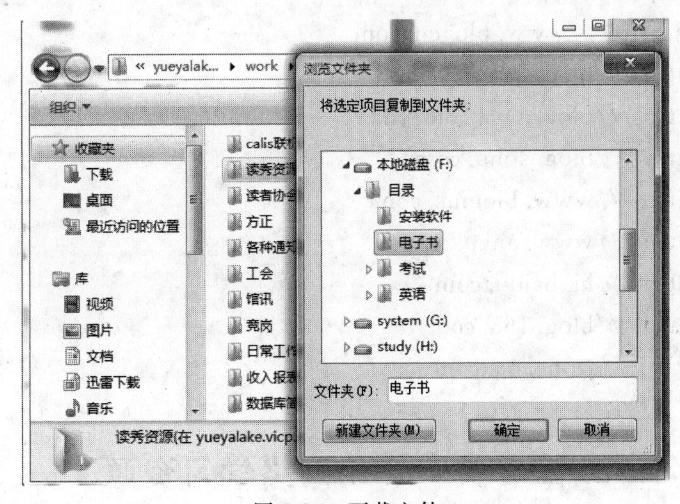

图 7-29 下载文件

3. 如何建立个人博客?

4. 如何利用下载工具下载学习资源?

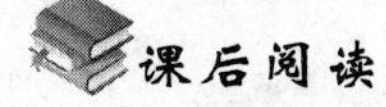
课后阅读

可根据自己的兴趣,课后选读以下小资料,了解相关的知识。

了解论坛和博客

1. 论坛又名网络论坛 BBS,全称为 Bulletin Board System(电子公告板)或者 Bulletin Board Service(公告板服务),是 Internet 上的一种电子信息服务系统。它提供一块公共电子白板,每个用户都可以在上面书写,可发布信息或提出看法。它的特点是交互性强,内容丰富而及时。用户在 BBS 站点上可以获得各种信息服务,进行发布信息、讨论、聊天等操作。比如通过 BBS 系统来和别人讨论计算机软件、硬件、Internet、多媒体、程序设计以及医学等各种有趣的话题,更可以利用BBS系统来刊登一些“征友”、“廉价转让”及“公司产品”等启事。

比较知名的论坛有:腾迅QQ论坛、西陆论坛、新浪论坛、百度贴吧、天涯社区、中华网论坛、Tom社区、搜狐社区、网易社区、猫扑社区和西祠胡同等。

2. 博客,又译为“网络日志”、“部落格”或“部落阁”等,是一种通常由个人管理,不定期张贴新文章的网站。Blog就是以网络作为载体,简易便捷地发布自己的心得,及时有效轻松地与他人进行交流,集丰富多彩的个性化展示于一体的综合性平台。博客上的文章通常根据张贴时间,以倒序方式由新到旧排列。许多博客专注在特定的课题上提供评论或新闻,其他则被作为个人的日记。一个典型的博客结合了文字、图像、其他博客或网站的链接及其他与主题相关的媒体,能够让读者以互动的方式留下意见。大部分的博客内容以文字为主,仍有一些博客专注于艺术、摄影、视频、音乐、播客等各种主题。比较知名的博客网站有:

博客网 http://www.bokee.com

天涯博客 http://blog.tianya.cn

中国博客网 http://www.blogcn.com

和讯博客 http://blog.hexun.com

新浪博客 http://blog.sina.com.cn

搜狐博客 http://blog.sohu.com

敏思博客 http://www.blogms.com

博易博客 http://www.anyp.cn

百度空间 http://hi.baidu.com

网易博客 http://blog.163.com

QQ空间 http://qzone.qq.com

第2关 使用网络学习资源

面对浩瀚的网络学习资源,同学们已经知道了如何去查找和下载,那么,究竟应该如何使用呢?下面就来介绍如何通过相关软件阅读电子图书和观看网络课堂。

任务1 阅读电子图书

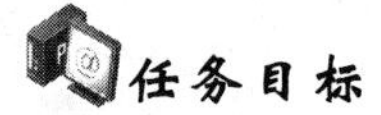

任务目标

通过阅读PDF格式的产品文档和TXT文本小说,学会阅读此类电子书的基本方法。

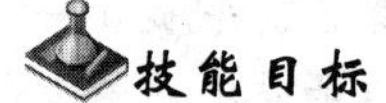

技能目标

掌握如何使用电子书阅读软件。

步骤1 阅读PDF文档

越来越多的电子图书、产品说明、公司文告、网络资料、电子邮件已经开始使用PDF格式文件，因为PDF格式的电子书具有纸版书的质感和阅读效果，不依赖操作系统的语言、字体及显示设备，可以逼真地展现原书的原貌，任意调节显示大小。下面以使用CAJ Viewer软件阅读“BIOS设置与调整秘籍”PDF文档为例进行说明。CAJ全文浏览器是中国期刊网的专用全文格式阅读器，它支持中国期刊网的CAJ、NH、KDH和PDF格式文件。

关键步骤提示

1. 打开PDF文档。启动CAJ阅读器，打开“BIOS设置与调整秘籍”PDF文档，如图7-30所示。

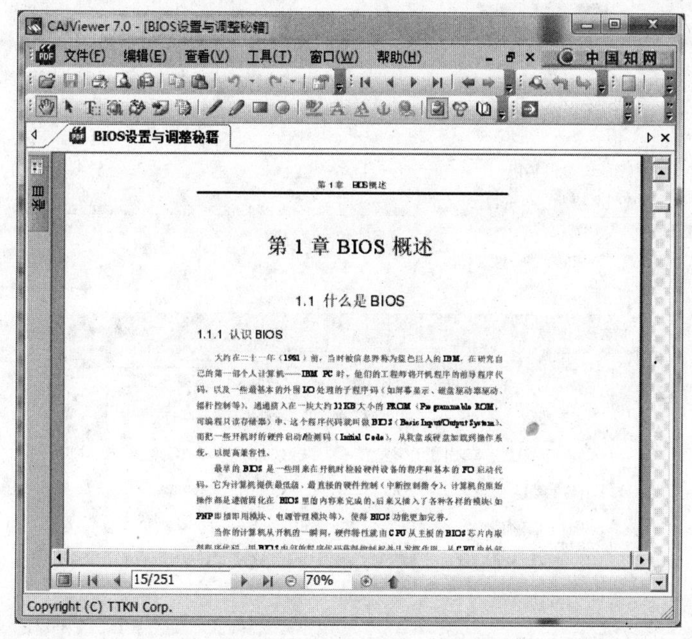

图7-30 打开PDF文档

2. 阅读文档。通过转动鼠标滚轮可以上下翻页，也可使用软件下方的控制按钮进行翻页和缩放操作，如图7-31所示。

3. 复制文本。如果希望复制PDF文档中的文本，可以单击工具栏中的“选择文本”按钮，然后在文档上进行选择操作，如图7-32所示。如果文本无法选择，可以单击“文字识别”按钮，拖动鼠标在文档中选择希望复制的文本，释放鼠标之后，即可显示出自动识别出的文本，然后单击“复制到剪贴板”按钮，就可以进行复制粘贴操作了，

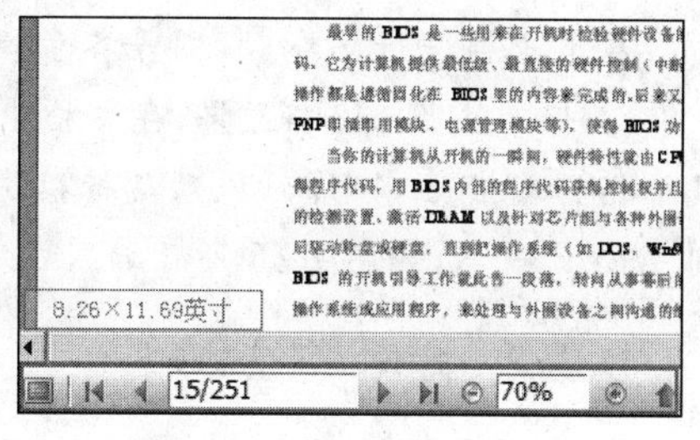

图7-31 翻页和缩放工具

如图 7-33 所示。这个工具适用于复制图像上面无法进行选择的文本。

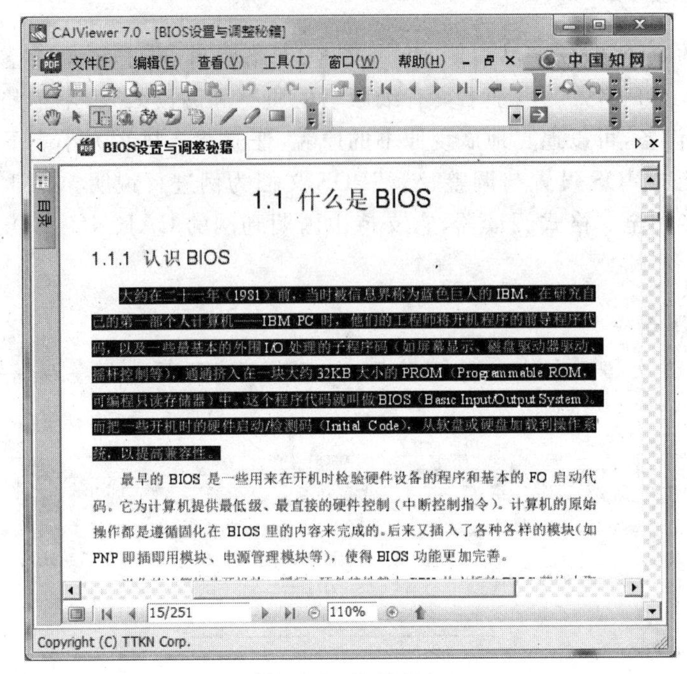

图 7-32　选择文本

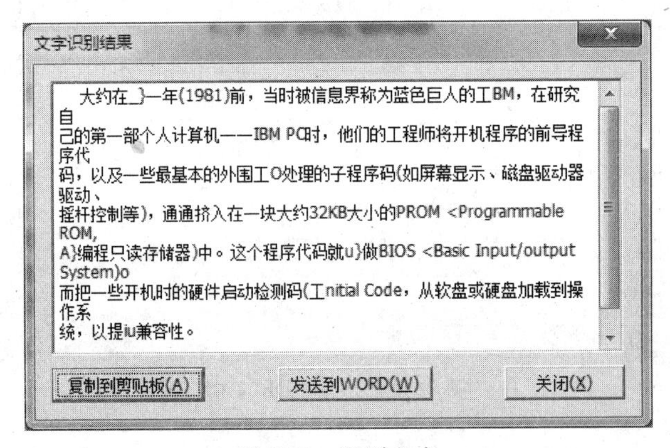

图 7-33　识别文本

4．注释文档。在阅读的过程中，对于需要做标记的地方，可以使用注释工具，像在纸质书本上那样进行画线、打圈等各种操作，如图 7-34 所示。

5．保存图像。如果想保存文档中的插图，可以单击工具栏中的“选择图像”按钮，鼠标指针变成十字形状，拖动鼠标框选图像后，右击，从弹出的快捷菜单中选择“发送图像到 Word”命令，如图 7-35 所示。

步骤 2　阅读 TXT 文本

现在有很多小说都采用 TXT 纯文本的格式，使用 Windows 7 自带的记事本阅读非

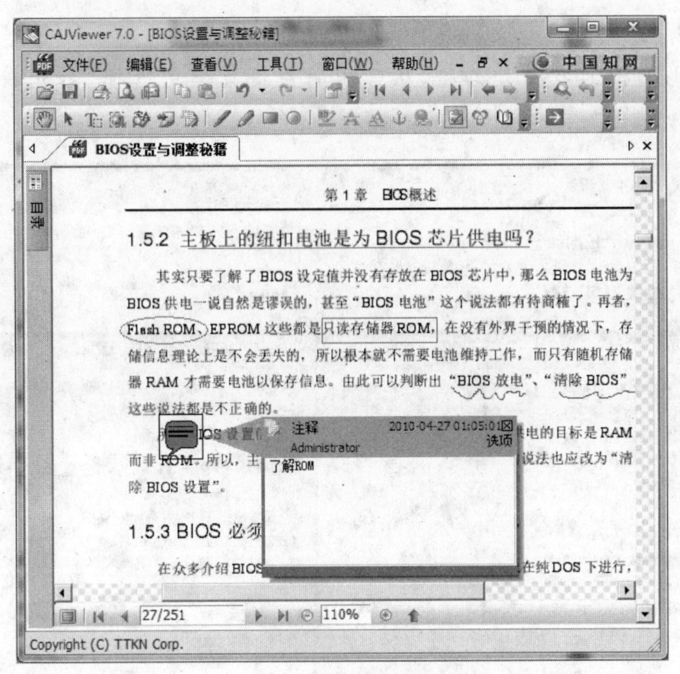

图 7-34 注释文档

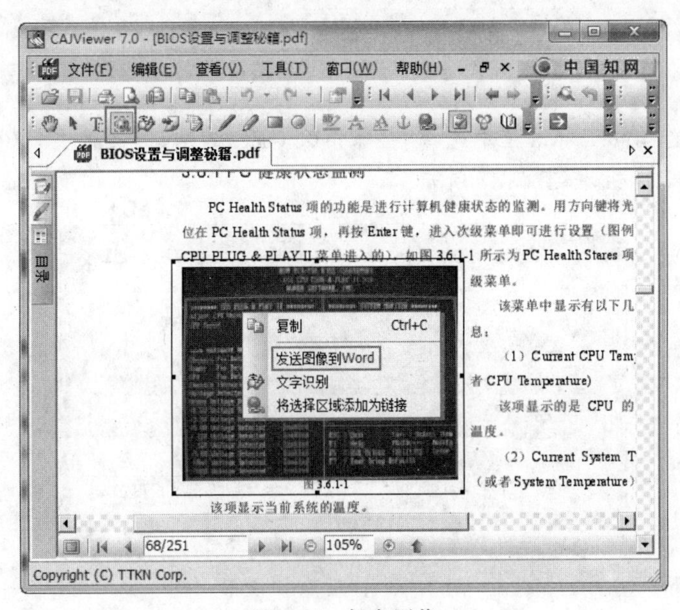

图 7-35 保存图像

常不方便,这里推荐使用"小说易电子书阅读器",下载地址为 http://soft.txtgogo.com/。小说易(TxtReader)支持多章节小说同时导入,并自动生成小说目录,有着便捷的翻页方式,可设置的字体大小、颜色和行距,能够自动保存上次阅读时的位置。下面以阅读"全球顶级 CEO 的演讲"TXT 文本为例进行说明。

关键步骤提示

1. 在小说易阅读器空白处右击,从弹出的快捷菜单中选择“打开新文件”命令,如图 7-36 所示。

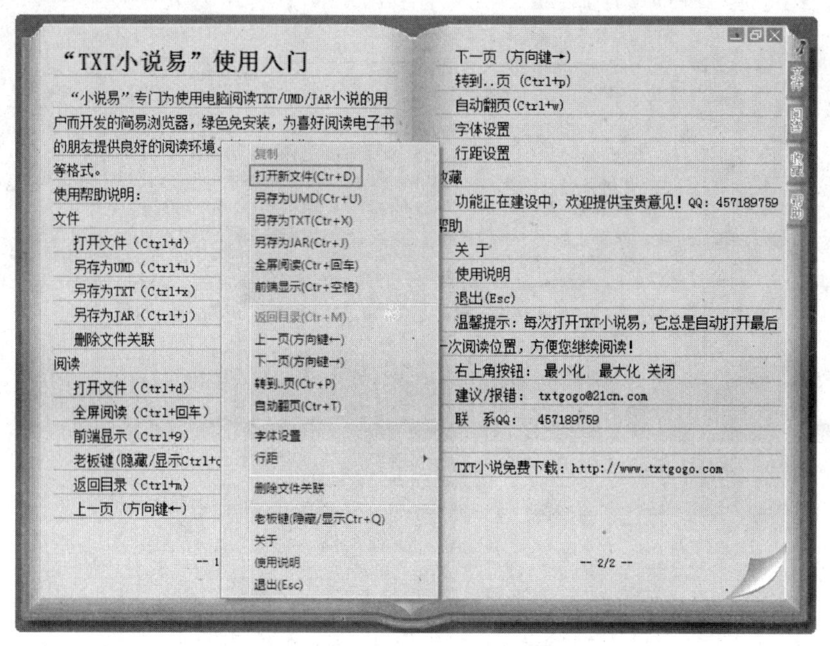

图 7-36　启动小说易阅读器

2. 在弹出的“打开”对话框中选择“全球顶级 CEO 的演讲”文件夹,选中全部 TXT 文本后,单击“打开”按钮,如图 7-37 所示。

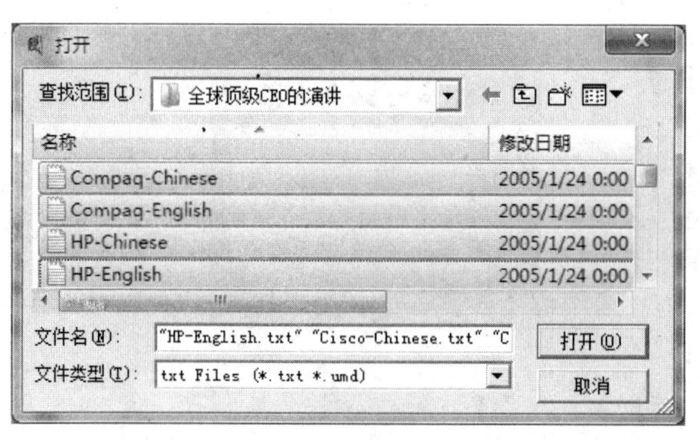

图 7-37　打开 TXT 文本

3. 打开文本后,左侧显示小说目录。在左页面单击向左翻页,在右页面单击向右翻页,另外也可以通过右键快捷菜单进行操作,如图 7-38 所示。

视频教学演示

阅读电子图书的详细步骤可参看本教材配套多媒体光盘\视频\7\04.swf 视频文件

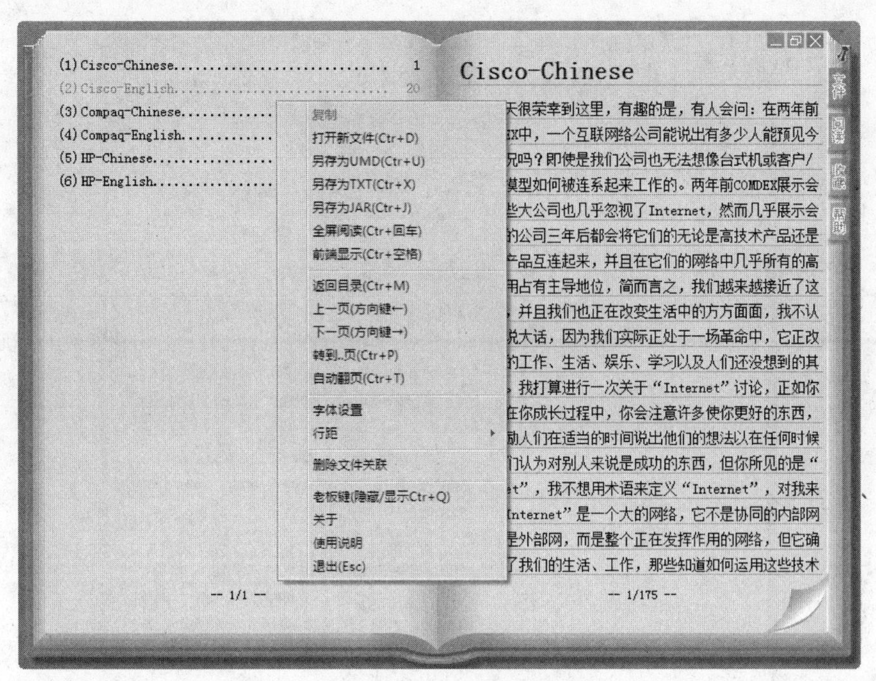

图 7-38　阅读 TXT 文本

中的操作演示。

任务 2　观看网络课堂

任务目标

通过观看 Photoshop 教程，了解使用网络视频教程的方法。

技能目标

掌握如何利用网络课堂学习新知识。

现在有许多网站提供热心网友制作的视频教程，用来帮助新手学习新知识，例如优酷教育频道、网易学院等。下面以网易学院 http://tech.163.com/school/为例，介绍如何通过网络学习 Photoshop 教程。

关键步骤提示

1. 访问网易学院，在浏览器中输入网易学院网址 http://tech.163.com/school/，即可打开网站，在“视频教程”栏下面“工具软件”分类中单击“薛欣系列视频教程之 PS 图层”超链接，如图 7-39 所示。

2. 打开 Photoshop 视频教程页面，包含多个章节，每个章节下的小节标题都清楚标明了本次讲解的内容，非常适合有针对性的学习，这里单击“1. 图层的归整”超链接，如图 7-40 所示。

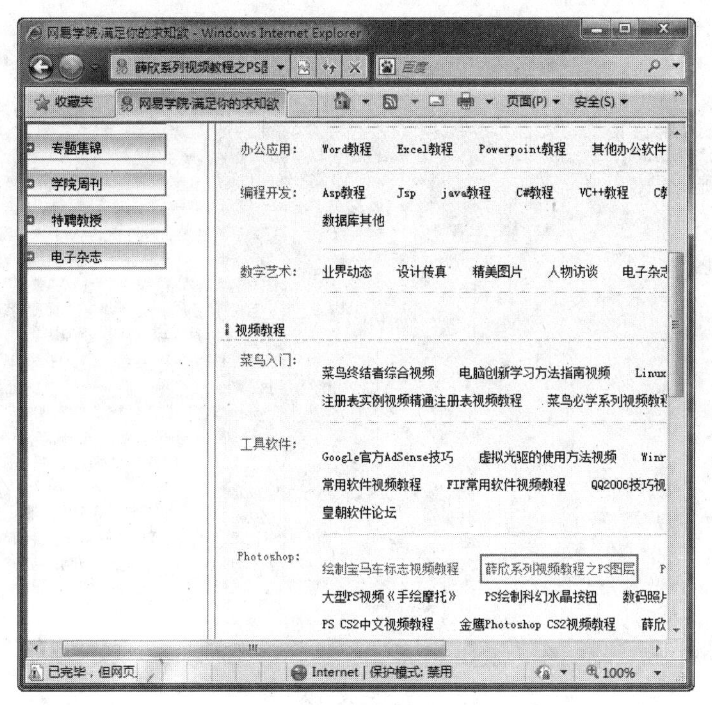

图 7-39 网易学院页面

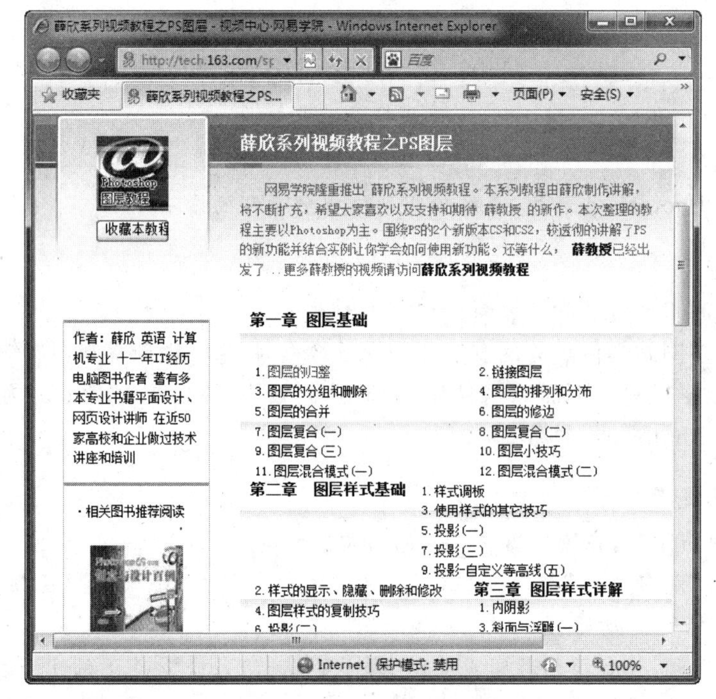

图 7-40 Photoshop 视频教程页面

3. 在打开的新页面中就可以看到 SWF 格式的视频了，视频开始播放，效果如图 7-41

所示。在播放器下面有控制按钮,可以进行重放、快进、暂停等操作。如果想保存视频,可以右击播放器上面的“下载本集教程”超链接,在快捷菜单中选择“目标另存为”命令进行保存。

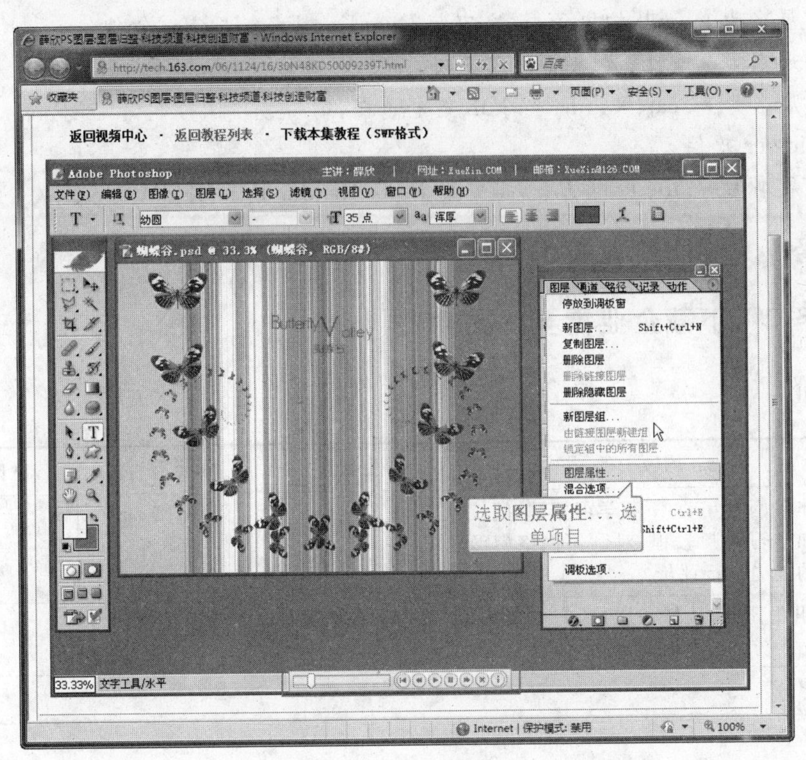

图 7-41 观看视频

视频教学演示

观看网络课堂的详细步骤可参看本教材配套多媒体光盘\视频\7\05.swf 视频文件中的操作演示。

课堂讨论和思考

1. 如何使用 CAJ Viewer 阅读 PDF 文档?
2. 如何使用“小说易电子书阅读器”阅读 TXT 文本?
3. 如何利用网络视频教程学习新知识?

课后阅读

可根据自己的兴趣,课后选读以下小资料,了解相关的知识。

电子书都有哪些格式

电子图书又称 e-book,是指以数字代码方式将图、文、声、像等信息存储在磁、光、电介质上,通过计算机或类似设备使用,并可复制发行的大众传播体。类型有:电子图书、电子期刊、电子报纸和软件读物等。

1. 扩展名为 *.chm、*.exe 的电子书,不需安装任何阅读软件即可直接阅读。

2. 扩展名为 *.pdf 的电子书,需安装 Arcobat Reader 等支持 PDF 阅读的软件。

3. 扩展名为 *.pdg,*.001、*.002...的电子书,需安装超星阅览器。

4. 扩展名为 *.wdl 的电子书,需安装 DyanDoc Free Reader 软件。

5. 扩展名为 *.ceb、*.xeb 的电子书,需安装方正的 Apabi Reader 软件。

6. 扩展名为 *.caj、*.nh、*.kdh 的电子书,需安装中国期刊网 CAJ、NH 文件浏览器 CAJ Viewer 软件。

7. 扩展名为 *.nlc 的电子书,需安装 Book Reader For NLC Version 软件。

职业任务 1　访问专业技术论坛

职业任务 2　下载企业需要的文件资料

竞赛评价

评价内容	学生自评	学生互评	教师评价
学生通过体验网络互动,下载学习资源,阅读电子图书和学习视频教程,对利用网络资源进行学习的能力进行评价			
任选一个职业任务,从任务质量、完成效率、职业水准三个方面进行评价			
竞赛 7 总得分:			

竞赛 8

使用计算机中的学习资料

在使用计算机的过程中，各种资料陆续出现，日积月累，资料数量越来越多。如果没有有效的管理方法，当用到资料时，查找起来会很费时间，也不一定能找到。另外，学习资料大多以音频或视频格式存储，要使用这些资料应当掌握一些播放器的使用技巧。

竞赛要求

对计算机中的学习资料进行分类，同时使用播放器播放音频和视频资料。

评比条件

同学之间互相评价，判断资料分类是否合理，能否灵活使用播放器。

第 1 关　分类存放学习资料

如果计算机里有很多图片、文档以及其他的文件，可能会非常杂乱，使用的时候很不方便。文件管理的目的在于方便保存和迅速提取，应当将所有的文件通过文件夹分类的方式组织起来，放在方便找到的地方。解决这个问题目前最理想的方法就是分类管理，从硬盘分区到每一个文件夹的建立，都要按照工作和生活的需要，分为多个层级的文件夹，建立合理的文件保存结构。利用 Windows 7 的资源管理器可以轻松实现这个目标。

任务 1　认识文件和文件夹

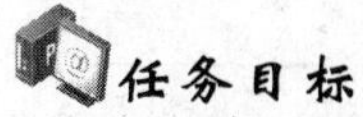

任务目标

查看计算机中的文件和文件夹，认识常见的文件类型。

技能目标

了解文件和文件夹概念，熟悉常见的文件类型。

步骤 1　认识文件和文件夹

计算机中的资料绝大部分都是以文件的方式储存起来的，文件由文件名和图标组成的，如图 8-1 所示。文件名是用户管理文件的依据，由名称和扩展名组成，同种类型的文件具有相同的图标。文件的形式可以是文档、程序、快捷方式和设备。

文件夹也称为目录,用来存储文档、程序、快捷方式、设备及其他子文件夹。文件夹也是由文件夹名称和图标组成的,但没有扩展名,如图 8-2 所示。

图 8-1　文件

图 8-2　文件夹

文件夹是装文件的地方,相当于提包、柜子和箱子;文件是内容,包含各方面的资料,如系统的、网络的、教育的等。

步骤 2　认识文件名和文件类型

文件名是文件存在的标识,操作系统根据文件名对其进行控制和管理。为了区分不同的文件,必须给每个文件命名。

扩展名用来表示文件类型,一般需要特定的软件才能操作,因此了解常用的扩展名知识,有助于识别软件类型,使用合适的软件访问。文件名和扩展名之间由一个小圆点隔开,比如文件“参考书目录. docx”,其中“参考书目录”是文件名,“docx”是扩展名,这是一个 Word 文档文件。常见的扩展名如表 8-1 所示。

表 8-1　常用文件扩展名列表

类　型	扩　展　名
图像文件	. bmp 是位图文件;. gif 是用于互联网的压缩文件;. psd 是 Photoshop 生成的文件;. jpg 是压缩文件格式
多媒体文件	. wav 是波长声音文件,直接录制生成;. wma 是微软公司制定的声音文件格式;. flv 和. swf 是 flash 视频文件,用于互联网播放;. wmv 是微软公司制定的视频文件;. mp3 是在网络上使用最多的音频文件格式;. rmvb 是在网络上经常使用的视频文件格式;. mpg 和. avi 都是视频文件
压缩文件	. rar、. zip、. jar、. 7z 都是将普通文件压缩后产生的文件格式,这样可以节约磁盘空间
Office 文件	. doc 和. docx 是 Word 文件;. xls 和. xlsx 是 Excel 文件;. ppt 和. pptx 是幻灯片文件;. txt 是不含任何格式的纯文本文件
系统文件	. dll、. ocx、. ini 等,这些文件是操作系统和程序运行时必须使用的文件

文件路径是指文件存储的位置,例如“F:\工作\参考书目录. docx”就是一个文件路径。它指的是一个 Word 文件“参考书目录”存储在 F 盘下的“工具”文件夹内。若要打开这个文件,按照文件路径逐级找到此文件,即可进行相应的操作。

在 Windows 7 中为文件和文件夹命名时,需要遵循的命名规则如下。

(1) 名称长度不能超过 255 个字符。

(2) 文件的名称不能与文件的扩展名重复。

(3) 文件名不能使用一些特殊字符,如:＜、＞、/、\、|、:、"、*、?。

(4) 同一路径下,不能与同类型的文件或文件夹名称相同。

视频教学演示

认识文件、文件夹和文件类型的详细步骤可参看本教材配套多媒体光盘\视频\8\01.swf 视频文件中的操作演示。

任务 2 使用资源管理器

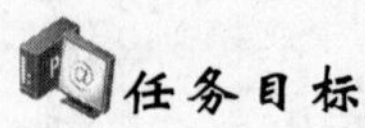

任务目标

使用 Windows 7 资源管理器管理计算机中的资料。

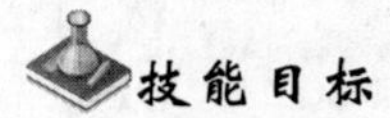

技能目标

掌握资源管理器的使用方法。

作为新一代操作系统,Windows 7 对文件管理功能进行了较大的改进,全新设计了资源管理器,不但界面产生了很大的变化,操作使用也与以前很不相同。

关键步骤提示

1. 打开资源管理器。打开“资源管理器”的方法有很多,最快捷的方法是在桌面上双击“计算机”图标,或者按 Win+E 组合键,“资源管理器”界面如图 8-3 所示。

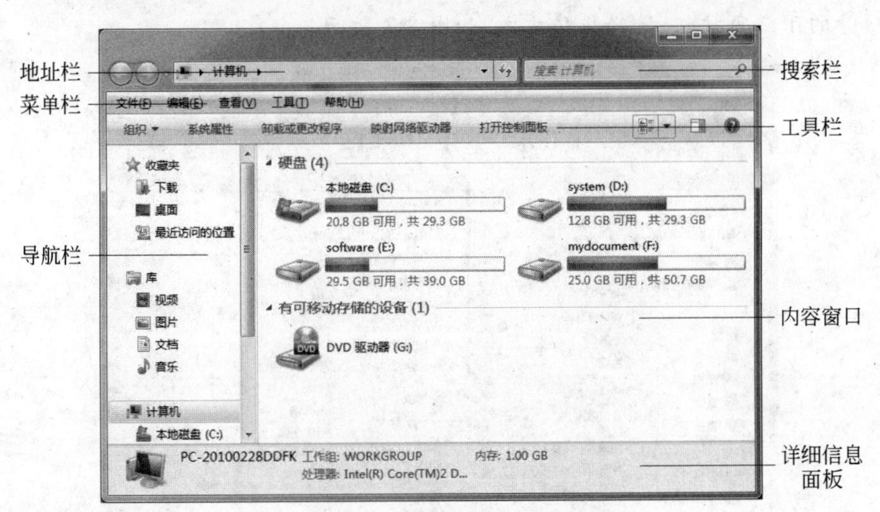

图 8-3 “资源管理器”界面

2. 切换视图模式。在“资源管理器”中单击工具栏上的“视图”下三角按钮,可以选择“超大图标”、“大图标”、“中等图标”、“小图标”、“列表”、“详细信息”、“平铺”和“内容”等视图,可根据不同的文件内容选择不同大小的视图,如图 8-4 所示。其中图 8-5 是“详细信息”视图,可以看到文件和文件夹的名称、修改日期和大小。

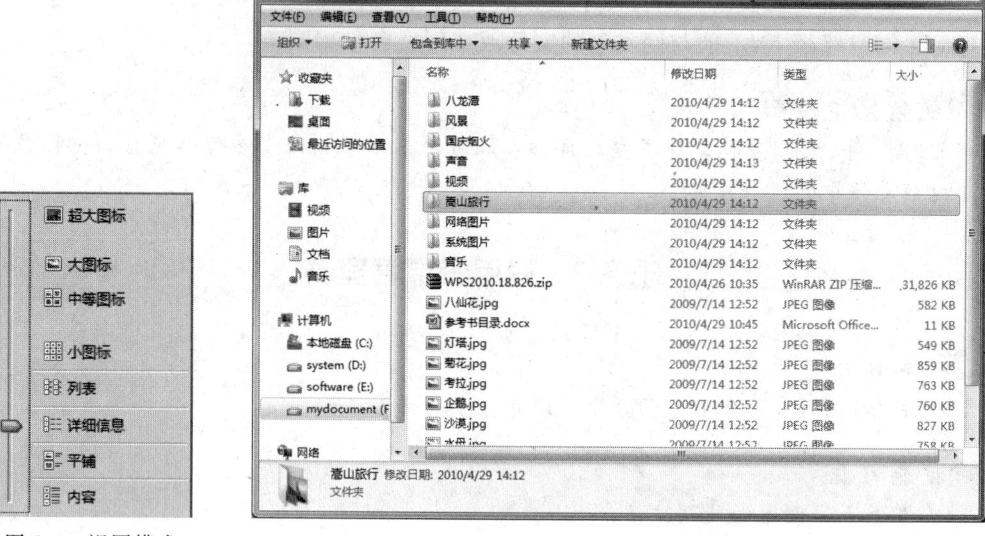

图 8-4 视图模式

图 8-5 “详细信息”视图

3. 对文件排序。利用排序功能,可以快速找到文件。启用排序功能也有多种方法:一是在资源管理器菜单栏中选择“查看”→“排序方式”命令(如果菜单栏没有出现,可以按Alt键),选择合适的条件进行排序,如图8-6所示;二是在资源管理器内容窗口的空白处右击,从弹出的快捷菜单中选择“排序方式”命令;三是切换到“详细信息”视图,单击“名称”选项旁的下三角按钮,选择排序方式,如图8-7所示。

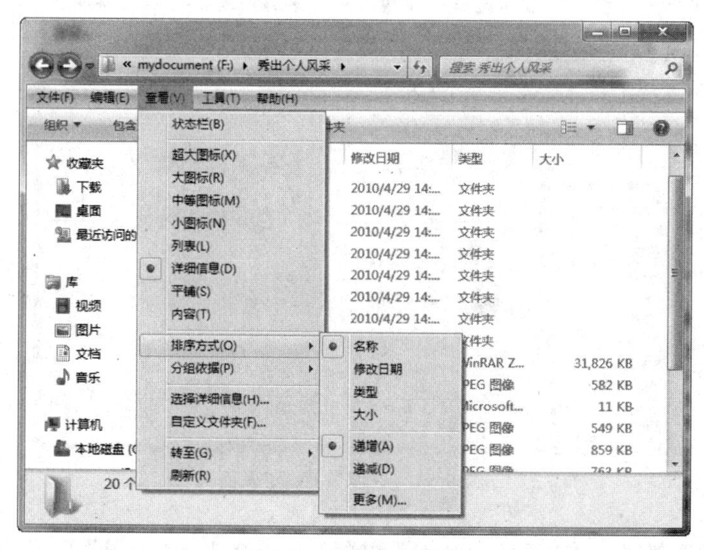

图 8-6 菜单命令排序

4. 搜索文件。当计算机中文件过多,而又忘记所需文件的存放路径,就可以使用搜索功能。在顶部地址栏中定位到一个位置,在右上角“搜索”文本框中输入要搜索的文件

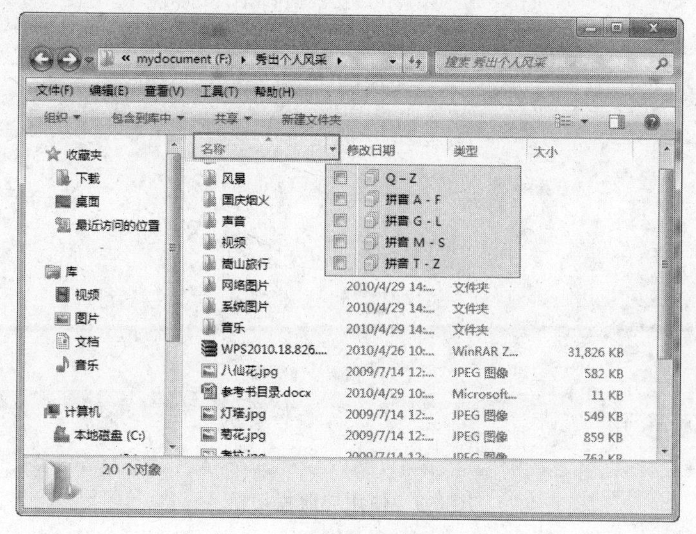

图 8-7　详细信息视图排序

名后单击“搜索”按钮，如图 8-8 所示。搜索结果用黄色背景标明关键字。需要注意的是，这种方式只搜索当前目录下的文件，如果想扩大搜索范围，可以在结果窗口的“在以下内容中再次搜索”栏中单击“计算机”按钮，这样就可搜索全部硬盘里的资料。

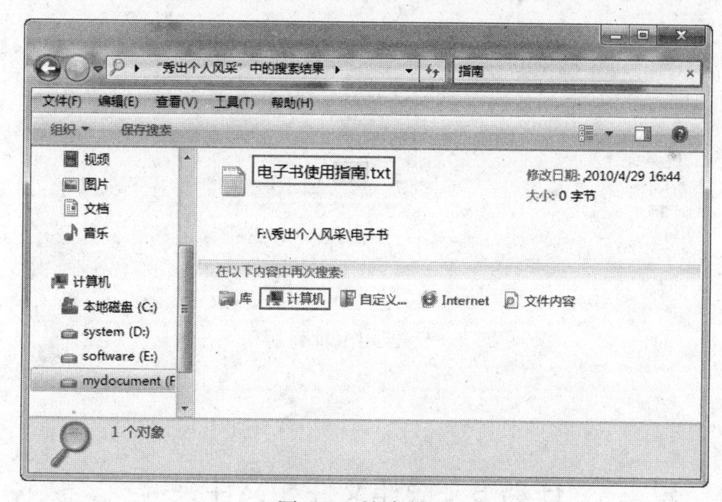

图 8-8　搜索结果

5. 切换文件路径。在资源管理器中，通过单击导航栏可以切换到相应的文件夹，如图 8-9 所示。另一种方法是在地址栏直接操作，例如在“F:\秀出个人风采\考试\公务员\中国人民银行”路径中，单击“考试”标签，可以直接切换到“考试”目录。单击每个目录名旁边的三角按钮，将显示该目录下的所有文件和目录，如图 8-10 所示。

视频教学演示

使用资源管理器的详细步骤可参看本教材配套多媒体光盘\视频\8\02.swf 视频文

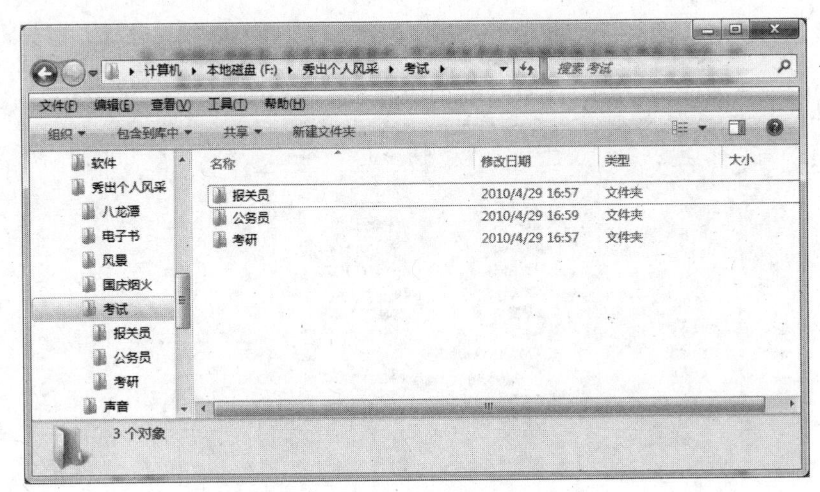

图 8-9 使用导航栏切换

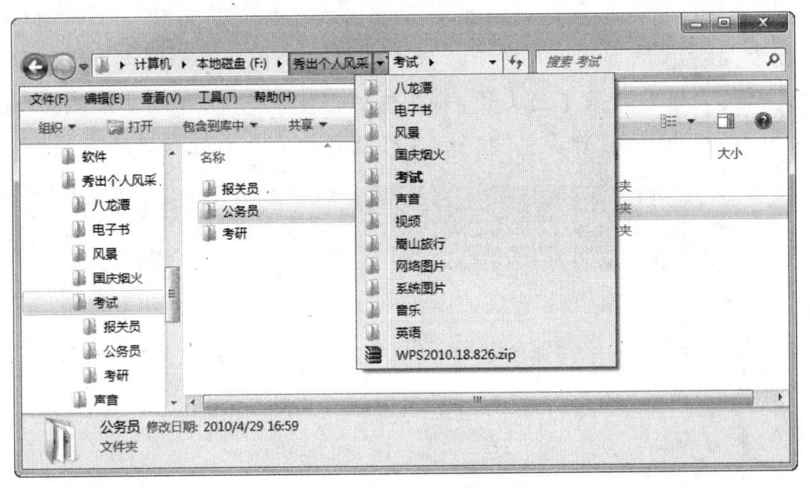

图 8-10 使用地址栏切换

件中的操作演示。

任务 3 操作文件和文件夹

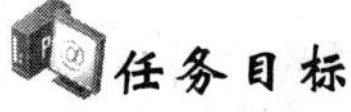

任务目标

通过整理计算机中各种格式的学习资料，了解文件和文件夹的基本操作与属性设置。

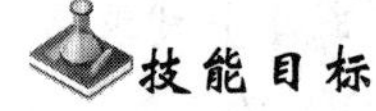

技能目标

掌握文件和文件夹的基本操作和属性设置。

在使用 Windows 7 时，经常需要对文件和文件夹进行管理操作，下面详细介绍它们的基本操作和高级属性设置。

步骤1 文件和文件夹的基本操作

关键步骤提示

1. 选择文件或文件夹。对于单个文件或文件夹，单击即可选定。如果要选择多个文件或文件夹，可以拖动鼠标进行框选，如图 8-11 所示。另外，也可以使用键盘配合鼠标完成选择；对于连续排列的文件或文件夹，先单击第一个文件，然后按住 Shift 键后单击最后一个文件，再释放 Shift 键；对于不连续排列的文件或文件夹，可以先按住 Ctrl 键，分别单击这些文件或文件夹，完成后释放 Ctrl 键，如图 8-12 所示。

图 8-11 使用鼠标进行框选

图 8-12 选择不连续排列的文件

2. 新建文件或文件夹。在资源管理器内容窗口空白处右击,从弹出的快捷菜单中选择“新建”→“文件夹”命令,如图 8-13 所示。此时内容窗口出现一个“新建文件夹”的文件夹,输入需要的名字后,按 Enter 键确认或在空白处单击。用同样方法,可以创建需要的文件类型。

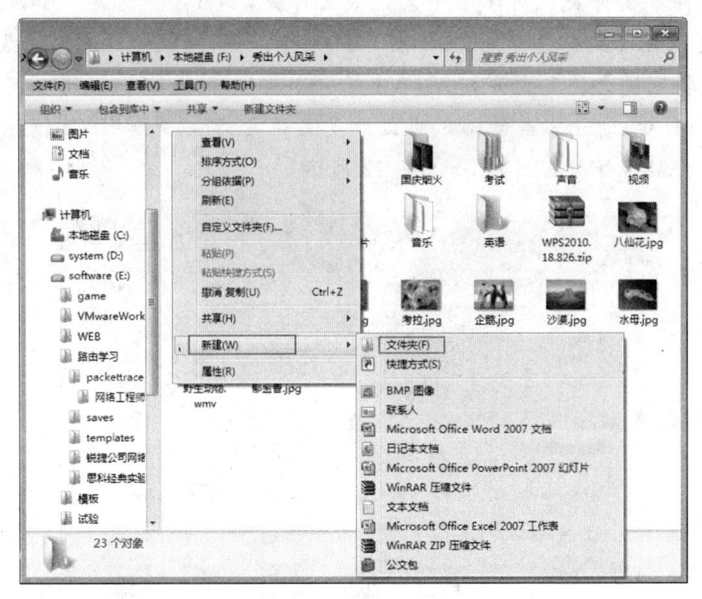

图 8-13 新建文件夹

3. 重命名文件或文件夹。在需要重命名的文件或文件夹上右击,从弹出的快捷菜单中选择“重命名”命令,如图 8-14 所示。另外也可以在选中文件或文件夹后按 F2 键或鼠标单击文件名进行重命名。

图 8-14 重命名

4. 复制文件或文件夹。在使用计算机时，经常需要把资料存放到U盘、移动硬盘等设备中进行备份，这时就要用到复制功能。首先选择需要复制的文件或文件夹；然后执行下面方法中的一种完成复制操作。

- 在选中的文件或文件夹上右击，从弹出的快捷菜单中选择“复制”命令，到目标位置后，在空白处右击，从弹出的快捷菜单中选择“粘贴”命令。
- 按Ctrl+C组合键完成复制，到目标位置后，按Ctrl+V组合键完成粘贴。

5. 移动文件或文件夹。在移动文件时可以选择剪切或复制文件。剪切和复制的区别在于：剪切文件到目标位置后，源文件就不存在了；复制文件到目标位置后，源文件仍然存在。首先要选择需要移动的文件或文件夹；然后执行下面方法中的一种完成移动操作。

- 在选中的文件或文件夹上右击，从弹出的快捷菜单中选择“剪切”命令，到目标位置后，在空白处右击，从弹出的快捷菜单中选择“粘贴”命令。
- 按Ctrl+X组合键完成剪切，到目标位置后，按Ctrl+V组合键完成粘贴。
- 拖动选中后的文件或文件夹到目标位置后释放。

6. 删除文件或文件夹。删除无用的文件可以保持文件系统的清洁，节省硬盘空间。首先要选择需要删除的文件或文件夹；然后执行下面4种方法中的一种完成“删除”操作。

- 在选中的文件或文件夹上右击，在弹出的快捷菜单中选择“删除”命令。
- 按Delete键完成删除。
- 拖动选中后的文件或文件夹到桌面回收站图标上后松开。
- 在资源管理器中选择“组织”→“删除”命令，如图8-15所示。执行“删除”操作后会弹出“确认提示”对话框，单击“是”按钮，确认删除操作，如图8-16所示。

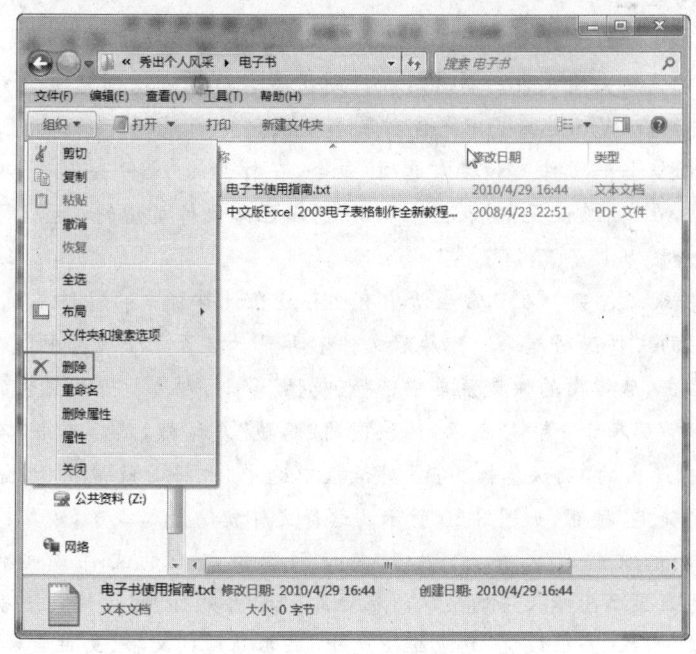

图8-15　选择“删除”命令

7. 撤销删除文件或文件夹。如果发现错误删除了文件或文件夹,可以执行撤销操作。在资源管理器中选择"组织"→"撤销"命令,也可以按 Ctrl+Z 组合键完成撤销操作。

8. 创建文件快捷方式。为文件在桌面上创建方式,可以达到快速访问文件的目的。在需创建快捷方式的文件或文件夹上右击,从弹出的快捷菜单中选择"发送到"→"桌面快捷方式"命令,如图 8-17 所示。此时返回桌面就会看到该快捷方式。

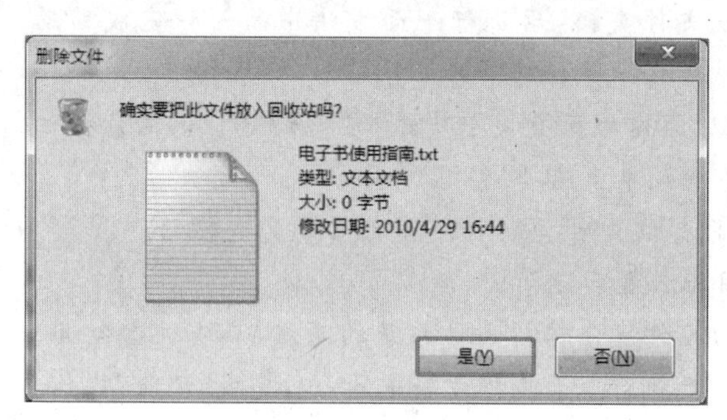

图 8-16 确认删除

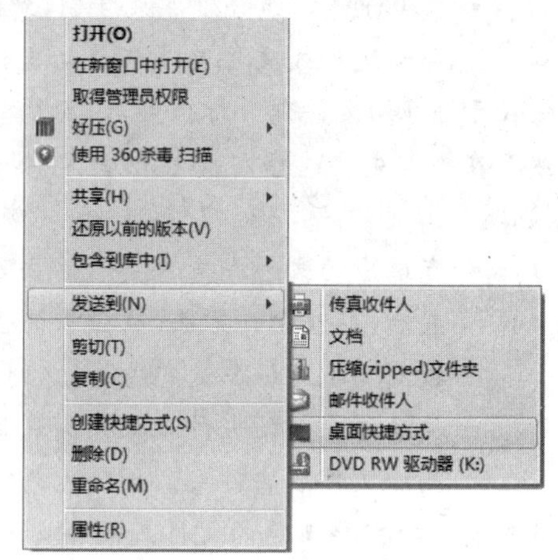

图 8-17 创建文件快捷方式

步骤 2 设置文件和文件夹的属性

关键步骤提示

1. 查看文件类型的扩展名。如果在网上下载到以前没有见过的文件类型,不知道用什么软件打开,就需要查看文件的扩展名。找到扩展名后就可以到网上搜索打开该类型文件使用的软件。在 Windows 7 中文件扩展名默认总是隐藏的,要让其显示,就在资源管理器中选择"组织"→"文件夹和搜索选项"命令,在打开的"文件夹选项"对话框中切换到"查看"选项卡,在"高级设置"列表框中取消"隐藏已知文件类型的扩展名"选项,然后单击"确定"按钮,如图 8-18 所示。

2. 隐藏文件或文件夹。在日常生活中有些存放在计算机中的资料不想让别人看到,可以把需要保密的文件隐藏起来。隐藏后文件不再显示在资源管理器中。在要隐藏的文件或文件夹上右击,从弹出的快捷菜单中选择"属性"命令,即可打开该文件的"属性"对话框。切换到"常规"选项卡,选中"属性"区域内的"隐藏"复选框,然后单击"确定"按钮,如图 8-19 所示。在弹出的"确认属性更改"对话框中选中"仅将更改应用于此文件夹"单选按钮,然后单击"确定"按钮,如图 8-20 所示。这样文件就隐藏起来了。

3. 显示隐藏的文件或文件夹。如果要访问隐藏起来的文件或文件夹,可以在 Windows 7 中开启显示隐藏文件的功能。在资源管理器中打开"文件夹选项"对话框,切换到"查看"选项卡,在"高级设置"列表框中选中"显示隐藏的文件、文件夹和驱动器"单选按钮,单击"确定"按钮,如图8-21所示。回到资源管理器中就可以看到以半透明状态显

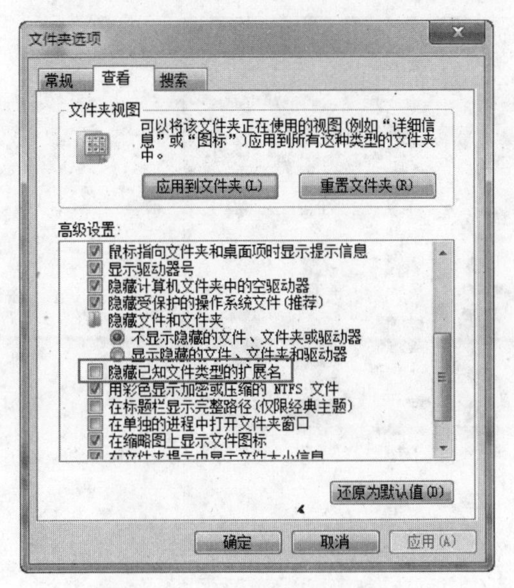

图 8-18 "文件夹选项"对话框

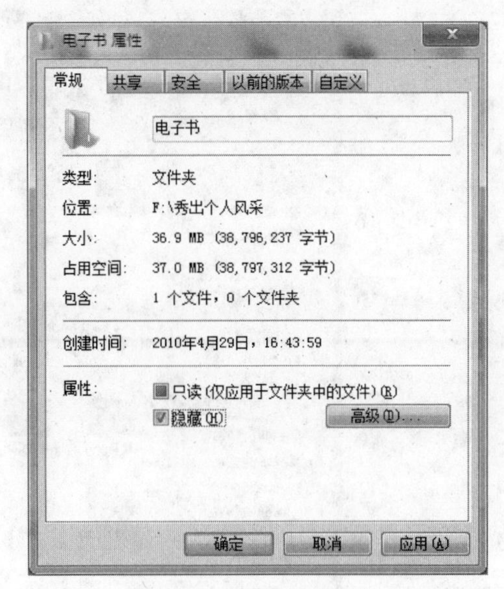

图 8-19 "属性"对话框

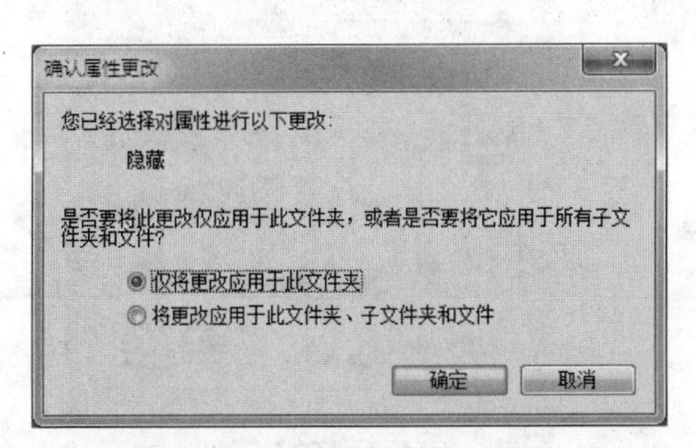

图 8-20 "确认属性更改"对话框

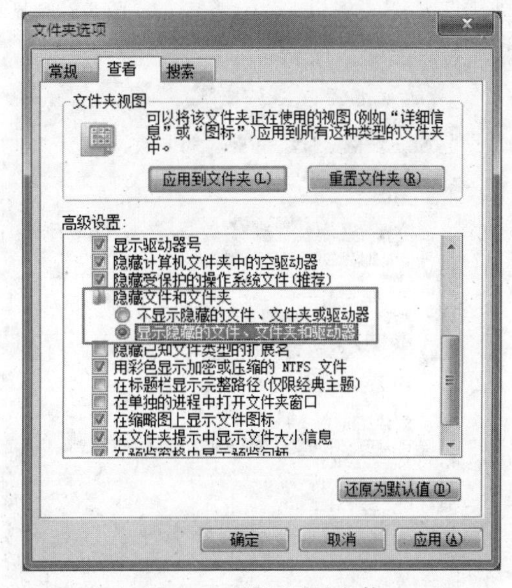

图 8-21 设置显示文件

示出来的隐藏文件,如图 8-22 所示。

4. 更换文件夹图标。在需要更换图标的文件夹上右击,从弹出的快捷菜单中选择"属性"命令,切换至"自定义"选项卡,如图 8-23 所示。在文件夹图标区域单击"更改图标"按钮,即可打开"更改图标"对话框,在列表框中选择合适的图标,如图 8-24 所示,如果没有满意的图标,可以单击"浏览"按钮查找其他图标,然后单击"确定"按钮应用更改。

图 8-22 显示隐藏的文件

图 8-23 “文件夹属性”对话框

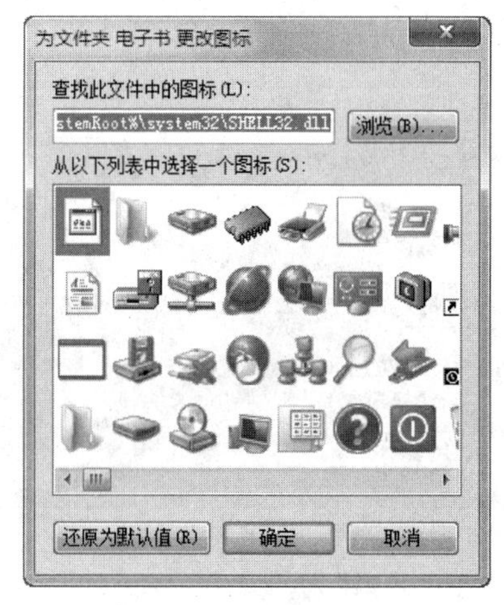

图 8-24 选择图标

视频教学演示

操作文件和文件夹的详细步骤可参看本教材配套多媒体光盘\视频\8\03.swf视频文件中的操作演示。

任务4 管理回收站

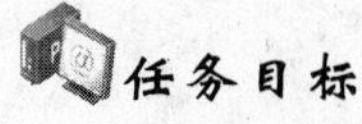

任务目标

通过利用回收站管理文件，了解回收站在文件管理中的作用。

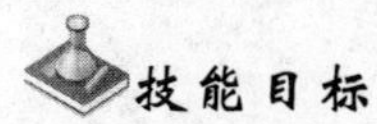

技能目标

掌握使用回收站的方法。

在Windows 7中，"回收站"为用户提供了一个安全删除文件或文件夹的解决方法。当删除硬盘中不用的资料时，会自动放入"回收站"中，也就是说，"回收站"是计算机存放无用文件的地方，直到用户将其清空或是还原到原来位置。

关键步骤提示

1. 恢复文件。回收站有文件时如图8-25所示，无文件时如图8-26所示。在桌面上双击"回收站"图标，打开"回收站"，选中要恢复的文件，再单击"还原此项目"按钮，就可以将选中的文件恢复到原来的位置，如图8-27所示。

图8-25 有文件状态

图8-26 无文件状态

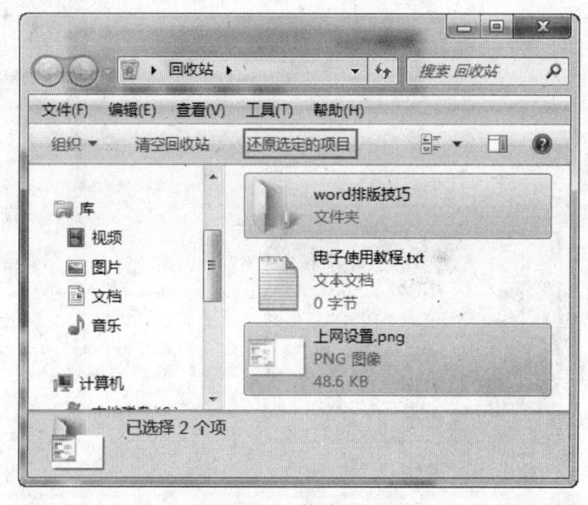

图8-27 恢复文件

2. 清空回收站。如果回收站内的文件确认不再使用，可以清空回收站，释放硬盘空间。这样回收站内的所有文件将会彻底删除。单击"清空回收站"按钮完成操作，如图8-28所示。或者在桌面"回收站"图标上右击，从弹出的快捷菜单中选择"清空回收站"命令，如图8-29所示。

3. 设置回收站。在桌面"回收站"图标上右击，从弹出的快捷菜单中选择"属性"命令，即可打开"回收站 属性"对话框，如图8-30所示。具体属性设置如下。

- 回收站位置和可用空间：用来选择回收站当前位置和相应磁盘的可用空间大小。
- 选定位置的设置：用来设置回收站大小和是否直接删除文件而不在回收站中保留。

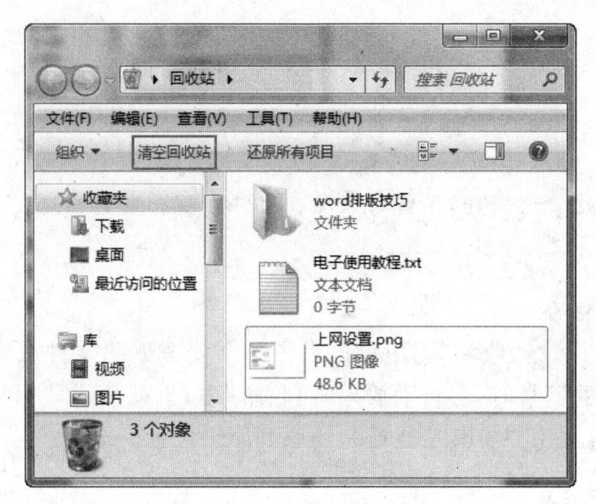

图 8-28 用工具栏命令清空

- 显示删除确认对话框：当选中此项时，将显示确认"删除"对话框。

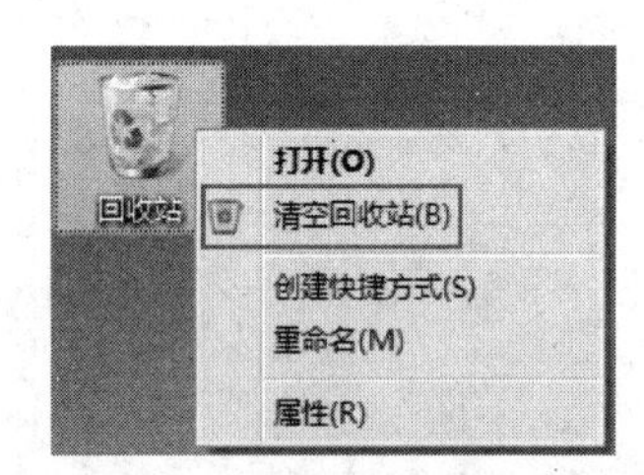

图 8-29 用快捷菜单清空

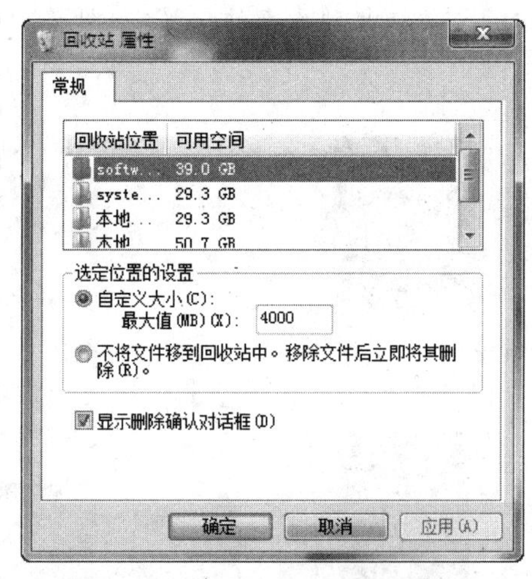

图 8-30 "回收站 属性"对话框

视频教学演示

管理回收站的详细步骤可参看本教材配套多媒体光盘\视频\8\04.swf 视频文件中的操作演示。

课堂讨论和思考

1. 常见的文件类型有哪些，扩展名是什么？
2. 如何创建一个新的文件夹，并将其他文件复制到该文件夹内？
3. 如何隐藏文件，如何再让其重新显示出来？
4. 如何管理回收站？

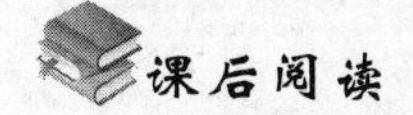

课后阅读

可根据自己的兴趣，课后选读以下小资料，了解相关的知识。

如何有效管理计算机里的文件

管理计算机里的资料关键是制定适合自己的方法，并养成好的文件管理习惯，长期坚持下去。以下是在实际中总结出的一些基本技巧。

1. 建立最适合自己的文件夹结构

文件夹是文件管理系统的骨架，对文件管理来说至关重要。建立适合自己的文件夹结构，首先需要对自己接触到的各种信息、工作和生活内容进行归纳分析。例如，很多老师是以自己的工作内容如教学工作、教案等分类建立文件夹。同类的文件名字可用相同字母前缀来命名，同类的文件最好存储在同一目录，如图片目录用 image，多媒体目录用 media，文档用 doc 等。

2. 控制文件夹与文件的数目和级数

文件夹里的数目不应当过多，一个文件夹里面有 50 个以内的文件数是比较容易浏览和检索的。如果超过 100 个文件，浏览和打开的速度就会变慢且不方便查看。在这种情况下，可将此文件夹分为几个文件或建立一些子文件夹；如果有些文件夹的文件数目长期只有少数几个，可将此文件夹合并到其他文件夹中。

分类的细化必然带来结构级别的增多，级数越多，检索和浏览的效率就会越低，建议整个结构最好控制在三级之内。另外，级别最好与自己经常处理的信息相结合。越常用的类别，级别就越高，便于快速打开并找到所需文件。

3. 文件和文件夹的命名

文件夹名应该用最短的词句描述此文件夹的类别和作用，不需要打开就能让自己记起文件夹内的大概内容。尽量少地使用长文件名，因为会给我们的识别、浏览带来困难。

4. 发挥快捷方式的便利

如果经常访问某个文件或文件夹，可以为其在桌面上建立快捷方式。当文件或文件夹不再需要经常访问时要及时将快捷方式删除，以免快捷方式太多分散注意力。

5. 长期坚持

在日常工作和生活中，要不断地完善结构，规范化命名，周期性归档。这些操作并不复杂却能大大提高工作效率。

第 2 关　使用多媒体软件学习

网上的学习资源非常丰富，其中的音频和视频资料，因为信息量大，综合应用了文字、图片、动画和视频等手段进行讲解，所以非常受欢迎。下面以“千千静听”和“暴风影音”为例介绍如何使用这些资料。

任务1　使用“千千静听”播放音频资料

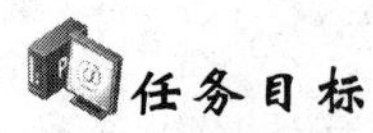

任务目标

通过播放“国际音标”音频，了解“千千静听”的使用方法。

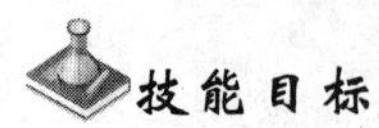

技能目标

掌握“千千静听”播放音频资料的方法。

“千千静听”是一款完全免费的音乐播放软件，集播放、音效、转换、歌词等众多功能于一身，具有小巧精致、操作简捷、功能强大的特点，成为目前国内最受欢迎的音乐播放软件之一，目前最新版本是 5.6 正式版，下载地址为 http://ttplayer.qianqian.com/。

关键步骤提示

1. 启动“千千静听”。在桌面上双击“千千静听”图标，即可打开其主界面，可以看到由 5 个窗口组成，分别是“播放控制”、“播放列表”、“均衡器”、“歌词秀”和“千千音乐窗”，如图 8-31 所示。

图 8-31　“千千静听”主界面

2. 添加音频文件。在“播放列表”窗口选择“添加”→“文件夹”命令，在打开的“浏览文件夹”对话框中选择“国际音标”文件夹，单击“确定”按钮，如图 8-32 所示。

3. 使用播放列表。要播放文件可在“播放列表”窗口中双击该文件，或在“播放列表”窗口中选中它，然后单击“播放控制”窗口中的“播放”按钮，如图 8-33 所示。

4. 设置均衡器。均衡器主要用于调整听觉效果，对于一般用户，通过配置选项的调节就可以满足了。在“均衡器”窗口中的空白处右击，从弹出的菜单中选择“可选类别”→

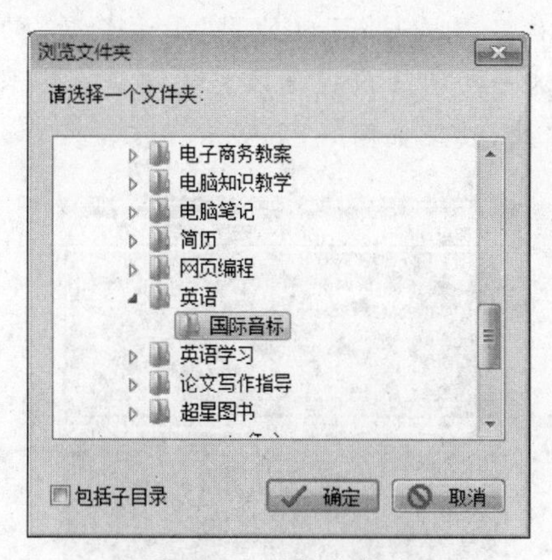

图 8-32　选择文件夹

图 8-33　播放音频文件

"语音"命令,如图 8-34 所示。

5. 保存播放列表。"播放列表"窗口中部分列表功能如下。

- "添加"下拉列表主要用于添加文件或文件夹。
- "删除"下拉列表可对选中的、重复的或错误的文件进行删除。
- "列表"下拉列表可以对播放列表进行新建、添加、打开、保存、删除等操作。
- "排序"下拉列表可以对播放列表中的文件按文件名、专辑名或播放长度等进行排序。
- "模式"下拉列表提供"单曲播放"、"单曲循环"、"顺序播放"等播放模式,如图 8-35 所示。

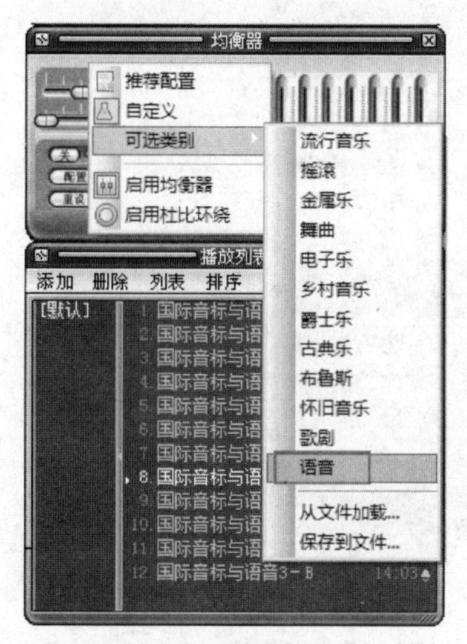

图 8-34　使用均衡器

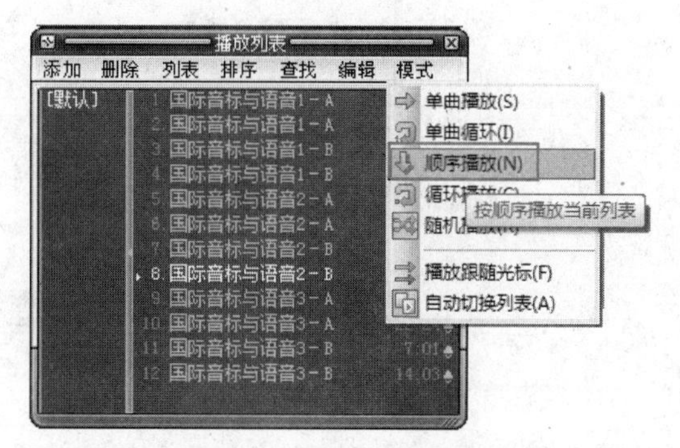

图 8-35　"模式"下拉列表

现在把当前播放列表中的文件保存为"国际音标",以便今后使用时不用再重复添加,节省时间。在"播放列表"窗口选择"列表"→"保存列表"命令,如图 8-36 所示。在弹出的"另存为"对话框中进行保存。

6. 使用歌词秀。当收听单词时,如果需要查看单词拼写,可以使用"千千静听"的歌词秀,它可以同步显示当前音频文件的内容,使用这一功能的前提是该文件配套有字幕文件。在本例中,使用"国际音标"音频文件的配套字幕,效果如图 8-37 所示。

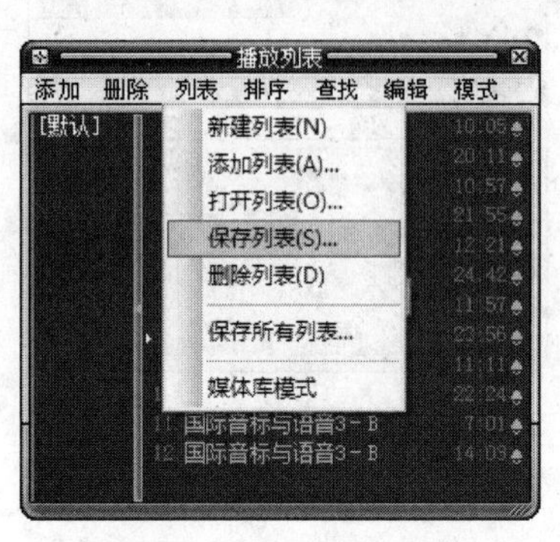

图 8-36 保存播放列表

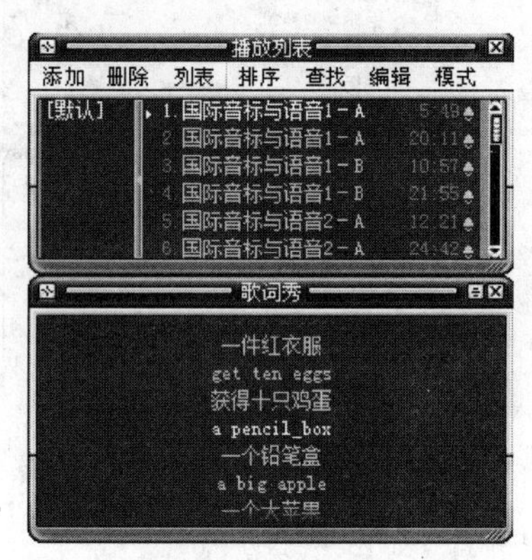

图 8-37 歌词秀

7. 搜索音乐。在"千千音乐窗"窗口搜索英文歌曲 The sound of silence,如图 8-38 所示。在结果中单击"试听"按钮进行试听。如果没有歌词,"千千静听"会在线自动搜索匹配的歌词并下载显示出来,如图 8-39 所示。

图 8-38 搜索音乐

8. 更换皮肤。"千千静听"内置多种播放界面,也就是皮肤,可以根据个人爱好进行选择。在"播放控制"窗口右击,从弹出的快捷菜单的"皮肤"子菜单中进行选择,如图 8-40 所示。

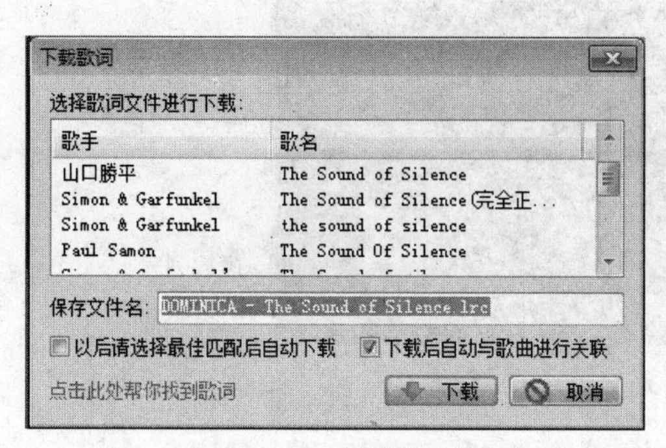

图 8-39　下载歌词

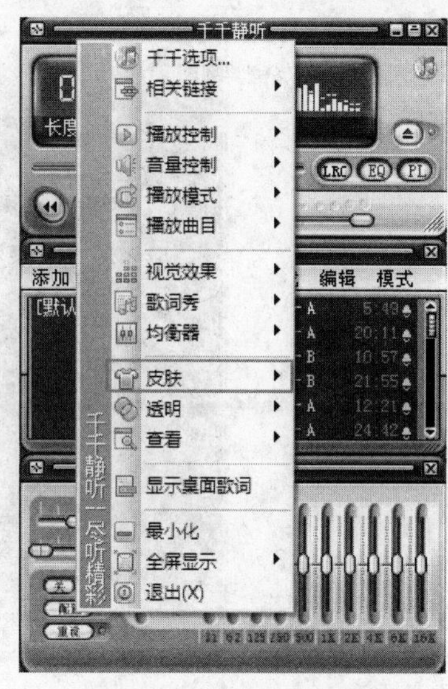

图 8-40　快捷菜单

视频教学演示

使用"千千静听"播放音频资料的详细步骤可参看本教材配套多媒体光盘\视频\8\05.swf 视频文件中的操作演示。

任务 2　使用"暴风影音"播放视频资料

任务目标

通过播放 Friends 视频练习英语听力,了解"暴风影音"如何使用。

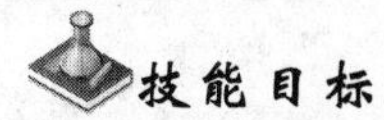

技能目标

掌握"暴风影音"播放视频的方法。

"暴风影音"是暴风网际公司推出的一款视频播放器,该播放器兼容大多数的视频和音频格式。由于它占用资源少,免费下载和易于使用等优点而迅速普及,下载地址为 http://www.baofeng.com/。

关键步骤提示

1. 启动"暴风影音"。下载安装后,在桌面双击"暴风影音"图标,即可打开"暴风影音"播放器,界面如图 8-41 所示。

2. 单击"系统菜单"按钮,从弹出的菜单中选择"打开文件"命令,如图 8-42 所示。也可单击播放器下方的"打开文件"按钮,在打开的"打开"对话框中,选择视频文件,然后单击"打开"按钮。

3. 打开视频文件后,播放列表里显示正在播放的视频文件。选中列表中的文件后,单击"添加"按钮可继续添加视频,单击"移除"按钮可从列表中移除该视频文件,

图 8-41 “暴风影音”界面

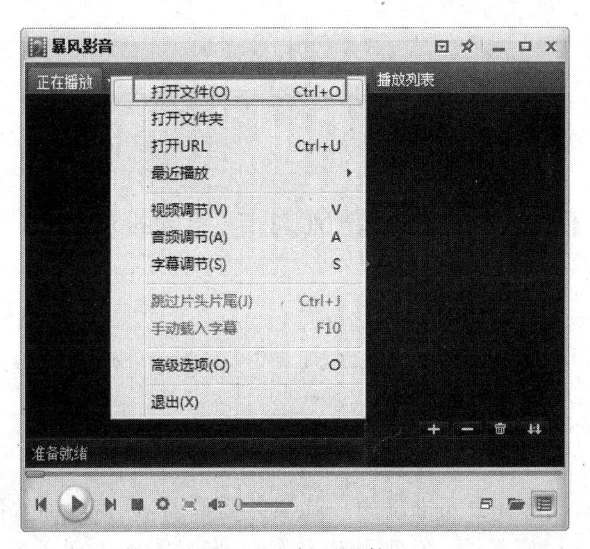

图 8-42 打开文件

单击“清空”按钮可清空列表，单击“播放顺序”按钮可选择播放顺序，单击“隐藏播放列表”按钮可隐藏播放列表，如图 8-43 所示。

4. 播放视频，使用播放器下面的播放控制按钮，可以进行“播放”、“暂停”、“上一个”、“下一个”、“音量调节”等操作。单击“全屏播放”按钮实现视频全屏播放。如果在看视频的同时，还要在其他窗口操作，可单击“前端显示”按钮，让视频窗口始终显示在最前面。按 F5 键可保存当前画面。在“播放”窗口上右击，从弹出的快捷菜单的“显示比例”子菜单中选择屏幕显示比例，如图 8-44 所示。

5. 更改字幕。单击“设置”按钮，在打开的“设置”对话框中可对视频进行音频、视

图 8-43 使用播放列表

图 8-44 设置屏幕显示

频和字幕的详细设置，如图 8-45 所示。如希望更改字幕，可在“设置”对话框中切换至“字幕调节”选项卡，对字体颜色、大小、显示位置等进行调节。在播放窗口上右击，从弹出的快捷菜单的“字幕选择”子菜单中选择相应的字幕语言，如图 8-46 所示。

视频教学演示

使用“暴风影音”播放视频资料的详细步骤可参看本教材配套多媒体光盘\视频\8\06.swf 视频文件中的操作演示。

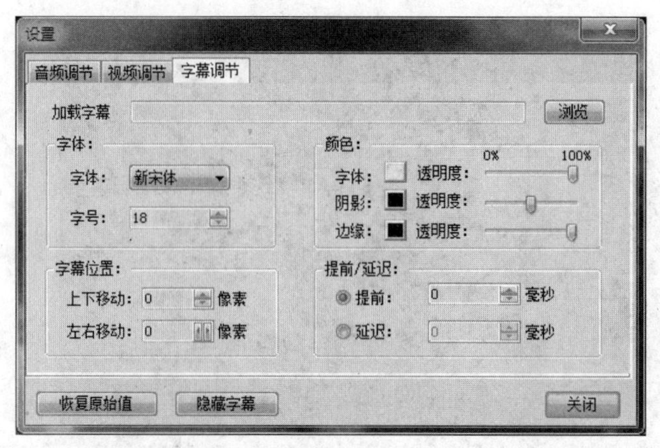

图 8-45 设置字幕

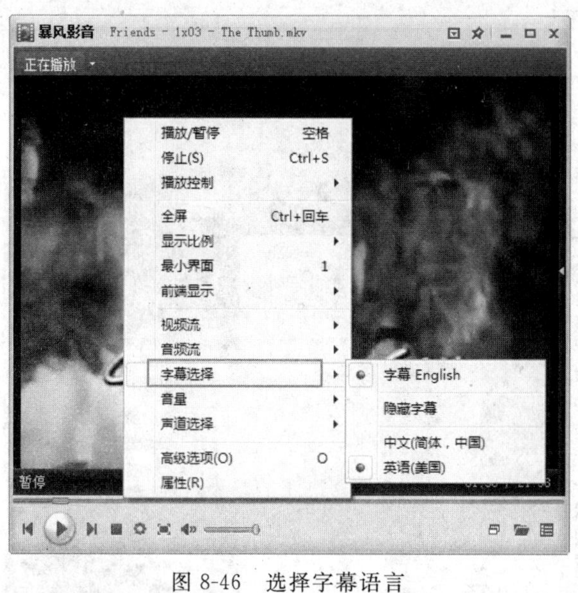

图 8-46 选择字幕语言

任务 3 转换音频和视频格式

任务目标

通过使用“格式工厂”软件转换音频和视频格式,了解相关的知识和操作方法。

技能目标

掌握转换音频和视频文件格式的方法,以适应不同的应用需求。

现在音频和视频的格式非常多,每一种格式都对应有相应的播放器。另外一些播放设备也只支持某种格式,无法播放其他格式,比如许多手机只支持 3GP 格式的视频。因此需要转换音频和视频文件格式,以满足不同播放软件或播放设备的需要。这里推荐使用“格式工厂”软件，这是一套万能的多媒体格式转换软件，完全免费，支持视频、音频、图片等格式，还有音频和视频编辑功能。为了更好地转换格式，建议安装“K-Lite 解码器包”，这样就足以应付所有格式的音频和视频文件了。下面以转换在手机上播放的 3GP 格式为例进行详细的讲解。

关键步骤提示

1. 启动“格式工厂”。双击桌面上的“格式工厂”图标，即可打开“格式工厂”主界面，左侧是任务窗格，中间为转换状态窗格，如图 8-47 所示。

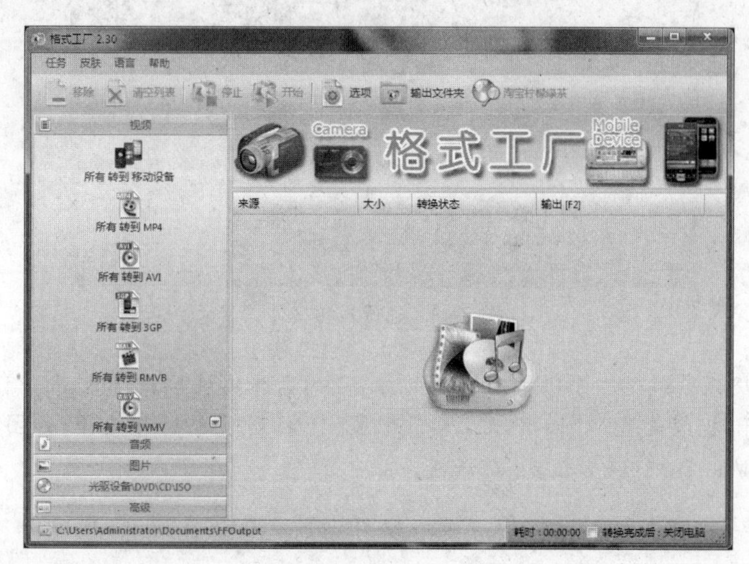

图 8-47 “格式工厂”主界面

2. 选择转换选项。在左侧任务窗格选择“视频”选项，在展开的列表中单击“所有转到 3GP”按钮，即可打开“所有转到 3GP”对话框，如图 8-48 所示。

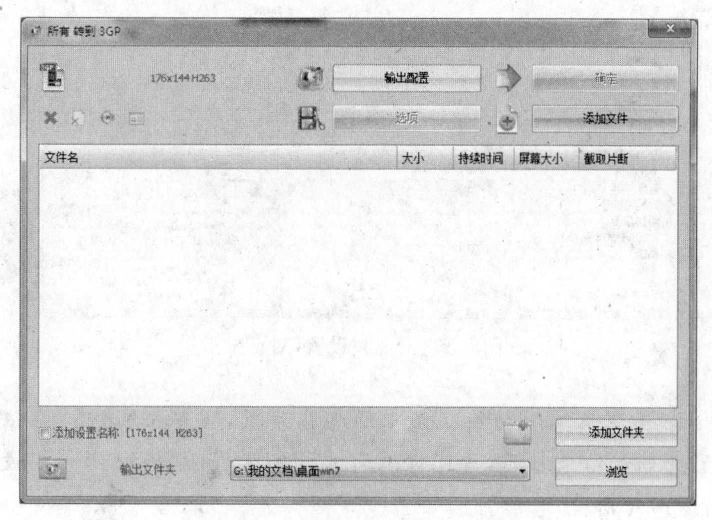

图 8-48 “所有转到 3GP”对话框

3. 在"所有转到 3GP"对话框中单击"添加文件"按钮,这里可以添加多个文件,选择完成后单击"打开"按钮,如图 8-49 所示。返回对话框。

图 8-49 选择视频文件

4. 设置视频分辨率。手机都有不同的分辨率,需根据实际情况设置。单击"输出配置"按钮,打开"视频设置"对话框,在"预设配置"下拉列表中进行选择,如图 8-50 所示。单击"确定"按钮,返回"视频设置"对话框。

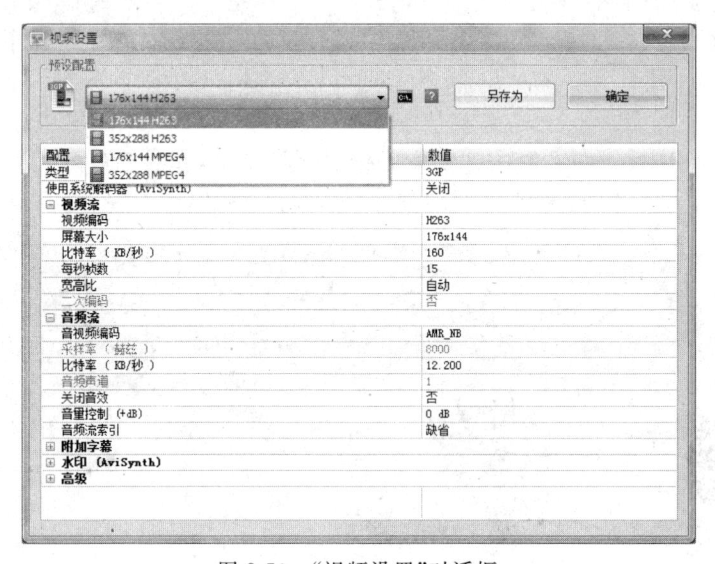

图 8-50 "视频设置"对话框

5. 编辑视频。如果只需要转换视频中的部分片段,可单击"选项"按钮,在弹出的对话框中视频设置开始和结束时间,并可对画面进行裁剪,如图 8-51 所示。设置完成后,单击"确定"按钮,返回对话框。

6. 设置转换选项。在"所有转到 3GP"对话框中单击"确定"按钮,回到"格式工厂"主

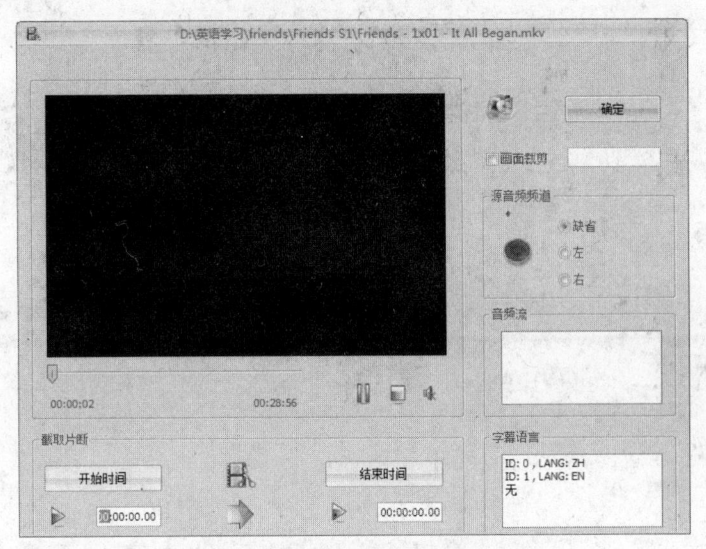

图 8-51　编辑视频对话框

界面，如图 8-52 所示。单击“选项”按钮，在“输出文件夹”选项组选择转换后视频的存放位置。如果转换视频较多，不想长时间等，可以选择“转换完成后关闭电脑”选项，如图 8-53 所示。设置完成后，单击“确定”按钮，返回主界面。

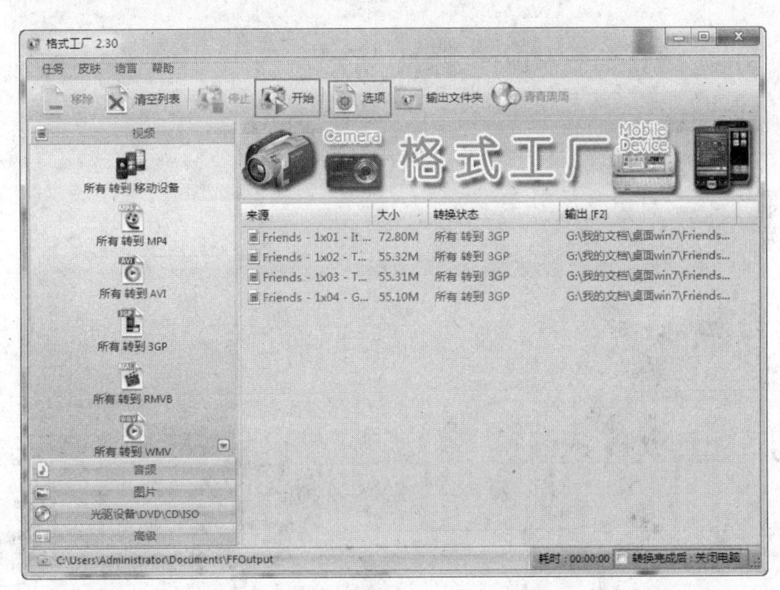

图 8-52　“格式工厂”主界面

7. 开始转换视频。在“格式工厂”主界面中，单击“开始”按钮，视频就开始转换了，如图 8-54 所示。

视频教学演示

转换音频和视频格式的详细步骤可参看本教材配套多媒体光盘\视频\8\07.swf 视

图 8-53　选择视频文件

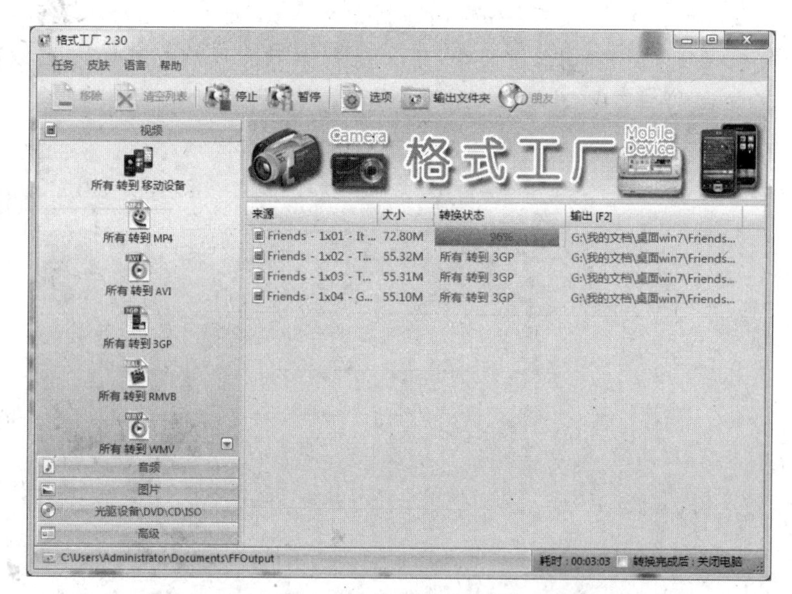

图 8-54　视频转换状态

频文件中的操作演示。

课堂讨论和思考

1. 如何使用“千千静听”播放音频，并显示字幕？
2. 如何使用“暴风影音”播放视频？
3. 如何转换音频和视频的格式？

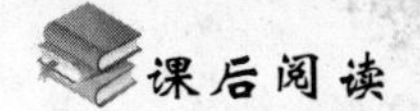

课后阅读

可根据自己的兴趣，课后选读以下小资料，了解相关的知识。

常用的播放器

播放器类别繁多，常用的播放器如下。

- 专门播放音频的播放器。千千静听、Foobar2000、百猎、WinMP3Exp、Winamp、酷狗等。
- 专门播放视频的播放器。迅雷看看、变色龙万能播放器、KMPlayer、暴风影音、影音风暴、超级兔子快乐影音、RealPlayer、Windows Media Player、QuickTime 和 QQ 影音等。
- 网络电视播放专用。迅雷看看、PPLive、PPStream、沸点网络电视、QQLive 等。
- Flash 播放器。如优酷和土豆在线视频使用的 Adobe Flash Player 播放器。

多媒体制作软件工具

多媒体编辑工具包括字处理软件、绘图软件、图像处理软件、动画制作软件、声音编辑软件以及视频编辑软件。

多媒体应用软件的创作工具(Authoring Tools)用来帮助应用开发人员提高开发工作效率，它们大体上都是一些应用程序生成器，将各种媒体素材按照超文本节点和链结构的形式进行组织，形成多媒体应用系统。Authorware、Director、Multimedia Tool Book 等都是比较有名的多媒体创作工具。

文字处理：记事本、写字板、Word、WPS。

图形图像处理：Photoshop、CorelDRAW、FreeHand。

动画制作：AutoDesk Animator Pro、3DS Max、Maya、Flash。

声音处理：Sound Forge、Audition(Cool Edit)、Wave Edit。

视频处理：会声会影、Adobe Premiere、After Effects。

职业任务1　分类整理办公室计算机中的资料

职业任务2　使用资源管理器快速查找资料

竞赛评价

评价内容	学生自评	学生互评	教师评价
学生通过管理和使用计算机中的资料，对利用和管理学习资料的能力进行评价			
任选一个职业任务，从任务质量、完成效率、职业水准三个方面进行评价			
竞赛8总得分：